Armin Schweda
Tanja Schweda
Astrid Nestler

Von der Basis zum erfolgreichen
Mantrailing
Finden statt suchen

Einbandgestaltung: Kornelia Erlewein

Titelbild und Foto auf der Umschlagrückseite: Hans-Peter Schwarzenbach

Bildnachweis: **Maria Diehl:** S. 106 (2.), 163 (2.+3.), 178; **Monika Dotzer:** S. 47 (1.); **Maria Hoffmann:** S. 228; **Harald Jäckel** (www.frankenpost.de): S. 46 (1.), 150, 177, 249; **Greg Knights** (www.ruralshots.com): S. 21; **Carina Leithold** (www.carinaleithold.de): S. 192; **Christiane Mecker:** S. 142 (1.); **Kevin Milner** (www.kevinmilnercountryside.co.uk): S. S. 7, 231; **Karen L. Myers** (www.klmimages.com): S. 232, 233, 234/235; **Astrid Nestler:** S. 179; **Claudia Puchta:** S. 18, 25, 29, 31, 32, 33, 37, 38, 39, 40, 42, 44 (1.), 45 (2.), 75, 106 (1.), 256; **Tino Rosenmüller:** S. 113 (2.); **Markus Scherer:** S. 11, 12/13, 142/143; **Petra Schmidt:** S: 44 (2.); **Hans-Peter Schwarzenbach** (www.schwarzenbach-fotografie.de, www.HansPeterSchwarzenbach.de): S. 8, 14, 15, 22/23, 28, 41, 43, 44 (3.), 45 (1.), 48, 49, 54/55, 61, 64, 65, 76, 77, 86, 92/93, 95, 102, 110, 116, 117, 118, 119, 120, 121, 122, 123, 130/131, 136 (2.), 137, 140 (1.+2.), 141, 144/145, 146, 147, 148, 152, 154, 155, 157 (1.–3.), 158, 160, 161, 164, 166, 168, 170, 171, 172, 175 (1.), 176, 188, 189, 191, 200, 201, 202/203, 216, 217, 220, 221, 250, 251; **Armin Schweda:** S. 210; **Tanja Schweda:** S. 1, 3, 10, 19, 26, 30, 36, 46 (2.), 47 (2.), 50, 57, 63, 66, 70, 71, 72, 73, 74, 82, 85, 89, 90, 96, 97, 98, 99, 101, 104, 105, 108, 109, 112, 113 (1.), 115, 124, 133, 136 (1.), 138, 140 (3.), 142 (2.), 143 (1.), 143 (2.), 144 (1.), 157 (4.), 162, 163 (1.), 167, 169, 174, 175 (2.), 190, 205, 237, 241, 248.

Grafiken: **Ralf Blechschmidt:** S. 218, 222, 225; **Kornelia Erlewein:** S.19, 105, 181, 196, 206, 208, 212, 215, 250, 251.

Alle Angaben in diesem Buch wurden nach bestem Wissen und Gewissen gemacht. Sie entbinden den Hundehalter nicht von der Eigenverantwortung für sein Tier. Für einen eventuellen Missbrauch der Informationen in diesem Buch können weder die Autoren noch der Verlag oder die Vertreiber des Buches zur Verantwortung gezogen werden. Eine Haftung für Personen-, Sach- und Vermögensschäden ist ausgeschlossen.

ISBN 978-3-275-01833-8

Copyright © 2012 by Müller Rüschlikon Verlag
Postfach 103743, 70032 Stuttgart
Ein Unternehmen der Paul Pietsch Verlage GmbH & Co. KG
Lizenznehmer der Bucheli Verlags AG, Baarerstr. 43, CH-6304 Zug

1. Auflage 2012

Sie finden uns im Internet unter www.mueller-rueschlikon-verlag.de

Nachdruck, auch einzelner Teile, ist verboten. Das Urheberrecht und sämtliche weiteren Rechte sind dem Verlag vorbehalten. Übersetzung, Speicherung, Vervielfältigung und Verbreitung, einschließlich Übernahme auf elektronische Datenträger wie CD-ROM, Bildplatte usw. sowie Einspeicherung in elektronische Medien wie Bildschirmtext, Internet usw. sind ohne vorherige schriftliche Genehmigung des Verlages unzulässig und strafbar.

Lektorat: Claudia König
Innengestaltung: Kornelia Erlewein
Druck und Bindung: Rösler Druck GmbH, 73614 Schorndorf
Printed in Germany

INHALT

Vorwort

Er tut es, ich schreibe es auf – und Sie profitieren davon. ... 9
Meine Landkarte – Ihre Landkarte ... 11

Mantrailing – quer gedacht ... 14

1. Fragen wir mal das Frolicröllchen ... 14
2. Futter ist kein Lehrmeister 14
3. Erst laufen, dann Rad fahren ... 16
4. Mantrailing kann man nicht ausbilden ... 17
5. Von Links- und Rechtshändern ... 18
6. Die Welt der Hounds ... 20
7. Auf dem Weg nach Rom ... 21

1. KOMPONENTE ... 24
Konzentration und Fokus

1.1 Gute Nase – guter Trailer? ... 26
1.2 Eine Reise von 1000 Meilen beginnt mit dem ersten Schritt ... 27
1.3 Beziehungskisten ... 30
1.4 Die Pflicht: Ich kenne die Regeln ... 33
1.5 Die Kür: Das kann ich gut ... 36
1.6 Kann er nicht oder will er nicht? ... 36
1.7 Auch mal »Nein« sagen können ... 39
1.8 Die Welt unter dem Mikroskop ... 41
1.9 3K Meeting ... 44
1.10 Übungen, die weiterführen ... 48
1.10.1 Halt still! ... 48
1.10.2 Halt still, auch wenn andere sich bewegen ... 48
1.10.3 Schau mich an! ... 49
1.11 Frage & Antwort ... 51

2. KOMPONENTE ... 56
Alltagsneutralität

2.1 Raus aus dem Labor und rein ins pralle Leben ... 58
2.2 Unser Denken bestimmt unser Handeln ... 60
2.3 Familie und Arbeitshund – ein Spagat ... 62
2.3.1 Wie nähere ich mich den 100 % im Alltag an? ... 63
2.3.2 Warum die 100 % wichtig sind ... 64
2.4 Die Kugel rollt – Balance ist gefragt ... 65
2.5 Richtig üben macht den Meister ... 67
2.6 »Servus Kumpel« – Ein Beispiel aus der Praxis ... 71
2.7 Das eindeutige »JEIN« ... 75

2.8	»Kommandostruktur« versus »Lass es! Per se!«	78
2.9	Gute und schlechte Routinen	80
2.10	Die drei Modi	80
2.11	Alltag mit einem Alien	82
2.12	Frage & Antwort	88

3. KOMPONENTE 94
Opferbindung – Der Wille zu finden

3.1	Opferbindung – Die Freude am Menschen	96

Teil I: Die Motivation

3.2	Overdose – Der Wille zum Erfolg	97
3.3	Die Bestechungsfalle	99
3.4	Extra-Cash: Ist Motivation käuflich?	100

Teil II: Das Regelwerk

3.5	Die Basis: Die Waage aus Respekt und Interesse	104
3.6	Regel Nr. 1: Bestätigen statt bestechen	110
3.7	Regel Nr. 2: Korrektur erwünscht	111

Teil III: Der Rahmen oder das Gatter

3.8	Den Rahmen konstruieren	114
3.9	Und so geht's	115
3.9.1	Erste Stufe – Ich und Du!	115
3.9.2	Zweite Stufe – Tritt an!	120
3.9.3	Dritte Stufe – Riech dran!	122
3.10	Opferbilder kontra Geruchsbilder	124
3.11	Frage & Antwort	125

4. KOMPONENTE 132
Der Handwerkskoffer

4.1	Wenig Eingebung, viel Schweiß	134
4.2	Viele Wege führen nach Rom, nur wenige sind beleuchtet	134

I Vor dem Start

4.3	»Erleuchtung geht nicht durch den Darm«	135
4.4	Das passende Suchgeschirr	137
4.5	Die Leine und das Leinenhandling	141
4.5.1	Das Material	141
4.5.2	Die passende Länge	141
4.5.3	Die richtige Handhabung	144
4.5.4	Der heiße Draht zum Hund	146
4.6	Trainingsaufbau	151
4.6.1	Was ich nicht weiß, macht mich nicht heiß: Soll der Hundeführer wissen, wo der Trail liegt?	151
4.6.2	Was tun, wenn der Hund zum Stöbern neigt?	154

	4.6.3 Grün oder Grau – Wo starten?	155
	4.6.4 Alles in einem Aufwasch, oder besser nur an einer Schraube drehen?	156

II Am Start

4.7	Akklimatisieren	158
4.8	Das Anschirren	160
4.9	Geruchsträger	165
4.10	Der meiste oder der frischeste Geruch am Geruchsträger?	167
4.11	Geruchskopien herstellen	170
4.12	Geruch aus der Tüte	173
4.12.1	Warum Futter das Anriechen erschwert	179
4.13	Typisches Missverständnis am Sart	180
4.14	Split Trail	182
4.15	Line up	182

III Auf dem Trail

4.16	Den Hund lesen	184
4.17	Hilfen und Korrekturen	186
4.18	Die Sache mit der strafenden Auszeit	188
4.19	Stehen bleiben und eine Pause machen	189
4.20	Erneutes Anriechen auf dem Trail	190
4.21	Straßenverkehr	190
4.22	Anzeigearten	192
4.23	Worauf es wirklich ankommt	192
4.24	Wo will ich hin? Welche Ziele möchte ich bzw. kann ich erreichen?	193
4.25	Frage & Antwort	195
4.26	Nochmal zusammengefasst: Der Einstieg ins Trailen	200

5. KOMPONENTE 204
Arbeit am Geruch

5.1	Eine Welt voller Gerüche	206
5.2	Geruchstheorien: Wenn Blinde von Farbe reden	209
5.3	Das »Prinzip Postkutsche«	213
5.4	Rückwärtstrailen, geht das?	215
5.5	Das Ziel – so nah und doch so fern	216
5.6	Das Tetralemma	223
5.7	Negativ versus Pick up	227
5.8	Stöbern und Trailen, zwei Seiten derselben Medaille	228
5.9	Der Bluthund und seine Verwandtschaft	230
5.10	Mach's richtig!	238
5.11	Interview mit Ralf Blechschmidt	240
5.12	Frage & Antwort	244

Die Autoren	250
Glossar	252
Adressen	256

Für alle, die uns bei unserer Arbeit unterstützen.

Danke.

Ohne Euch wäre dieses Buch nie entstanden.

Er tut es, ich schreibe es auf – und Sie profitieren davon.

Täglich werden in Deutschland bis zu 250 Menschen als vermisst gemeldet*, Tendenz steigend. Sie sind weg, verschwunden, wie vom Erdboden verschluckt. Die allermeisten tauchen wieder auf, einige findet man nie, trotz modernster Infrastruktur und flächendeckendem Handynetz. Der Jugendliche kommt nach dem Discobesuch nicht mehr nach Hause, der Rentner kehrt nach dem Spaziergang nicht mehr ins Altersheim zurück.

Das Verschwinden von erwachsenen Menschen macht selten Schlagzeilen. Denn jeder hat das Recht, unterzutauchen, irgendwo ein neues Leben zu beginnen. Personen gelten erst dann als vermisst, wenn sie ihren gewohnten Lebenskreis verlassen haben, ihr Aufenthalt unbekannt ist und gleichzeitig für sie Gefahr an Leib oder Leben angenommen wird. Aufsehen erregen lediglich verschwundene Kinder, der kleinste Teil der Vermissten. Deuten irgendwelche Indizien auf einen Unglücksfall oder gar auf ein Verbrechen hin, springt der Fahndungsapparat der Polizei an.
Der Personenspürhund, ein sogenannter Mantrailer, leistet in den letzten Jahren immer mehr Hilfe, sowohl bei der Vermissten- als auch bei der Tätersuche. Der Begriff »Mantrailing« stammt aus dem Englischen und bedeutet, Menschenspur verfolgen. Dabei orientiert sich der Hund am einzigartigen individuellen Geruch einer Person, egal, ob diese Person geht, steht, mit dem Fahrrad unterwegs ist oder gar getragen wird. Das geht gleichermaßen auf Gras wie auf Asphalt, im Wald und in der Stadt. Und es geht selbst noch nach Wochen. Das Revival dieser jahrhundertealten Suchform ist u.a. damit zu erklären, dass sie die einzige Möglichkeit bietet festzustellen, in welche Richtung sich der Geruch eines Menschen von einem bestimmten Punkt aus verbreitet. Die Gefahr dabei: Die Ausbildung muss stimmen, denn entscheidet der Hund falsch, kann das ein Menschenleben kosten. Schon eine Nacht im Straßengraben ist im Winter vielleicht tödlich.

Die Ausbildung solcher Mantrailinghunde bis hin zu einer hohen Zuverlässigkeitsstufe ist eine Kunst, die hierzulande erst sehr wenige beherrschen. Ich hatte als Journalistin das Glück, einem von ihnen ein Jahr lang über die Schulter schauen zu dürfen. Der Hofer Fachmann Armin Schweda hat das Mantrailing in der Schweiz und in den USA von der Pike auf gelernt. Er bestreitet mit seinem Bluthundrüden JoJo, unterstützt von den Mitgliedern der BRK Rettungshundestaffel Kreisverband Hof, jährlich bis zu 80 Einsätze und hat dabei schon zahlreichen Menschen das Leben gerettet. Sein Wissen gibt er mittlerweile an ausgewählte Dienst- und Rettungshundeführer weiter.

*http://www.spiegel.de/panorama/justiz/0,1518,720166-2,00.html, abgerufen am 07.01.20121

Damit alle Mantrailinginteressierte, auch diejenigen, die nicht in Einsätze gehen, sondern mit ihrem Partner Hund Mantrailing erleben möchten, davon profitieren können, habe ich dieses Buch geschrieben. Es enthält ein Wissen, das bisher nur einem kleinen Kreis von Fachleuten zugänglich war und noch nirgendwo publiziert worden ist. Es ist das Buch, das ich persönlich mir gewünscht hätte, als ich jahrelang versucht habe, einen einsatzfähigen Mantrailer auszubilden und auf der Suche nach Informationen auf zahlreiche Seminare gereist bin. Hätte es dieses Buch damals schon gegeben, hätte ich mir viel Zeit und Geld sparen können. Es entstand in enger Zusammenarbeit mit Armin und Tanja Schweda und beschreibt ihre Ausbildungsphilosophie und ihren Trainingsaufbau.

Auf diese Weise funktioniert Mantrailing tatsächlich, nicht nur hin und wieder, sondern abruf- und nachvollziehbar. Und jetzt kommt es noch besser: Man kann es lernen. Davon habe ich mich überzeugt.

Astrid Nestler

Otterfing, im März 2012

Meine Landkarte – Ihre Landkarte

Wir alle nehmen die Welt um uns herum unterschiedlich wahr. Jeder einzelne schafft sich sein Modell der Welt, seine persönliche Landkarte. Die meisten von uns halten die eigene Landkarte für die einzig wirkliche Realität. Aber kein Modell entspricht der Wirklichkeit: Es ist immer nur eine Abbildung. Beim Lesen dieser Seiten legt sich nun meine Landkarte neben die Ihre, und Sie können vergleichen: Wo sind die entscheidenden Wegweiser zu Ihrem ganz persönlichen Ziel? Und wie sieht dieses Ziel aus?
Mein Ziel ist es, Menschenleben zu retten. Dieses Motiv zieht sich wie ein roter Faden durch die 20 Jahre meiner aktiven Rettungshundearbeit. Ich fühle mich nur einem gegenüber verpflichtet: der vermissten Person!
Neben der professionellen Arbeit im Rettungshundebereich, haben meine Frau und ich die Marke HundeHandwerk ins Leben gerufen. Sie steht für bestimmte Werte und Überzeugungen, die wir überall vertreten, nicht nur in der Hundeerziehung. Dabei gilt für uns ein Grundsatz: Erst selbst lernen, dann lehren! Frei nach dem Motto »Geh nicht zum Meisterlein, wenn Du zum Meister gehen kannst« haben wir uns aus erster Hand schulen lassen. »Man muss das Rad nicht neu erfinden!«, nach diesem Credo sind wir nach einer langen theoretischen Erkundungsphase viele Jahre regelmäßig zu erfahrenen Trainern in die Schweiz gefahren und in die USA gereist. Wir haben bis heute nicht aufgehört zu lernen. Im Gegenteil, wir haben erkannt, dass das wahre Lernen dort beginnt, wo das Lehren anfängt. In unseren regelmäßigen Monatstrainings, in denen wir seit 2007 Mantrailinghundeführer der Polizei und aus verschiedenen

Hilfsorganisationen gemeinsam zur Einsatzfähigkeit ausbilden, haben wir das Erlernte zum einen weitergegeben und zum anderen ständig verfeinert. Besonders die ersten drei Komponenten dieses Buches verdanken ihre Existenz unserer kontinuierlichen Weiterentwicklung und der Konkretisierung unserer eigenen Erfahrungen. Dabei ist uns sehr wichtig, Ihnen Lehrinhalte weiterzugeben, die eine gewisse Allgemeingültigkeit haben und nicht nur für einen Typus Hund passen.

Wir sind überzeugt: Ausbildung macht nur Sinn, wenn sie regelmäßig stattfindet. Aus diesem Grund bieten wir Lösungen auf Basis von Langzeittrainings an und folgen nicht dem Usus von isolierten Wochenendseminaren.

Dabei nehmen wir uns die Zeit, die es braucht, damit es am Ende weniger Zeit braucht. Wir schauen uns zuerst genau das Team an, statt anzufangen, mit purem Aktionismus loszulegen, ohne womöglich ganzheitlich die Situation erfasst zu haben. Ähnlich wie in der Medizin steht für uns an erster Stelle eine genaue Diagnose, bevor eine anschließende »Behandlung« erfolgreich werden kann. Die Einstellung des Hundeführers ist dabei entscheidend. Kann dieser seine Gedanken mit seinen Gefühlen abgleichen? Will er überhaupt eine Lösung oder will er sich nur mit seinem Problem besser fühlen?

Über Probleme reden schafft Probleme.
Über Lösungen reden schafft Lösungen.
Steve de Shazer, amerikanischer Psychotherapeut und Autor

Dabei müssen wir häufig den Hundeführern klar machen, dass »der Wurm nicht dem Angler schmecken muss, sondern dem Fisch!«

Unsere Absicht ist, dem Leser einen neuen Blickwinkel auf die Ausbildung eines Mantrailers zu ermöglichen, um zu verstehen, welche Komponenten wichtig sind und was erfolgreiches Mantrailing ausmacht.

Ich habe mir meine Ausbildung nicht gekauft, sondern hatte das Glück, Lehrer zu finden, die mich unter ihre Obhut genommen und ihr Wissen mit mir geteilt haben. An dieser Stelle möchte ich besonders Terry Davis, Mike Belanger und Buck Garner erwähnen. Sie werden Ihnen im Buch hin und wieder begegnen. Ich durfte immer wieder von Menschen lernen, die in dieselbe Richtung blicken und mich in ihre Riege aufgenommen haben. Ich hatte die Ehre, dieses Wissen zu erhalten, denn für diese Menschen ist es kein Problem, freigiebig zu sein und zu teilen. In dieser Tradition gebe ich meine Erfahrung nun an Sie weiter.

Wir, die Hundehandwerker, lieben was wir tun, und arbeiten gerne mit Menschen, die unsere Begeisterung teilen.

Die HundeHandwerker
Armin und Tanja Schweda

Regnitzlosau, im März 2012

Mantrailing – quer gedacht

1. Fragen wir mal das Frolicröllchen

Unter dem Namen »HundeHandwerk für den Arbeitshund« veranstalten meine Frau und ich mit unserem Team zweimal im Jahr ein mehrtägiges Erfahrungsseminar für Dienst- und Rettungshundeführer. Die meisten Teilnehmer kommen aus den Sparten Vermisstensuche oder Spezialsuche. Sie wollen sich auf ihrem jeweiligen Gebiet verbessern, gesucht werden aber dennoch nichts und niemand. Gearbeitet wird an der Basis, nämlich den allgemeinen Grundlagen für ein erfolgreiches Zusammenarbeiten von Mensch und Hund. Die Aufgabenstellungen sind vermeintlich einfach, zum Beispiel den Hund mit zwei Pfoten auf einen umgestülpten Eimer hochsteigen zu lassen. Einige Hundeführer machen dabei die Erfahrung, dass sie ihr Tier ohne Futter gar nicht in Bewegung bringen. Andere merken, dass ihr Hund nicht mitarbeiten will, und eigene Strategien benutzt, um sich der Aufgabe zu entziehen. Die Taktiken, die Hunde hierbei verwenden, sind verschieden. Manche rollen sich auf den Rücken und geben den Clown, andere gucken unbeirrt beiseite, bis Frauchen ungeduldig oder ratlos wird und am Ende doch das Frolicröllchen aus der Tasche zieht. Die Vierbeiner zeigen genau die Strategien, mit denen sich Zweibeiner auch im Alltag so erfolgreich manipulieren lassen. Diese »blinden Flecken« bei sich selbst wahrzunehmen, die Strategien des eigenen Hundes zu erkennen und neu zu beantworten, ist Teil der Übungen. Dadurch verändert sich die Sucharbeit des Mensch-Hund-Teams indirekt, weil es Einfluss auf die Beziehung der beiden hat.

2. Futter ist kein Lehrmeister ...

… und leider auch kein Dolmetscher: Eine Leiter ist normalerweise ein selbsterklärendes Gerät, wenn sie dazu dient, in die Höhe zu steigen oder einen Abgrund zu überwinden. Liegt die Leiter jedoch flach am Boden, ist sie als Trainingsgerät nicht mehr offensichtlich, und die Übung muss ganz neu erklärt werden.
Der Hund versteht nicht mehr, dass er auf die Sprossen treten soll, sondern tritt, weil's einfacher ist, viel lieber in die Zwischenräume. Das »Frolicröllchen« bringt zwar Bewegung in das Tier, es geht vorwärts, aber es erklärt ihm nicht die Übung.

Futter ist kein Lehrmeister. Selbst eine ganze Tüte Frolic könnte diesem Ridgeback-Mix nicht sagen, wie er es richtig machen soll.

Jetzt ist der Mensch gefragt: Wie bringe ich es ihm verständlich rüber? Der Zweibeiner lernt, die Sprache des Hundes zu sprechen, pur, ohne Hilfsmittel, ohne den vermeintlichen Dolmetscher »Herrn Frolic«.

Nun zeigt sich, wie gut der Mensch etwas erklären kann. Und ob der Hund zuhört und mitmacht, auch wenn kein Futter als Belohnung winkt.

Natürlich wäre es auch möglich, zum »Erklären« einen Clicker zu verwenden. Doch wenn man Konditionierungen mal beiseite lässt und über eine direkte Kommunikation von Mensch zu Hund ohne Hilfsmittel und Futterbelohnungen arbeitet, verraten solche Übungen viel über den Stand der Beziehung und die Arbeitseinstellung: Wer bewegt wen? Wer agiert und wer reagiert? Wie kreativ, beharrlich und einfühlsam ist der Mensch? Wie kooperativ und willig ist der Hund?

Nun ließe sich zu Recht einwenden, dass ein Hund, der gewissermaßen eine »Geschäftsbeziehung« zu seinem Menschen hat und sich nur gegen »Bezahlung« zur Mitarbeit motivieren lässt, durchaus gut ausgebildet werden kann. Doch ich bin überzeugt, dass sich der Unterschied zwischen Konditionierung und Kommunikation deutlich auf die Qualität der gemeinsamen Arbeit auswirkt. Denn ob jemand nur für Geld arbeitet oder auch mit dem Herzen bei der Sache ist, macht einen großen Unterschied. Es ist letztendlich eine Frage des Anspruchs an sich selbst und für Rettungshundeführer auch eine Frage der Verantwortung, denn da draußen gilt es, möglicherweise ein Menschenleben zu retten.

3. Erst laufen, dann Rad fahren

Aus diesem Anspruch heraus erklärt sich der Aufbau des vorliegenden Buches. Er entspricht in seiner Struktur der Ausbildung, die alle Teams bei uns erhalten, egal, ob sie für Einsätze trainieren oder für den Hausgebrauch. Meine Grundphilosophie lautet: Bevor wir über Geruchsartikel, Spurlängen und das richtige Leinenhandling nachdenken, sollten bei Mensch und Hund wichtige Basisvoraussetzungen erfüllt sein. Denn selbst vielversprechende Teams scheitern nicht an schwierigen Geruchslagen, sondern weil sie nicht an einer Katze vorbeikommen! Ich habe gelernt, dass es besser ist dasjenige zu finden, was einen davon abhält, etwas zu erreichen, sprichwörtlich den Finger in die Wunde zu legen, anstatt nach einem Rezept zu suchen, das eine schnelle Lösung verspricht. Das vorliegende Buch ist daher keine Gebrauchsanweisung, sondern es deckt mögliche Schwachstellen und Stolpersteine auf. Häufige Stolpersteine sind meiner Erfahrung nach:

1. **Der Hund kann sich nicht ausreichend konzentrieren. Es bereitet ihm generell Schwierigkeiten, an einer Aufgabenstellung zu bleiben, selbst in ruhiger Umgebung.**
2. **Der Hund ist in seiner Suchumgebung nicht arbeitsfähig z.B. durch fehlende Stadt- oder Waldgewöhnung. Er kann sich also in diesem Umfeld schlecht konzentrieren oder geht lieber eigenen Interessen nach.**

> 3. **Der Hund hat unzureichenden Findewillen.**
> 4. **Der Hundeführer hat einen schlecht gepackten Handwerkskoffer. Wissen und abgestimmte Techniken fehlen.**
> 5. **Der Hundeführer hat eine unzutreffende Vorstellung von Geruch oder von dem, was sein Hund überhaupt sucht.**

Erst wenn der Hund lange genug bei der Sache bleiben kann, die Alltagsumgebung ihn nicht mehr ablenkt und er einen soliden Findewillen hat, beschäftigen wir uns in der vierten und fünften Komponente mit Mantrailing im klassischen Sinne. Ohne diesen Aufbau bläst man Schwimmflügel auf, die lauter Löcher haben und später notdürftig und mühsam geflickt werden müssen. Wir bilden jedes Team nach dieser Philosophie aus, egal ob für den Einsatz oder für die Freizeit. Wir stellen an die Einsatzteams zwar höhere Ansprüche, sind penibler und unnachgiebiger, die Art und Weise der Ausbildung ist jedoch für alle gleich. Alles andere hat keinen Sinn. Denn SUCHEN kann jeder Hund. Er muss FINDEN wollen.

4. Mantrailing kann man nicht ausbilden

Herr Schweda, sagen Sie mal:

- **Kann man mit jedem Hund trailen?**
- **Woran erkenne ich, ob mein Hund geeignet ist?**
- **Nach welcher Methode bilden Sie aus?**

Diese drei Fragen werden mir immer wieder gestellt.
Die Antwort auf die letzte Frage mag Sie jetzt überraschen, aber wir können Mantrailing gar nicht ausbilden. Wir wissen kaum etwas über Geruch, wie er sich verhält und was der Hund überhaupt sucht. Es gibt nur diverse Theorien, zum Beispiel über schwere und leichte Geruchsspuren. Tatsächlich wissen wir aber nicht, woran sich welcher Hund orientiert. Sucht er den meisten Geruch oder den frischesten, die schweren Bestandteile oder die leichten – sofern es diese überhaupt gibt? Oder sucht er nur einzelne Geruchskomponenten? Und falls ja, wo genau liegen diese Geruchskomponenten?
Was will ich also ausbilden, angesichts dessen, dass ich die Antworten auf all diese Fragen gar nicht kenne? Einen Hund im Lesen von Geruchsspuren unterrichten zu wollen, ist geradezu vermessen. Ich kann nur feststellen, wie ein bestimmter Hund arbeitet, wie er zum Ziel kommt und diese Veranlagung für mich nutzen. Was ich durch Ausbildung fördern kann, sind Beharrlichkeit, Konzentration, Findewillen und Erfahrung.

5. Von Links- und Rechtshändern

Die Antwort auf die Frage, ob man mit jedem Hund trailen kann, lautet: theoretisch ja. Zumindest die Nase dazu hat jeder Hund. Aber die Riechleistung alleine macht noch lange keinen Trailer aus. Er braucht dazu noch das entsprechende Suchverhalten. Und das ist abhängig von der genetischen Ausstattung. Was damit gemeint ist, erkläre ich an einem Beispiel:

Sind Sie Rechtshänder? Dann halten Sie beim Einfädeln die Nadel mit der linken Hand und führen den Faden mit rechts durch das Nadelöhr. Es andersherum zu tun, ist als Rechtshänder nervenaufreibend. Sie können es zwar, denn die Voraussetzung dazu, nämlich zwei Hände, haben Sie ja. Jeder Rechtshänder kann, wenn er will, auch mit links schreiben oder Tennis spielen. Aber in welcher Qualität und mit welcher Bereitschaft? Linkshänder, die früher in der Schule »gewaltsam« auf rechts getrimmt wurden, können ein Lied davon singen. Die Präferenz wird immer wieder sichtbar. Die Natur setzt sich eben durch. Ähnlich wie es bei uns Menschen Links- und Rechtshänder gibt, sind Hunde unterschiedlich veranlagt. Es gibt solche, die vorwiegend stöbern und andere, die lieber an der Spur arbeiten. Das heißt, manche Hunde arbeiten dem Geruch entgegen und andere dem Geruch folgend. Natürlich könnte der Stöberer auch dem Geruch nachgehend suchen, aber es liegt ihm ebenso wenig wie einem Rechtshänder das Schreiben mit links. Ich betone, er könnte. Denn ein weiteres Problem kommt hinzu: In seiner Welt versteht der Hund meist nicht, was Sie von ihm verlangen. Einem Stöberer zu sagen, er soll einem Geruch folgend arbeiten, ist ihm einfach schwierig zu vermitteln.

Von Links- und Rechtshändern

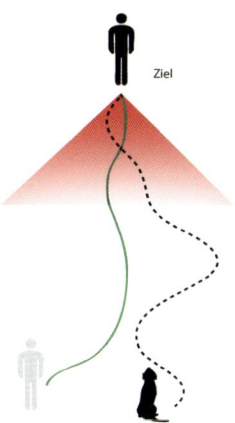 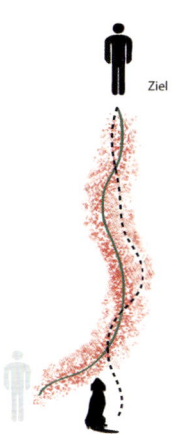

»Rechtshänder« sucht dem Geruch entgegen.   *»Linkshänder« sucht dem Geruch folgend.*

Woran erkenne ich nun, wie mein Hund veranlagt ist? Ganz einfach: Lassen Sie ihn eine Nadel einfädeln! Lassen Sie ihn etwas suchen und schauen Sie zu, wie er zum Ziel kommt. An der Art und Weise, wie er arbeitet, erkennen Sie die Veranlagung. In unserer Hundeschule haben wir einen Tibetterrier, der das Suchen von Gegenständen lernen sollte. Manchmal fand er das Dummy und brachte es, manchmal war er komplett ratlos. Ich habe schnell gemerkt, dass der Hund immer dann ratlos war, wenn er sich nicht an einer gelaufenen Geruchsspur orientieren konnte. Wenn das Dummy geworfen wurde, ohne dass er es sah, oder wenn eine ihm unbekannte Person in einem Gebiet, wo viele andere Geruchsspuren waren, das Dummy versteckt hatte, konnte der Hund es nicht finden, weil er das Stöbern als Methode für sich nicht angewendet hat.

Dieser Tibetterrier ist eindeutig ein Trailer, ein Hund, der einem Geruch folgend arbeitet. Und diese Veranlagung ist unabhängig davon, ob der Hund dabei die Nase oben oder unten am Boden hat. Die tiefe Nase macht noch keinen Trailer. Entscheidend ist,

Der »linkshändige« Tibetterrier Sammy.

ob er ein »Geruchsmitläufer« oder »Geruchsgegenläufer« ist. Einen ähnlichen Versuch können Sie bereits mit Welpen machen. Wenn man die Mutter der Kleinen ein Stückchen wegbringt, lässt sich sehr gut beobachten, was die einzelnen Individuen tun. Manche sind nur irritiert und haben keinen Plan, wie sie ans Ziel, also zur Mutter, kommen – keine gute Voraussetzung für einen Arbeitshund. Andere gehen der Spur nach, wieder andere stöbern dem Geruch der Mutter entgegen. Sie suchen die Geruchsquelle, arbeiten also nicht am Geruch, der sich bereits mit der Umwelt vermischt hat, sondern dem entgegen, der vom Mutterkörper »versprüht« wird.

> **BEISPIEL**
>
> *Dr. Brigitte Fiedler, BRK KV Hassberge, Bayern*
> *Urgel, Labrador-Mix, 3 Jahre*
>
> Vom ersten Tag an, als der Hund bei mir war, habe ich gesehen, dass der anders ist als meine anderen. Der hat ständig nur mit der Nase irgendwelche Spuren ausgearbeitet. Und da hat es bei mir ziemlich schnell »klick« gemacht. Ich habe gedacht, wenn der Hund mal gesund genug und förderbar ist, würde ich versuchen, mit ihm Mantrailing zu machen. Er bietet es von seiner Genetik her an, sonst hätte ich ihn zu einem Flächenhund ausgebildet.

Nun gibt es Rassen, bei denen die Wahrscheinlichkeit, einen Hund mit Trailveranlagung zu finden, sehr hoch ist und andere, bei denen sind die Stöberer in der Mehrzahl. Klassisches Beispiel: der Retriever. Um unter Retrievern ein Tier mit Trailveranlagung zu finden, müssen Sie sich wahrscheinlich sehr viele Exemplare anschauen, denn bei diesen Hunden wurde über viele Generationen genetisch darauf Wert gelegt, Stöbereigenschaften zu fördern. Die Ente, die nach dem Abschuss vom Himmel fällt, hat schließlich keine Fährte am Boden hinterlassen. Das heißt nicht, dass es sie nicht gibt, die Trailer unter den Retrievern und den vielen weiteren »Stöber-Rassen«, aber sie sind die Ausnahmen. Bei anderen ist es genau umgekehrt, zum Beispiel bei den sogenannten Scenthounds. Dazu gehören die Bloodhounds, Bassethounds, Coonhounds, Foxhounds und viele mehr. Wenn Sie also unbedingt mit einem Pointer trailen möchten, ist das durchaus möglich. Sie müssen unter Umständen nur länger nach einem geeigneten »Exemplar« suchen.

6. Die Welt der Hounds

Lassen Sie sich nicht von dem Begriff »Hound« verlocken. Er ist noch kein Garant dafür, dass der Hund vornehmlich die Nase benutzt, um zu finden. In der angelsächsischen Systematik der Hunderassen werden »Scenthounds« und »Sighthounds« in der »Hound Group« zusammengefasst. Die »Sighthounds« nennen wir in Deutschland Sichtjäger. Dazu gehören die windhundartigen wie Greyhounds und Deerhounds. Aber auch beim Border Collie, Australian Shepherd und Belgischen Schäferhund führt eher das Auge als die Nase. Sie gehen leicht auf Optik, anstatt sich auf den Geruch zu verlassen. In dem hier vorliegenden Buch gehen wir von Individuen aus, die eine Veranlagung zum Trailen mitbringen, nicht von bestimmten Rassen. Auf den Bildern sind bestimmte Rassen nur deswegen häufiger zu sehen, weil unter ihnen viele entsprechend veranlagte Hunde sind. Ich teste jeden Einzelnen auf seine Eignung, bevor ich mit ihm arbeite, und für den Realeinsatz bilde ich keinen aus, der ungeeignet ist. Denn als »Rechtshänder« ist Tennis mit links auf Dauer einfach mühsam.

Zwei Hounds, die unterschiedlicher nicht sein könnten: Sighthound und Scenthound.

7. Auf dem Weg nach Rom

Vielleicht widersprechen die Ideen dieses Buches den Methoden und Vorgehensweisen, die Sie bereits anderswo kennen gelernt haben. Widersprüche sind manchmal unvermeidlich. Sie brauchen nichts von dem bisher Gelernten gleich zu verwerfen. Schieben Sie es einfach mal beiseite, solange Sie sich mit diesem Buch beschäftigen. Fragen Sie sich nur, wie logisch das Ganze ist. Ziehen Sie Ihre eigenen Schlüsse und vergleichen und urteilen Sie erst dann.
Es führen viele Wege nach Rom und in jedem Zug sitzt ein anderer Lokführer. Ich lade Sie ein, in meinen Zug zu steigen. Das Ziel ist klar. Wir nehmen uns die Zeit, die es braucht, aber wir machen keine Umwege. Ich kenne die Route und bin sie schon oft gefahren. Ob Sie Ihnen gefällt oder ob Sie lieber einen anderen Zug nehmen, das entscheiden nur Sie.

Bitte einsteigen und Türen schließen. Pfiff! … und es geht los.

Wie eine Statue steht der braune Hund auf dem nassen Asphalt. Seine blutunterlaufenen Augen blicken stoisch in die Dunkelheit, während der Mann ihm das lederne Geschirr über den Kopf streift. Regentropfen perlen von den riesigen Schlappohren und fallen zu Boden. Die Rute hängt steil nach unten, die Hinterläufe sind leicht gebeugt, so dass die Silhouette eine schräge Linie bildet. Bedächtig hebt der Mann die faustgroßen Vorderpfoten hoch und schiebt sie durch die Öffnung der Riemen, erst die linke, dann die rechte. Dann richtet er sich auf, schwingt ein Bein ruhig über den Rücken des Hundes und zieht eine durchsichtige Plastiktüte aus der Tasche seiner mit Leuchtstreifen besetzten Weste. Er öffnet den Beutel, beugt sich über den Rumpf des Hundes,  der zwischen seinen Beinen klemmt und streift ihm die Öffnung der Tüte behutsam über den langen Nasenrücken. Während der Kunststoff die Nase völlig umhüllt, knicken die Hüften des Hundes noch ein Stück tiefer ein. Mit beiden Händen umschließt der Mann nun sanft das obere Ende der Nase, so dass keine Luft aus dem Beutel entweichen kann.

Der Hund atmet ruhig und rollt nachdenklich die Augen. Nachdem der Beutel sich beim Ein- und Ausatmen des Tieres mehrmals zusammengezogen und wieder aufgebläht hat, durchbricht ein hoher, einsilbiger Laut die tranceartige Stille: »Such«. Träge macht der massige Rüde ein paar Schritte nach vorne. Der Mann verstaut die Tüte in seiner rechten Jackentasche und nimmt die etwa 4 Meter lange Leine auf, die am Geschirr des Tieres befestigt ist. In einer bedächtigen Kreisbewegung geht der Hund um den Mann herum, schüttelt sich, hebt den schweren, faltigen Kopf, und der feuchte, schwarze Nasenspiegel zuckt, während er ringsum die Luft prüft. Dann entscheidet er sich für eine Richtung – und stürmt los. Noch ahnt niemand, dass das Tier seinen Besitzer und die sie begleitenden Einsatzkräfte einige Stunden später zum Wehr eines kleinen Flusses führen wird. Dort hangt die Leiche einer Frau im Wasser fest, die nach einem tragischen Unfall ertrank und von Angehörigen als vermisst gemeldet worden war.

1. KOMPONENTE
Konzentration und Fokus

*Ist der Schüler bereit,
kommt die Lektion von alleine.*

Jorge Bucay

1. KOMPONENTE | Konzentration und Fokus

1.1 Gute Nase – guter Trailer?

Stellen Sie sich vor, Sie müssen eine lange Zahlenreihe im Kopf addieren. Sie sitzen dabei in einem überfüllten Straßencafé, Leute drängeln vorbei, der Kellner möchte Ihre Bestellung aufnehmen, das Radio dudelt und am Nachbartisch spricht jemand in sein Handy. Falls Sie beim Rechnen den Faden verlieren, müssen Sie wieder von vorne anfangen. Das sind in etwa die Arbeitsbedingungen eines Mantrailers.

Schnell kann aus einem Einsatz in ruhiger Stadtrandlage ein Arbeiten durch Getümmel werden.

Wer hat nun die Nase vorn? Derjenige, der sich gut konzentrieren kann, oder derjenige, der zwar jedes Geruchsmolekül wahrnimmt, aber keine Ablenkungen filtert? Die Antwort liegt auf der Hand: Die Riechleistung eines Hundes, der sich nicht konzentrieren kann, ist nutzlos. Wer den Fokus nicht halten kann, dem nützt selbst die Gabe, minimalste Geruchsspuren zu erkennen, wenig. Entscheidend für erfolgreiches Mantrailing ist also die Fähigkeit des Hundes, seine Aufmerksamkeit während der gesamten Arbeitsdauer auf dem zu suchenden Geruch zu halten – egal was kommt. KONZENTRATION & FOKUS bilden die erste von insgesamt drei Komponenten, die die Grundlage zur Arbeit eines Mantrailers sind.

Zudem muss jeder verlässliche Suchhund das, was er tut, wirklich tun wollen. Das nennen wir in der Rettungshundearbeit OPFERBINDUNG. Wer nur für Belohnungen arbeitet, ist bloß durch den äußeren Anreiz motiviert und nicht mit dem Herzen bei der Sache. Bevor diese Basis aus KONZENTRATION & FOKUS (Komponente 1), ALLTAGSNEUTRALITÄT (Komponente 2) und OPFERBINDUNG (Komponente 3) nicht gelegt ist, macht die Arbeit am Geruch keinen Sinn – und auch keinen Spaß. Denn wer stochert schon gerne ständig im Nebel? Mal klappt es auf dem Trail, mal klappt es nicht. Mal kommt der Hund an, mal nicht. Warum das so ist, können die wenigsten schlüssig erklären, geschweige denn etwas daran ändern. Dagegen ist die Freude, mit einem gut ausgebildeten Hund zu arbeiten, vergleichbar mit dem Genuss, ein Instrument wirklich gut zu spielen oder eine

Über die Basis ...	... zum erfolgreichen Mantrailing
1. KONZENTRATION & FOKUS 2. ALLTAGSNEUTRALITÄT 3. OPFERBINDUNG	4. DER HANDWERKSKOFFER 5. DIE ARBEIT AM GERUCH

Sportart zu beherrschen. Der Weg dahin braucht Zeit. Das ist Ihnen zu anstrengend? Hilfe naht: Ich kann zwar keine Erfahrungen für Sie sammeln, aber ich kann meine Erfahrungen mit Ihnen teilen. Gold aus zweiter Hand ist ebenso wertvoll wie neues, und schließlich wird das Rad auch nicht täglich neu erfunden. Der Vorteil: Eine Beschäftigung macht umso mehr Freude, je weniger Rückschläge man bei ihrer Ausübung selber erfährt.

1.2 Eine Reise von 1000 Meilen beginnt mit dem ersten Schritt*

Als ich begann, mich für das Thema Mantrailing zu interessieren und diesbezüglich recherchierte, lernte ich den Aufbau der Hundenase aus sämtlichen Blickwinkeln kennen. Bei Vorträgen zeigten Referenten unterschiedlich gezeichnete Schaubilder und wurden nicht müde, auf die herausragende Nasenleistung des Hundes zu verweisen. Sie beschrieben die Riechleistung einzelner Rassen anhand der Größe der Riechschleimhaut und der Anzahl der Riechsinneszellen. Verschiedene Dozenten betonten, dass der Bluthund dabei am besten abschneidet, da er die größte Riechschleimhaut mit bis zu 300 Millionen Riechsinneszellen besitzt. Manche sprachen sogar von 500 Millionen, aber wer will das schon nachprüfen? Gut weg kamen auch Rassen wie Deutscher Schäferhund und Labrador Retriever mit beachtlichen 220 Millionen Riechsinneszellen. Die Besitzer solcher Tiere saßen danach ein Stück aufrechter in ihren Stühlen, stand nun sogar wissenschaftlich fest, was sie sowieso schon vermuteten, nämlich dass ihre Hunde geborene Trailer seien.

Heute bin ich überzeugt, dass nicht allein die Nasenleistung einen guten Trailer ausmacht, sondern dass andere Qualitäten mindestens ebenso wichtig oder sogar bedeutender sind. Abgesehen von der entsprechenden Veranlagung gehört dazu insbesondere die Fähigkeit, sich über einen längeren Zeitraum trotz Ablenkung in der Alltagswelt zu konzentrieren.

Konzentrationsprobleme haben nicht nur Hunde. Folgt man dem Freizeitforscher Professor Horst Opaschowsky, dann überschüttet das Tempo der heutigen Medien Kinder und Jugendliche mit einer immer schnelleren Abfolge von Bildern und Informationen. Infolgedessen bringt unsere Kultur eine ganz neue Generation hervor, die so genannten »Kurzzeit-Konzentrationskinder (KKK)«. Und der bekannte deutsche Philosoph und Autor Peter Sloterdijk spricht von einem neuen Typ des »Users« und einer Kultur der Ungeduld.

* Konfuzius
** Ulrich Wechsler, Süddeutsche Zeitung Nr. 80 April 2002

1. KOMPONENTE | Konzentration und Fokus

Achtsamkeit üben, das können auch Hunde.

Die Haut des meist dunklen und haarlosen Nasenspiegels ist recht derb. Ein Vorteil, denn so kann der Hund seine Nase in alles stecken, ohne sich zu verletzen. Das Herzstück der Nase ist die tief im Inneren liegende, durchschnittlich 150 Quadratzentimeter große Riechschleimhaut. Spezielle Sinneszellen auf ihr durchsuchen die vorbeiströmende Luft nach Informationen. Beim Hund ist ein Achtel des Gehirns mit der Auswertung der Düfte beschäftigt.*

* Dr. Michael Brackmann in der Zeitschrift LandLust, September/Oktober 2010

Hier, auf dem Stelzengerät, sind Körperbeherrschung und Konzentration gefragt.

Seine Aufmerksamkeit gezielt auf etwas zu lenken und dann auch dranzubleiben ist keine Frage der Intelligenz, sondern der Übung, nicht nur für Hunde. So gibt es Kinder, die spielen drei Stunden versunken Playmobil, andere fangen alle zwei Minuten etwas Neues an. Es ist eine Art seelische Spannkraft, nicht gleich aufzugeben, wenn der äußere Anreiz verblasst, sondern aus sich heraus fähig zu sein, eine Sache zu Ende zu bringen. Das muss man üben, als Mensch und auch als Hund.

Zusammenfassend möchte ich nochmal betonen, dass die drei Komponenten

1. KONZENTRATION & FOKUS, 2. ALLTAGSNEUTRALITÄT und 3. OPFERBINDUNG

darüber entscheiden, ob ein Hund als Trailer glaubhaft ist oder nicht. Und nur diese können wir ausbilden! Die Veranlagung zu suchen, bringt der Hund bereits mit.

> Die Fähigkeit des Hundes, frischen von altem Geruch zu unterscheiden, ist die Grundlage des Mantrailings. Dieses Können ist in jedem Hund bereits angelegt und kann nicht ausgebildet werden. Je besser und je länger sich der Hund trotz zahlreicher Ablenkungen im Alltag auf seine Arbeit konzentrieren kann, desto erfolgreicher ist er. Neben KONZENTRATION & FOKUS und der ALLTAGSNEUTRALITÄT braucht der Hund eine solide OPFERBINDUNG, das heißt den ausgeprägten Willen, Menschen zu finden.

Zwei, die sich gegenseitig zuhören und verstehen.

1.3 Beziehungskisten

In guten Beziehungen sind Geben und Nehmen im Gleichgewicht, so dass man sich gegenseitig vertraut und respektiert. Doch zu »nehmen« und mal »Nein« zu sagen, ohne gleich ein schlechtes Gewissen zu haben, das fällt vielen Menschen schwer. Zu geben und »Ja« zu sagen ist angenehmer und leichter, als sich abzugrenzen. Etwas zu verbieten und Konflikte auszuhalten ist unangenehm, besonders mit denjenigen, die uns am Herzen liegen. Und dazu zählt auch der Hund. Doch »die Straße des geringsten Widerstandes ist nur am Anfang asphaltiert.«*

Keine Grenzen zu setzen kann eine Beziehung genauso zerstören wie unnötiger Druck, weil der Vierbeiner den Menschen dann nicht respektiert und sich nicht um seine Wünsche kümmert. Voraussetzung für die Mitarbeit des Hundes ist eine willige und kooperative Einstellung. Die »Waage aus Respekt und Interesse« soll im Gleichgewicht sein. Andere nennen das »Gesprächsbereitschaft«. Diese Gesprächsbereitschaft sollten nicht nur Mantrailer oder Arbeitshunde haben, sondern auch jeder Familienhund. Hörzeichen wie »Sitz« und »Platz« sind dagegen vergleichsweise unwichtig, sind Formalitäten, die daraus erarbeitet werden können. Diese Einstellung oder Gesprächsbereitschaft beim Hund zu etablieren, hat mit Respekt zu tun. Dieser Respekt beinhaltet keinerlei Angst, sondern geht immer einher mit Zuneigung und Vertrauen und kann daher auch als Wertschätzung bezeichnet werden. Die Haltung, die wir beim Hund erzeugen möchten, ist vergleichbar mit der Achtung, die Kinder ihren Eltern oder Schülern ihren Lehrern entgegenbringen sollten. Kinder brauchen Übung bis sie es

*Hans Kasper, deutscher Schriftsteller

Schau mich an und hör mir zu! Diese Gesprächsregel muss der Weimaranerrüde noch lernen.

schaffen, im Unterricht die eigenen Bedürfnisse nach Bewegung und Kontakt zu Freunden zurückzustellen und auf die Freizeit zu verschieben. Dazu gehören Disziplin und Selbstbeherrschung. Das ist beim Hundetraining nicht anders als in der Schule. Obschon wir die Hunde gerne vermenschlichen, wird dieser Aspekt bei ihrer Erziehung leicht übersehen. Das war die schlechte Nachricht. Nun kommt die gute:

Die allermeisten Hunde wollen von sich aus mit uns zusammenarbeiten. Sie kommen so auf die Welt, denn sie wurden seit Jahrtausenden entsprechend selektiert. Dass es trotzdem so viele Hunde gibt, denen die Gesprächsbereitschaft und der Kooperationswille fehlen, hat mit unserer Einstellung und der daraus resultierenden Erziehung zu tun. Einem Hund auch mal etwas abzuverlangen, ihn zu fordern, um ihn zu fördern, das sehen viele heute kritisch. Das hängt vermutlich mit der Entwicklung vom Arbeits- zum reinen Freizeit- und Sozialpartner zusammen, den wir nicht unnötig unter Druck setzen möchten. Heute fragt sich der Mensch: Was kann ich für den Hund tun? Anstatt zu fragen: Was kann der Hund für mich tun? Viele befürchten, die Freundschaft und das Vertrauen ihres Vierbeiners aufs Spiel zu setzen, wenn sie einen höheren Pflichtanteil beim Lernen und Arbeiten einfordern. In der Hundeerziehung und -ausbildung soll am besten immer alles Spaß machen und leicht gehen.

Unser Hund spiegelt jederzeit unsere innere wie äußere Haltung. Richtig verstanden, ist das eine unglaubliche Chance für uns.

Und so wird der Pflichtanteil immer kleiner oder fällt ganz weg. Mit Pflichtanteil meine ich hier keinesfalls Anwendung von Gewalt. Wer mit Gewalt arbeitet, verliert beides, Respekt und Vertrauen, denn Fairness ist die Voraussetzung für Zusammenarbeit. Mit Pflichtanteil ist gemeint, dass der Hund lernt, sich zurückzunehmen und auf Anweisungen zu reagieren, die zunächst wenig Lustgewinn versprechen. Ich würde diesen Aspekt hier gar nicht so betonen, wenn er nicht die Ursache dafür wäre, dass so viele Teams am Mantrailing scheitern und zwar genau aus diesem Grund: Zahlreiche Hundeführer meinen, Mantrailing solle den Hunden immer nur Spaß machen, denn: »Mein Hund arbeitet so gerne mit der Nase.« Fantastisch, wenn das ausreicht, damit er tatsächlich das sucht, was ihm vorgegeben wurde. Und über einen Zeitraum von fünf oder zehn Minuten hinaus. Die Erfahrung zeigt jedoch anderes. Mantrailing ist Arbeit und macht nicht immer nur Vergnügen. Arbeit ist hin und wieder anstrengend, mühsam, aufreibend und ab und an frustrierend.

»Ich gehe dann jetzt mal.« Wenn es schwierig wird oder sie einfach keine Lust mehr haben, entziehen sich Hunde häufig, werden aggressiv oder erstarren. Hier sind Beharrlichkeit, Ruhe und Durchsetzungsvermögen gefragt. Die beiden auf dem Bild arbeiten noch an einer Lösung.

Wer Mantrailing als puren Spaß verkauft, bei dem sich praktischerweise auch noch ein paar Vermisste finden lassen, ist entweder naiv oder auf Kundensuche. Wie viel jemand sich und seinem Hund abverlangen möchte, ist natürlich eine persönliche Entscheidung und hängt davon ab, wie hoch die eigene Messlatte liegt. Bei einem Team, das in Realeinsätze gehen möchte, setze ich den Wert des Menschenlebens zugegebenermaßen ein Stück höher an als die Befindlichkeiten des Hundes und des Hundeführers.

Schwer verdiente Aufmerksamkeit. Das Thema ist jetzt nicht: Gehe über die Leiter! Sondern: Mache mit! Hier würde auch ein Herschauen als allererster Schritt genügen.

1.4 Die Pflicht: Ich kenne die Regeln

»Der braucht das nicht, der ist ja an der Leine« oder »Gehorsam ist eher schädlich für einen Mantrailer«, sagen Leute, die unsicher sind, wie viel Erziehung kontraproduktiv zur Ausbildung ist. Sie tun lieber zu wenig als zu viel. Der Annahme, eine gute Erziehung stünde der Arbeit als Mantrailer entgegen, liegt die Befürchtung zugrunde, dass sie den Hund unselbständig macht und er sich beim Trailen dadurch zu sehr nach hinten, zum Hundeführer, orientiert. Das stimmt, wenn man unter Erziehung automatisierte Reaktionen also Konditionierungen versteht. Der Hund hört beispielsweise das Wort »Platz« und kann gar nicht anders, als darauf mit sofortigem Hinlegen zu reagieren. Das ist der Sinn von Konditionierungen: Ein Reiz löst eine unmittelbare Reaktion aus. Für mich hat Erziehung nichts mit Unterordnung zu tun, mit Hörzeichen oder einer Begleithundeprüfung. Sondern meine Art der Erziehung bedeutet, den Hund innerhalb eines festen, vorgegebenen Rahmens möglichst selbständig sein zu lassen. Erziehung gibt dem Hund lediglich die »Leitplanken« vor. Dazwischen kann er sich frei

1. KOMPONENTE | Konzentration und Fokus

bewegen. Ohne ein solches Regelwerk, ist die Arbeit eines Mantrailers zum Scheitern verurteilt. Er kommt, bildlich gesprochen, immer wieder vom Weg ab. Wenn meine Malinoishündin Anna zum Beispiel einen Radfahrer verfolgt, mache ich ihr klar, dass das unerwünscht ist, und sie sich nicht selber durch einen Bewegungsreiz auslösen darf. Die »Leitplanke«, die als Grenze zu verstehen ist, heißt in diesem Fall: **Radfahrer und andere Bewegungsreize dürfen wahrgenommen werden, aber nicht zum Losstürmen animieren.** Ich gebe ihr aber kein bestimmtes Verhalten gegenüber Radfahrern vor. Solange sie den Radfahrer ignoriert, lasse ich ihr Spielraum. Bei einem Mantrailer verzichte ich auf jede unnötige Kommandostruktur. Einen Familienhund könnte man dagegen so konditionieren, dass er bei jedem entgegenkommenden Radfahrer automatisch ins »Sitz« geht oder Kontakt zum Hundeführer aufnimmt und fragt: »Was soll ich tun?« Für einen Mantrailer wäre das fatal.

BEISPIEL

Hund sollte im Alltag weniger gegängelt werden und mehr Freiraum bekommen.
Heike Kuse, München
Champ, Magyar Vizsla, 4 Jahre
Beaux, Bloodhound, 2 Jahre

Nachdem Armin festgestellt hat, dass unsere Hunde durch zu viel Unterordnung und eine ständige Kommandostruktur zu brav und zu unselbständig waren, haben wir einiges umgestellt: Früher haben unsere Hunde, wie man das halt so macht, immer vor der Futterschüssel warten müssen, bis sie das Kommando zum Fressen bekamen. Jetzt wird das Futter kommentarlos gegeben, meistens aus der Tüte, damit sie sich an die spätere Geruchsaufnahme gewöhnen. Die Hunde dürfen ihren eigenen Kopf haben, sollen sich durchsetzen können. Unterordnung im Alltag haben wir abgestellt.

Alle unnötigen Kommandos wie Sitz, Platz, Bleib, Voraus gibt es nicht mehr. Sie werden nur noch gerufen, wenn es unbedingt nötig ist. In der Stadt laufen die Hunde nicht mehr bei Fuß, sondern sie laufen ohne Kommando einfach mit und wir achten darauf, dass sie sich nirgendwo mehr unaufgefordert geruchlich festsaugen. Die Überquerung der Straße läuft ohne vorheriges Absitzen, und ein Geschirr gibt es nur noch zum Trailen. Auch das Leckerchen, was ich immer dabei hatte, auf jedem Spaziergang, habe ich abgeschafft. Jedes Mal, wenn mein Hund kam, hat er ein Leckerchen bekommen. Kriegt er nicht mehr, braucht er auch nicht mehr, denn er kommt auch ohne. Ich brauche nur ein kleines Tönchen von mir zu geben, dann ist der da. Diese Orientierung schadet der Ausbildung keinesfalls. Der Hund soll ja mitdenken und kommunizieren, natürlich auch im Alltag. Er soll bloß nicht lernen, einfach irgendetwas abzuspulen.

> **Hund braucht im Alltag engere Grenzen.**
> *Dr. Christine Elsner, Rettungshundestaffel KV Dillenburg, Deutsches Rotes Kreuz*
> *Fortuna, Rhodesian Ridgeback, 9 Jahre*
> *Destino, Rhodesian Ridgeback-Mix, 4 Jahre*
>
> **BEISPIEL**
>
> Seit ich bei Armin trainiere, achte ich viel mehr auf die Körpersprache meiner Hunde, insbesondere beim Spazierengehen. Ich überlasse sie viel weniger sich selbst, lasse sie nicht mehr so lange an irgendwelchen Dingen schnuppern. Ich dulde vieles nicht mehr. Früher war es mir manchmal egal, wenn meine Hündin Fortuna etwas aufgenommen hat. Wenn es ein Apfel war, war's in Ordnung. Wenn es etwas Undefinierbares war, war es nicht in Ordnung. Hier habe ich gelernt, dass es generell nicht in Ordnung ist und der Hund klare Regeln braucht. Fortuna darf nicht einfach für sich entscheiden, ich nehme etwas auf. Und ich bin generell viel konsequenter.

Erziehung in Form von »ich gebe die Leitplanken vor« oder »ich lege die Grenzen fest« ist ein absolutes Muss, um sich in dieser Welt frei zu bewegen. Sie beinhaltet ein verbindliches Regelwerk, feste Vereinbarungen für den täglichen Umgang. Der Hund lernt, dass er bestimmte Dinge darf und andere wiederum nicht. Das klingt banal, ist aber insbesondere für das Mantrailing von großer Bedeutung. Erziehung ist geprägt durch »WEG VON« … nämlich »weg von« provokativ anspringen, unkontrolliert losstürmen, kläffen, beißen, Unrat aufnehmen, usw. Das bedeutet auch, weg von allen Strategien, mit denen der Hund unangemessen manipuliert.

Verlässliche Regeln helfen dem Vierbeiner, sich in unserer Welt zurechtzufinden und relevante Entscheidungen dem Menschen zu überlassen. Ein Hund ist nicht erzogen, wenn ihm nicht genügend Grenzen gesetzt werden oder er gesetzte Grenzen nicht akzeptiert.

Beziehung ist die Basis • Erziehung ist die Pflicht • Ausbildung ist die Kür

Mantrailing ist also keine Ausrede für einen schlecht erzogen Hund. Ich gebe gerne zu, die Erziehung eines Mantrailers ist in gewisser Weise eine Gratwanderung, die einiges an Fingerspitzengefühl verlangt, im Sinne von: Möglichst wenig Kommandostruktur, aber feste Leitplanken. Darauf komme ich in der zweiten Komponente ALLTAGSNEUTRALITÄT noch näher zu sprechen. Meine Erfahrung allerdings ist, dass die meisten Hunde, die im Mantrailing gearbeitet werden, eher zu wenig als zu viel erzogen sind.

Auch ein Mantrailer soll andere Hobbys haben dürfen: Geruchsunterscheidungen an Gegenständen sind in Ermangelung von »Versteckpersonen« ein geeignetes Gehirnjogging im Alltag.

1.5 Die Kür: Das kann ich gut

Nur wer die Pflicht annimmt, gewinnt in der Kür einen Preis. Ausbildung ist die Kunst, die speziellen Fähigkeiten eines Hundes zu fördern und ihm Vorgänge beizubringen, die er zum Zusammenleben in unserer Gesellschaft nicht unbedingt braucht. Ausbildung ist geprägt durch »HIN ZU« …, nämlich »hin zu« antrainiertem Verhalten wie das Suchen nach Menschen oder Gegenständen, auf Signal hinsetzen, hinlegen oder vorauslaufen. Anders als eine gute Erziehung ist Ausbildung keine Notwendigkeit. Jedoch fordert genau diese Beschäftigung den Hund, fördert sein Selbstbewusstsein und lastet ihn somit auch aus. Doch wie gesagt, eine erfolgreiche Ausbildung setzt eine solide Erziehung des Hundes voraus.

BEZIEHUNG:	Ich höre Dir zu.
ERZIEHUNG:	Ich kenne die Regeln.
AUSBILDUNG:	Das kann ich gut!

1.6 Kann er nicht oder will er nicht?

Bei jedem Ausbildungsschritt, bei jeder Übung, gibt es entscheidende Fragen, die der Mensch sich stellen muss: Kann der Hund die Übung nicht machen, oder will er sie nicht machen? Die Antworten auf diese Fragen bestimmen die nachfolgende Strategie: Rufe ich zum Beispiel meinen Rüden und dieser »nimmt auf dem Weg zu mir noch ein paar Bäume mit« und markiert, dann wäre es unangebracht, darauf mit Verständnis und Güte zu reagieren.

Nun ist der Hund gewillt, mitzumachen. Der Mensch muss die richtigen »Worte« finden, um ihm die Übung zu erklären. In diesem Fall begehen viele den Fehler und schauen ihren Hund an, während sie mit dem Finger irgendwohin deuten. Stattdessen ist es für den Hund viel verständlicher, wenn wir auch dorthin schauen, wo er sich hinbewegen soll.

Falls der Hund aber nicht weiß, dass der Rückruf bedeutet, immer und auf dem direkten Weg sofort zu mir zu kommen, dann wäre es unfair, ein Donnerwetter loszulassen; sondern in diesem Fall muss ich ihm die Bedeutung des Hörzeichens in seiner Muttersprache erklären.

Im Prinzip gibt es zwei Gründe, warum Hunde nicht kooperieren: Der erste Grund ist, der Mensch kann sich körpersprachlich nicht klar und verständlich ausdrücken. Viele Hunde, die durchaus gesprächsbereit sind und sich bemühen, es ihrem Menschen Recht zu machen, verstehen einfach nicht, was von ihnen erwartet wird. Das Problem: Der menschliche Körper drückt unbewusst etwas anderes aus, als das gesprochene Wort. Und Hunde achten bei ihren Sozialpartnern – ob nun Artgenosse oder Mensch – bevorzugt auf die Körpersprache, das ist nun mal ihre Muttersprache. Die Vierbeiner geben dann irgendwann auf, sie resignieren. Sie gehen ihren eigenen Interessen nach, weil sie keinen Partner haben, der sich verständlich machen und gemeinsame Ziele definieren kann. Der Hund würde zwar wollen, kann aber nicht, da er nichts begreift. Hier muss vor allem der Mensch geschult werden, die Signale des Hundes richtig aufzufassen und darauf adäquat zu reagieren. Er lernt, seinen Körper so einzusetzen, dass

der Hund daraus Hinweise ableiten kann. Das nützt aber nur, wenn es im richtigen Moment geschieht und der Mensch einschätzen kann, was in diesem Moment möglich und was noch zu schwierig ist.
Wenn der Hund uns dabei vertraut und sich sicher fühlt, dann haben wir alles richtig gemacht. Zusammengefasst geht es um: Körpersprache, Timing, Empathie, Vertrauen und Sicherheit.

Beim zweiten Grund, warum Hunde nicht kooperieren, verhält es sich genau umgekehrt: Der Vierbeiner könnte zwar, will aber nicht. Es gibt Hunde, die verstehen durchaus, was von ihnen erwartet wird, aber scheren sich nicht besonders darum, weil der Mensch es bisher versäumt hat, den nötigen Respekt einzufordern. Ähnlich wie Schulkinder, die herumtoben, anstatt stillzusitzen und zuzuhören, verfolgen diese Hunde ihre eigenen Ziele. Hier ist es nötig, dass der Mensch lernt, dem Hund angemessen Grenzen zu setzen und erklärt, was er von ihm erwartet: sich einem begonnenen Gespräch nicht einfach zu entziehen, sondern höflich zuzuhören und mitzumachen. Die Themen sind: Durchsetzungsfähigkeit, Beharrlichkeit, Ruhe und Geduld.

Die Waage aus Respekt und Vertrauen ist im Gleichgewicht. Da kann die Schubkarre noch so sehr wackeln.

Kann er nicht, würde aber wollen, bekommt er Hilfestellung. Bei dieser Übung ist es wichtig, nicht an der Pfote zu ziehen, sondern sein Bein oberhalb des Ellbogengelenks zu greifen und mit der Hand sanft nach vorne zu schieben.

1.7 Auch mal »Nein« sagen können

Eine große Herausforderung in meinen Trainings ist die folgende: Ich lege ein Stückchen Wurst auf eine Kiste oder auf ein Brett. Anschließend soll der Mensch seinem Hund, der nicht angeleint ist, klarmachen, dass er über die Kiste oder das Brett laufen soll und die Wurst dabei nicht fressen darf. An dieser Aufgabe scheitern überraschend viele Teams.
Bei denjenigen, die es immerhin schaffen, muss der Mensch meistens jedoch massiv intervenieren, um sich durchzusetzen. Das INPUT-OUTPUT-VERHÄLTNIS stimmt nicht, weil ein Teampartner, in diesem Fall der Mensch, unverhältnismäßig viel Energie investieren muss, um ein relativ kleines Ziel zu erreichen. Das richtige Input-Output-Verhältnis, man kann es auch KOSTEN-NUTZEN-VERHÄLTNIS der Energie nennen, ist ein wichtiger Baustein, um später auf dem Trail Diskussionen mit dem Hund zu vermeiden. Die meisten Teams scheitern nämlich nicht an schwierigen Geruchslagen, sondern an

Ziel der Übung: Ein leises »Nein« oder »Lass es« im richtigen Moment, hält den Hund davon ab, die Wurst zu fressen, ohne die Vorwärtsbewegung zu unterbrechen. Wer das hier schafft, profitiert später davon auf dem Trail. Denn die Kiste ist der Trailverlauf, das Würstchen die Katze.

Katzen und anderen Versuchungen. Wer im Alltag übt, seinen Hund mit möglichst wenig Aufwand von etwas abzuhalten und parallel etwas anderes einzufordern, hat beim Trailen einen immensen Vorteil: Er muss nicht jedes Mal massiv eingreifen, ständig schimpfen oder andauernd motivieren, wenn etwas Interessantes auf der Straße liegt oder ein fremder Hund entgegenkommt. Das ständige Intervenieren kostet nicht nur viel Zeit und Energie, sondern nach einigen Unterbrechungen findet der Hund nicht mehr zurück in den Arbeitsmodus, und Sie als Team müssen sich von der Suche verabschieden.

Das Ziel ist erreicht. Der Hund hat gelernt zu kooperieren, ist in eigener Balance und achtet auf die Signale.

1.8 Die Welt unter dem Mikroskop

Uns allen ist schon Folgendes passiert: Wir ärgern uns über jemanden, sind aber in dem Moment zu überrascht oder zu aufgewühlt, um spontan richtig zu reagieren. Hinterher, wenn es zu spät ist, fallen uns lauter brillante Sätze ein. Wir veranstalten ein regelrechtes »Kopfkino«, wiederholen im Geiste immer wieder dieselbe Szene und stellen uns vor, was wir alles hätten sagen können – wenn wir nur vorbereitet gewesen wären. Ähnliches passiert im Alltag, wenn wir mit unserem Vierbeiner unterwegs sind. Plötzlich biegt ein fremder Hund ums Eck, ein Radfahrer nähert sich lautlos von hinten oder etwas Fressbares liegt im Gebüsch.

So eine harmlose Begegnung hat schon viele Trails vermasselt.

Der Alltag ist so komplex, dass immer wieder Neues und Unvorhergesehenes passiert. Fehlt die nötige Routine, reagieren wir oft falsch: halten die Leine straff, wenn sie locker herunterhängen sollte, ignorieren, statt einzugreifen oder schimpfen, statt souverän zu sein, sind zu langsam, zu sacht oder zu unklar. Machen wir zu viele Fehler oder sind zu einseitig, kippt die Waage aus Respekt und Vertrauen. Das wirkt sich natürlich auf die Zusammenarbeit aus: Hat der Hund zu viel Respekt und zu wenig Vertrauen, fehlt die innere Balance, um sich zu konzentrieren. Er ist beim Trailen nicht bei der Sache, sondern entwickelt Strategien, um sich dem Druck zu entziehen und Stress abzubauen. Ein typisches Bild ist der Hund, der mit gesenktem Kopf und schielenden Augen, die krampfhaft alles im Blick halten wollen, vor seinem Hundeführer und somit dem Geruch davonläuft.

Hat der Hund zu wenig Respekt, fühlt er sich frei, seinen eigenen Interessen nachzugehen und sich gegen die Arbeit zu entscheiden. Er schnüffelt an Urinmarkierungen anderer Hunde, am klitzekleinen Dönerrest, am Katzenduft, anstatt bei seiner Aufgabe zu bleiben.

Kann der Mensch die Beziehungswaage im Gleichgewicht halten, respektiert der Hund die Regeln und geht mit Vertrauen an seine Aufgaben heran. Er fühlt sich sicher, weil er weiß: »Wo ich Stütze brauche, ist die Hand da.« – »Wenn ich jetzt springe, werde ich aufgefangen.« Mit dieser Sicherheit im Rücken trailt ein normal veranlagter Hund problemlos durch Engstellen, über wacklige Untergründe, durch Dunkelheit, an klappernden Müllautos und an furchteinflößenden Hydranten vorbei.

Es kann durchaus einiges an Aufwand bedeuten, diese Waage ständig im Gleichgewicht zu halten. Denn Gleichgewicht ist nichts Statisches, kein Zustand, sondern ein Vorgang. Er muss permanent aufrechterhalten werden. Jeder, der schon mal versucht hat, die Balance auf einem kippligen Brett zu halten, weiß, dass man andauernd ausgleichen muss, um nicht hinzufallen. Je geschickter der Mensch ist, desto geringer sind die Ausschläge.

Was ein gutes Team ausmacht

- **wenige Ausschläge in der Beziehungswaage**
- **minimale Signale für maximale Mitarbeit**
  (effizientes Input-Output- bzw. Kosten-Nutzen-Verhältnis)

Zuneigung, Respekt und eine enge Beziehung enstehen im täglichen Miteinander. In der Arbeit lässt sich mit dieser Grundlage viel mehr erreichen.

Jeden Mangel in der Beziehung, jedes Ungleichgewicht wird der Hund thematisieren und auch beim Arbeiten zur Sprache bringen. Daher ist es Teil unserer Ausbildungsphilosophie, grundlegende Voraussetzungen wie Gesprächsbereitschaft, das effiziente Kosten-Nutzen-Verhältnis und Kernkompetenzen wie Geduld, Timing und die richtige Körpersprache in einem abgesicherten Bereich zu trainieren.

Abgesicherter Bereich bedeutet

- in einem kontrollierten Umfeld,
- ohne Zeit- und Erfolgsdruck,
- mit der nötigen Vorbereitung und
- mit einem genauen Plan und einem zusätzlichen Plan B.

Im abgesicherten Bereich läuft es genau andersherum als im »richtigen« Leben: Nicht nachdem, sondern bevor mit dem Hund eine Übung begonnen wird, findet das »Kopfkino« statt. Der Hundehalter überlegt genau, was alles passieren könnte, welche möglichen Reaktionen es gibt und wie er sich am besten verhält. Kurz: Er definiert ein Ziel, macht einen genauen Plan vom Ablauf und dazu noch einen Plan B.

Planvolles Handeln ist das A und O, um die Balance aus Respekt und Vertrauen nicht zu gefährden. Ein Stofftier kann manchmal gute Dienste tun, um sich die Abläufe einer Übung bewusst zu machen, bevor man mit dem Hund an sie herangeht.

Durch dieses Üben unter kontrollierten Bedingungen wird der komplexe Alltag reduziert und sozusagen ins Labor gebracht. An einfachen Übungen zeigt sich schon,
- ob die Waage aus Respekt und Vertrauen im Gleichgewicht ist,
- welche Strategien der Hund wählt, wenn ein Problem auftritt
- und mit welcher Strategie der Mensch darauf antwortet.

Denn genau diese Strategien wird der Hund im alltäglichen Umgang auch benutzen, und dann sind wir vorbereitet. Das Ziel von »Labor spielen« ist, Kompetenzen zu erwerben und zu lernen, den Alltag als eine Abfolge einzelner Herausforderungen zu erkennen und zu meistern. Wir nennen dieses Treffen im Labor »3K Meeting«.

1. KOMPONENTE | Konzentration und Fokus

1.9 3K Meeting

Die drei Ks stehen für **KOMMUNIKATION, KONZENTRATION** und **KOORDINATION**.

Kommunikation bedeutet, Gesprächsregeln festzulegen, sich gegenseitig aufmerksam zuzuhören und vor allem, die Körpersprache als Muttersprache des Hundes zu verstehen.

Konzentration heißt, in erster Linie sich selbst und dann den Hund zu fokussieren und zu sammeln, um eine gewisse Zeit lang bei der gestellten Aufgabe zu bleiben, beharrlich zu sein und sich nicht gleich von jeder Kleinigkeit ablenken zu lassen.

Koordination meint, seine körperlichen Bewegungen und die des Hundes zu steuern, zu ordnen und aufeinander abzustimmen: Was kommt zuerst, womit fange ich an, was ist der nächste Schritt? Hier ist vor allem gemeint, Bewegungsabläufe sinnvoll und zweckgerichtet ineinanderzufügen. Hunde sind Körpersprachler, Bewegungsabläufe sind die Sätze, die sie bilden.

Ein komplexer Vorgang: Das Holzstück wird langsam gedreht, so dass der Hund die Hinterbeine bewegen muss, ohne vorne von den Ziegelsteinen zu steigen. Hier sind vor allem Konzentration und Koordination aller Beteiligten gefragt.

Als »Gesprächsgegenstand« kann man alles wählen. Wir benutzen dazu Themen wie Eimer, Yoghurtbecher, Trittbretter, Leitern, Metzgerkisten, Fliesen, Backsteine, Holzrollen und vieles andere mehr. Der Anzahl der Themen sind keine Grenzen gesetzt:
- Hör mir genau zu, denn es geht ums Detail!
- Wir trainieren Deine Körperbalance!
- Ich ermögliche Dir die richtige Lösung, weil ich Falsches gar nicht zulasse.
- Lass uns ausprobieren und gemeinsam daran lernen!
- Vertrau mir!

Wir variieren die Gerätestrukturen, damit wir unserem Hund bei jeder neuen Übung wieder möglichst kreativ, planvoll und intensiv begegnen. So eine Trainingseinheit ist vergleichbar mit einer Konferenz oder einem Meeting. Denn ein Meeting hat einen Rahmen, ein festgelegtes Gesprächsthema und ist überschaubar. Der Weg zu einem gelungenen Meeting beginnt mit der
- Planung,
- der Zielvorgabe,
- der Verabredung und schließlich
- der Einhaltung von Meetingregeln.

Gesprächsthema: Halt still und vertrau mir.

Gesprächsthema: Bewege dich und behalte mich im Auge.

Die gewählten Aufgaben dienen zur Analyse und gleichzeitig auch als Schulungsinstrument. Sinn der 3K Übungen ist erstens, festzustellen,
- welche Ungleichgewichte es in der Beziehung zwischen Hund und Halter aktuell gibt,
- welche Strategien beide haben und
- wie sie Aufgaben und auftretende Komplikationen lösen – jeder für sich und miteinander.

1. KOMPONENTE | Konzentration und Fokus

Zweitens werden die Kompetenzen des Menschen im Umgang mit seinem Hund geschult, denn der Alltag erfordert ein souveränes Management. Fähigkeiten wie

- Führung & Grenzen
- Empathie & Feingefühl
- Ruhe & Geduld
- Wissen & Plan
- Mut & Vertrauen
- Genauigkeit & Detailliebe

helfen dabei. Die 3K-Übungen schulen Fertigkeiten und Kreativität. Sie haben den Zweck, das Gelernte in den Alltag mit einzubringen.

3K mit dem Bluthund

Mitarbeit ist dieser Rasse nicht in die Wiege gelegt. Daher mache ich Übungen, die folgende Einstellung trainieren: »O.k., ich lasse mich darauf ein. Ich wehre mich nicht, sondern mache kooperativ mit.« Ganz konkret wird das Hochsteigen mit den Vorderpfoten trainiert, damit der Hund später problemlos zum Beispiel auf Autositze steigt, um von dort Geruch zu nehmen.

Soll der Hund in den Kofferraum des Autos steigen, in ein Motorboot oder später sogar in einen Helikopter, ist das auch nichts anderes, als eine 3K Übung. Nur kommen jetzt die Schwierigkeiten des Alltags hinzu: Zeitdruck, Erfolgsdruck, Zuschauer, Ablenkungen. Wer geschult ist und auf ein großes Repertoire zurückgreifen kann, ist in der Lage, Alltagssituationen gelassen und kompetent zu managen.

Gelassen in allen Lebenslagen. Selbst auf ungewöhnlicher Fahrt zum Einsatzort.

Für Profis gehört selbst der Hubschrauber zum Alltag ...

Bei 3K geht es um Gesprächsbereitschaft, Strategien und Fokussierung. Daher verwenden wir Futter als Teil der Übung oder als Ablenkung und nur hin und wieder als Bestätigung. Ich habe die Erfahrung gemacht, dass vielen Leuten ohne Futter ganz schnell das Repertoire ausgeht oder sie ungeduldig werden. Fix greift dann die Hand in die Futtertasche und es wird nach schnellen, einfachen Lösungen gesucht, anstatt neue, kreative Antworten zu finden. Kein Futter zu verwenden, steigert die Kreativität und verlangt planvolles Handeln. Denn es geht zunächst mal nicht um: Du musst Leistung bringen, sondern um: Wir wollen uns verstehen. Ständiges »Lockfüttern« übertüncht das Desinteresse des Hundes an der Zusammenarbeit mit dem Menschen. Es bringt ihn zwar in Bewegung, aber Probleme in der Beziehung werden nicht erkannt sondern überspielt. Futter erzeugt ein Triebziel und ohne dieses Hilfsmittel zu arbeiten heißt, eigene Strategien zu entwickeln, um den Hund ohne Hilfs- oder Lockmittel zur Mitarbeit zu bewegen und dadurch ein Sozialpartner mit Führungsqualitäten zu werden.

... und bedeutet Entspannung, wenn man's entsprechend vermittelt.

1.10 Übungen, die weiterführen

1.10.1 Halt still!
Ziel der Übung: Der Hund lernt, eine Bewegungseinschränkung zu akzeptieren, anstatt mit unerwünschten Strategien wie Fliehen, Ignorieren oder Drohen zu reagieren.

Stehen in eigener Balance!

Bei Unaufmerksamkeit wird der Hund durch kurzes Anheben aus der Balance gebracht. Der Mensch setzt eine Grenze, die der Hund akzeptiert.

1.10.2. Halt still, auch wenn andere sich bewegen
Ziel der Übung: Der Hund lernt, dass der Mensch einschränkt und im Gegenzug für die Sicherheit sorgt.

Die Hundehalterin lässt nicht zu, dass sich der blonde Hovawart dreht. Der Hund darf das Geschehen um ihn herum beobachten, aber den Standort nicht verlassen.

Der Hund akzeptiert die Einschränkung und verlässt sich auf seinen Menschen.

1.10.3. Schau mich an!
Ziel der Übung: Eine einfache Gesprächsregel einhalten, nämlich ruhig sitzen und seinen Menschen anschauen.

Schaut er weg, besteht die Möglichkeit abzuwarten, ob er wieder Blickkontakt aufnimmt, und ihn dann zu loben. Oder …

… sich einen neuen Standort zu suchen und dadurch die Aufmerksamkeit des Hundes wieder zu gewinnen.

Hier die Erarbeitung anhand kreativer Ideen über Respekt und Interesse:

Das Interesse des Hundes lässt sich wecken durch Tempowechsel und unterschiedliche Distanzen.

Schau mich an! Die Aufmerksamkeit des Hundes wird eingefordert durch Körperspannung, Blick und vorgebeugten Oberkörper.

1. KOMPONENTE | Konzentration und Fokus

Eine Steigerung der Übung ergibt sich durch die Übertragung in den Alltag, wo es viele und auch unerwartete Ablenkungen gibt.

Auch für Profis nicht immer einfach, den Blickkontakt in jeder Situation zu halten.

BEISPIEL

Silvia Barnickel, Rettungshundestaffel KV Fürth, Bayerisches Rotes Kreuz
Cindy, Golden Retriever, 5 Jahre

Was ist 3K für Dich?
Kurz gesagt: Mit kleinen Dingen Großes erreichen. Gut, mein Hund wird jetzt auch älter, aber erst seit 3K hab ich das Gefühl, dass wir wirklich miteinander kommunizieren können. Cindy erlebt heute mit Sicherheit mehr Grenzen als früher. Welche Auswirkung dies hat, kann ich an einem Beispiel erklären: Ich habe eine Golden Retriever Hündin, die eine große Wasserratte ist. Jedoch möchte ich nicht, dass sie bei sehr kaltem Wetter ins Wasser geht. Sie fragt mich mit einem kurzen Blick. Ein Kopfschütteln mit einem leisen Hey! reichen und sie geht weiter. Leise, klein erledigt. Das ist ein kleines Beispiel. Ich fühle mich auch freier. Ich weiß, dass ich immer alles dabei habe, um meinen Hund zu führen. Früher hab ich ständig geschaut, dass ich auch ja Leckerlis in der Tasche hatte.

Wie hilft Dir 3 K im Alltag?
Bei jeder Gelegenheit. Speziell bei meinem Hund habe ich den Eindruck, dass durch 3K ihr Kopf erst mal klar und ruhig wurde, um überhaupt was richtig zu lernen.

Was ist so anders am 3K als das, was Du sonst mit dem Hund gelernt hast?
Entweder man lernt eine Methode, die Hilfsmaterial benötigt wie Leckerli, Spielzeug, Wurfdiscs usw.. Da sind die meisten Trainer ja sehr kreativ ... Diese Dinge nutzen sich ab, man besticht, man lenkt ab. Aber nur wenige geben dem Hund mal eine klare Information. Und wenn, dann leider vor allem auf der Kommandoebene. Es ist laut, die Kommandos werden über den Platz geschrien. Trotzdem soll aber immer alles Spaß machen. Meinen Hund führe ich als Arbeitshund. Durch das 3K Training konnte ich mit ihr eine tolle Arbeitseinstellung erarbeiten und dadurch auf wesentlich mehr Potential des Hundes zurückgreifen. Das macht sich bei Einsätzen deutlich bemerkbar. Cindy arbeitet weiter, auch wenn es ihr vielleicht mal keinen Spaß mehr macht.

1.11 Frage & Antwort

An manchen Stellen im Buch ist die Rede von der »Waage aus Respekt und Vertrauen«, an anderen heißt es, die »Waage aus Respekt und Interesse« sollte im Gleichgewicht sein. Was ist denn nun gemeint, Vertrauen oder Interesse?
TANJA SCHWEDA: Das ist abhängig von dem, was ich mit dem Hund gerade mache. Bei den 3K Übungen, wo ich als Hundeführer an einer langfristigen und tiefen Beziehung arbeite, liegt der Schwerpunkt mehr auf Vertrauen. Das Interesse sollte dort automatisch mit dabei sein. Bei der OPFERBINDUNG spreche ich eher von Interesse, da es um ein lockeres Zwiegespräch mit Höflichkeitsregeln geht, auf absehbare Zeit, ohne diffizile Diskussionen, wie bei einem Flirt.

Warum ist es nötig, Konzentration zu lernen, könnte man die Hunde nicht mehr darauf hin züchten?
TANJA SCHWEDA: Rassen, die über Generationen für Spezialgebiete selektiert wurden, haben keine Mühe, sich auf ihr Aufgabengebiet zu konzentrieren. Der Border Collie wird mangels Schafen auch Wolken hüten. Der Schweißhund kann ohne Konzentrationsschwierigkeiten einer Blutfährte im Wald folgen und der Herdenschutzhund muss sich nicht anstrengen, um zu merken, dass ein Fremder kommt. Aber Mantrailing bzw. Menschensuche generell ist in keinem Hund genetisch veranlagt. Das Findenwollen einer Person und die Auffindesituation an sich sind künstliche Arbeiten. Deshalb müssen die Hunde lernen, sich darauf zu konzentrieren.

Warum arbeitest Du bei den 3K Übungen ohne Futterbelohnung?
TANJA SCHWEDA: Futter und Spielzeug sind Maximal-Bestätigungselemente. Wenn sie zur Bestechung dienen, wirken sie kontraproduktiv, da sie vom eigentlichen Thema ablenken. In jeder Prüfungsordnung für Rettungshunde steht: Futter im Trümmerkegel oder in der Fläche ist Ablenkung. Diesen Satz sollte man sich mal auf der Zunge zergehen lassen: Wir bilden Hunde in der Konzentration mit Ablenkung aus. Wir wollen ihnen Dinge beibringen, indem wir sie permanent von der eigentlichen Sache ablenken.

Kann er nicht, will er nicht – wie kann ich das sicher unterscheiden?
TANJA SCHWEDA: Durch Variationen der Übung und durch Erfahrung. Je besser ich den Hund als Persönlichkeit einschätzen kann, desto eher kann ich seine Reaktion beurteilen. Insbesondere, wenn soziale Aspekte hinzukommen, ist es häufig so, dass er will und nicht kann. Wenn er zum Beispiel durch eine Engstelle soll, wo andere Hunde sind, dann erlaubt es seine Höflichkeit einfach nicht, da jetzt vorbeizugehen, und das sehen viele Menschen nicht.
Andere zerren ihren Hund einfach zu Fremden hin, um »Hallo« zu sagen und sehen nicht, dass er schon längst beschwichtigt. Wenn ich mir nicht sicher bin, ob er nicht kann oder nicht will, muss ich es ausprobieren. Wenn ich merke, da kommt ein Widerstand, kann ich die Übung vereinfachen oder verändern und mich so vortasten, um zu sehen, an was es liegt.

Kann ich schon mit einem Welpen arbeiten oder ist das noch zu früh?
TANJA SCHWEDA: Auf keinen Fall ist es zu früh! Man kann in jedem Alter mit dem Hund etwas tun. Es ist eher so, dass die meisten Menschen ihren Hunden zu wenig abfordern, obwohl viel mehr möglich wäre. Viele Hunde sind unterfordert, nicht überfordert. Mit einem jungen Hund

kann man alles tun, was man mit einem erwachsenen Hund macht, nur in kleinerem Maßstab. Ein junger Hund muss nicht ununterbrochen aufpassen, aber immer mal wieder. Ich kann von Anfang an Gesprächsbereitschaft einfordern über den Augenkontakt, und langsam die Ablenkung steigern, so wie in der »Schau-Übung« gezeigt.

Minimale Signale für maximale Mitarbeit – dieser Leitsatz ist bei einem Welpen natürlich erst mal genau andersherum. Einem jungen Hund gebe ich noch sehr viel Information und verwende eine ausladende Körpersprache. Ich strenge mich an, damit er herschaut, gehe in die Hocke, renne davon und gebe ihm ständig Rückmeldung, ob mir das, was er gerade tut, gefällt oder nicht. So lernt er die Regeln kennen. Mit der Zeit werden die Signale feiner, zuerst nur, wenn die Ablenkung gering ist, später auch bei mehr Ablenkung. Das mache ich so lange, bis ich irgendwann das richtige INPUT-OUTPUT-Verhältnis erreicht habe. Das ist ein längerer Prozess.

Woran erkenne ich, ob ich meinem Hund zu viel abverlange, ab wann er überfordert ist?
TANJA SCHWEDA: Wenn man zu viel mit dem Hund gearbeitet hat, schläft er anschließend komatös, in den nächsten Stunden und vielleicht noch am nächsten Tag. Das bedeutet, an den Auswirkungen meines Tuns kann ich erkennen, ob's dem Hund zu viel war. Das lerne ich also letztendlich durchs Tun, durch Erfahrung. Natürlich ist es sehr wichtig, den Hund nicht andauernd körperlich oder mit zu vielen Eindrücken zu überfordern. Die Praxis allerdings zeigt mir immer wieder, dass die Hunde ungeschickt gefordert werden. Wo mehr möglich wäre, wird nicht nachgehakt. Wo schon zu viel verlangt wird, setzt man noch einen darauf.

Warum ist es insbesondere für das Mantrailling wichtig, dass der Hund sich gut konzentrieren kann?
TANJA SCHWEDA: Die Schwierigkeit des Trailens ergibt sich mehr aus den Arbeitsbedingungen im Alltag als aus der Arbeit am Geruch. Ein Hund mit einer durchschnittlichen Riechfähigkeit, der sich gut konzentrieren kann, schneidet besser ab, als die Supernase, die sich ständig ablenken lässt. Der Bluthund, vorausgesetzt er ist richtig ausgebildet, vereinigt beide Fähigkeiten: Er ist sozusagen der in seiner eigenen Zahlenwelt lebende Mathematikprofessor, der komplizierte Gleichungen im Straßencafé löst, ohne den Trubel um ihn herum zu bemerken.

Kann ich 3K auch mit einem Bluthund machen?
TANJA SCHWEDA: Ja, aber auf Makro-Ebene. D.h. die Geräte sind breiter, niedriger und nicht wackelig. Der Bluthund kann sich schnell in für ihn vermeintlich gefährliche Situationen hineinsteigern und die Mitarbeit komplett verweigern. Alles muss am besten so aussehen, als ginge es spielerisch und so nebenbei. Übungen auf Distanz mache ich mit dem Bluthund überhaupt nicht. Das ist wie Lotterie. Folgenden Hintergedanken habe ich bei den 3K Übungen für den Bluthund: Ich trainiere vor allem, dass er mit seinen zwei Vorderpfoten überall hochsteigen kann und will. Denn wenn er das auf Aufforderung gegen einen dicken Baum machen kann, dann fällt es ihm auch nicht schwer, Geruch an ungewöhnlichen Orten aufzunehmen, wie z.B. auf dem Autositz oder dem Fensterbrett. Das kam schon einigen Bluthundeteams zugute, mit denen ich 3K gearbeitet habe. Einen Hund zu erziehen, um mit ihm als Mantrailer zu arbeiten, setzt viel Sachkenntnis voraus.

Wie realistisch ist das, wenn ich wenig Erfahrung habe?
TANJA SCHWEDA: Man muss beide Seiten sehen, den Hund und den Menschen. Im Idealfall

habe ich einen sehr engagierten Menschen und ein gutes Hundematerial. Der Begriff »Hundematerial« stößt einigen beim Lesen vielleicht auf. Er ist nicht abwertend gemeint, sondern bezieht sich auf die genetische Disposition des Tieres und beschreibt keine Wertigkeit im Sinne von gut oder schlecht. Was ich damit ausdrücken möchte, ist, ob der Hund tauglich oder untauglich, begabt oder unbegabt ist für einen bestimmten Bereich. Ethisch gesehen, ist das Leben jedes Tieres für mich gleich viel wert, unabhängig davon, wie es veranlagt ist.

Je mehr Möglichkeiten ein Neuling hat, erfahrenen Teams zuzuschauen, desto realistischer wird es für ihn, selbst als Ersthundebesitzer einsatzfähig zu werden. Allerdings gibt es auch Hunde, die auf niedrigem Niveau gute Arbeit leisten, aber trotzdem keine Prüfung bestehen werden. Nicht jedes Mantrailingteam kann ich auch in den Einsatz schicken. Talent und eine extrem hohe Leistungsbereitschaft bei Mensch und Hund gehören nun mal dazu. Das ist ähnlich, wie beim Klavierspielen. Nicht jeder, der sich Mühe gibt, wird Pianist. Hauptsache, er macht seine Sache gut und hat Freude daran.

Es ist also möglich, wenn auch nicht sehr wahrscheinlich, als Anfänger ein derartig hohes Ziel zu erreichen. Was kann ich tun, um meine Chancen zu verbessern?
TANJA SCHWEDA: Jemand, der einsatzfähig werden möchte, braucht auf jeden Fall einen erfahrenen Ausbilder. Außerdem braucht er viel Engagement und einen guten Hund. Wenn die Voraussetzungen beim Hund gegeben sind, also
- soziale Sicherheit, d.h. Unbefangenheit gegenüber Menschen und Tieren
- Umweltsicherheit, d.h. Unbefangenheit gegenüber geruchlichen, optischen, akustischen und taktilen Reizen
- Konzentrationsfähigkeit
- Beharrlichkeit
- Arbeitsfreude

und der Mensch
- einen guten Trainer hat,
- sich selbst gut kennt, eine gute Widerstandskraft hat, um auch Durststrecken und Täler zu überstehen,
- viel beim Training anderer zuschaut,
  dann ist es schon realistisch, dass er hohe Ziele erreicht und sogar einsatzfähig wird.

Wenn Du hingegen ein engagierter Mensch bist, aber ein schlechtes Hundematerial hast, sind die Chancen erheblich schlechter. Aber wenn Du, und das ist der schlechteste Fall, als Mensch nicht sehr engagiert bist, nicht über den Tellerrand guckst, nicht regelmäßig trainierst, keinen guten Trainer hast und keinen talentierten Hund, dann wird es nichts werden mit der Einsatzfähigkeit. Das ist ja auch in anderen Sparten so. Wenn Du nicht außerordentlich begabt bist und keine guten Bedingungen hast, wirst Du als Tennisspieler nie nach Wimbledon oder als Reiter nie ins CHIO nach Aachen kommen. Trotzdem haben Millionen Menschen Freude am Tennisspielen und am Reiten und betreiben diese Sportarten mit Begeisterung und Freude auf ihrem individuellen Niveau. Und darauf kommt es schließlich an. Es käme aber kein Tennisspieler auf die Idee, den Ball mit dem Fuß übers Netz zu schießen, weil er mit dem Schläger nicht umgehen kann. Beim Trailen habe ich schon hin und wieder den Eindruck, dass alles Mögliche ausprobiert wird, Hauptsache, es macht Spaß. Das ist schon o.k., aber mit Trailen hat es dann manchmal nichts mehr zu tun.

*W*ann und warum sie sich im Laufe dieses grauen Novembernachmittages ausgezogen hatte, könnte sie nicht sagen. Ihr Körper ist mit Schürfwunden überzogen. Überall haben Dornen und Äste ihre Spuren hinterlassen: am Bauch, an Armen, Beinen und Händen. Die Füße bluten, die Nägel sind eingerissen, aber es stört sie nicht. Stundenlang ist sie durch den Wald gelaufen, gestolpert, immer wieder aufgestanden und durch dichtes Fichtengehölz gekrochen. Ihr Körper schmerzt und sie friert, doch alles ist besser, als dieses erdrückende Gefühl, eingeschnürt zu  sein, keine Luft mehr zu bekommen. Der dicke Rollkragenpullover hatte gedroht, sie zu ersticken, nicht eine Minute länger hätte sie ihn ertragen. Der Bund der Jeans hatte sich in ihren Bauch gebohrt, Angst und Beklemmung in ihren Eingeweiden ausgelöst. Der Wind ängstigt sie nicht, auch nicht, als er immer stärker bläst und die Baumwipfel weit zu ihr herunter biegt. Als der Graupelregen einsetzt und es dunkel wird, zieht sie auch die restlichen Sachen aus. Ihre nassen Strümpfe hatte sie schon längst achtlos weggeworfen. Es ist angenehmer, nackt

zu sein, als nassen Stoff auf der Haut zu spüren. Ohne die schweren Winterschuhe kann sie ihre Zehen endlich wieder frei in alle Richtungen strecken, die Fußsohlen beugen, anstatt mit diesen Klötzen an den Beinen herumstapfen zu müssen, die sie festgehalten hatten, mit denen sie nicht schnell genug weglaufen konnte. Im Laufen, in der Bewegung fühlt sie sich sicher und frei. Endlich. Der Wind heult und zerrt an ihren langen, feuchten Haarsträhnen, und sie schwankt zwischen Euphorie und Verzweiflung. Hin und wieder tauchen in ihrem Kopf die Gesichter ihrer Familie auf. Streit. Streit kann sie nicht ertragen. Streit ist noch schlimmer als Enge. Streit ist eine dunkle Wand, die immer näher kommt, um sie zu erdrücken.

Zuerst sieht sie die Lichter, oben auf dem Kamm des Hügels. Dann hört sie Stimmen. Ein großes Tier kommt auf sie zugelaufen, die lange Nase tief am Boden. Sie schreit. Arme umfangen sie, halten sie fest. Jemand legt eine Decke um ihren Körper und wieder ist da dieses Gefühl, keine Luft mehr zu bekommen ...

2. KOMPONENTE
Alltagsneutralität

*Kleinigkeiten machen
die Summe des Lebens aus.*

Charles Dickens, englischer Schriftsteller (1812–1870)

2.1 Raus aus dem Labor und rein ins pralle Leben

Die meisten Leute, die sich mit der Suche nach Individualgeruch beschäftigen, machen sich eine Menge Gedanken über Streckenlängen, Winkel, Kreuzungen, Spuralter und Untergründe. Dabei hat Mantrailing viel mit dem normalen Alltag zu tun, viel mehr, als Sie vielleicht meinen. Denn Mantrailer arbeiten nicht auf dem Hundeplatz oder auf einem Trümmerkegel, sondern in unserer täglichen Umgebung, in der Stadt, in Wohngebieten oder im Wald. Je sicherer der Hund sich in allen Lebenslagen selbständig bewegt, desto weniger kann ihn aus der Ruhe bringen. Nur zu oft habe ich erlebt, dass ein simpler Gitterrost eine zielstrebige Suche unterbrochen hat, weil der Hund nicht fähig war, den Rost aus eigenem Antrieb zu überqueren und seine Arbeit fortzusetzen. Deshalb, raus aus dem Labor und nichts wie rein ins pralle Leben, um sich die besten Voraussetzungen für erfolgreiches Mantrailing zu schaffen.

Neben der Gewöhnung an unterschiedliche Umgebungen und Situationen werden im täglichen Miteinander verbindliche Regeln eingeübt. Noch bevor der Hund das erste Mal trailt ist idealerweise klar, was erlaubt ist und was nicht. Denn alles, was der Hund in seiner »Freizeit« ausleben darf, wird er auch auf dem Trail ausleben wollen: Katzen jagen, Mäuse fangen, an der Leine pöbeln, hingebungsvoll den Laternenpfahl studieren. Vor allem wenn es schwierig wird und die Motivationskurve sinkt, wird solchen »Hobbies« auf dem Trail gerne nachgegangen. Hier, in den täglichen Routinen, liegt entweder das Samenkorn einer erfolgreichen Trailpartnerschaft oder ein ständiger Stolperstein. Je mehr Sie im Alltag auf Kleinigkeiten achten, desto besser werden Sie trailen. Denn aus vielen kleinen Nachlässigkeiten wird irgendwann ein unüberwindbares Hindernis.

Klar, 100-prozentige Perfektion kann niemand erreichen, aber es spricht nichts dagegen, so nah wie möglich an sie heranzukommen. Mit Freude, und da wo es sein muss, auch mit Ernsthaftigkeit und Klarheit. Fragen wie:

- Welchen Spielraum lasse ich?
- Wie verbindlich bin ich?
- Kann ich dem Hund Führung geben, ohne ihn einzuschüchtern?
- Kann ich ihm abwechslungsreiche und förderliche Spaziergänge anbieten? Oder ist das »TV-Programm« mit der »Sendung Mama« einfach langweilig?
- Kann ich ihn ohne viel Aufwand von etwas abhalten?

sind maßgeblicher für den Erfolg, als die wenigen Sucheinheiten in der Woche.

Ein bekannter Zen-Spruch lautet:

Before enlightenment chop wood, carry water. After enlightenment chop wood, carry water.

Vor der Erleuchtung hacke Holz, hole Wasser.
Nach der Erleuchtung hacke Holz, hole Wasser.

Diese Lebensregel relativiert Dinge, die wir für besonders wichtig halten, und betont die Bedeutung des Alltäglichen. Selbst etwas so Abgehobenes wie der Zen ist nicht losgelöst vom Alltagsgeschehen, denn auch ein Erleuchteter muss heizen und kochen. Die Kunst ist, solche simplen, aber notwendigen Handlungen ebenso konzentriert und achtsam zu verrichten, wie eine Meditation, denn in diesem einen Moment gibt es nichts bedeutenderes.

»*Zen ist die Konzentration auf unsere gewöhnliche Alltagsroutine.*«

Shunryu Suzuki (1904–1971, Zen-Meister)

Nichts liegt mir ferner, als Sie mit einem zu hohen Anspruch zu demotivieren oder Ihre Freude am Hobby Mantrailing zu dämpfen. Ich habe allerdings gerade bei Hobbytrailern die Erfahrung gemacht, dass viele sehr ambitioniert sind. Wer nicht in Einsätze gehen möchte, kann natürlich da, wo es ihm zu aufwändig wird, Abstriche machen. Als Freizeittrailer stecken Sie sich Ihre Ziele selbst. Und wichtiger als der Erfolg, ist der Spaß an der Sache. Ein Hobbytrailer braucht keine vierspurige Straße zu überqueren oder auf einem Jahrmarkt zu finden. Von Einsatzteams erwarte ich das schon.

- **DER EINSATZTRAILER:** Der Alltag wird möglichst optimal auf die Ausbildung des Hundes abgestimmt. Sonst kann es Menschenleben kosten. Der Hundeführer tut alles, um dieses Ziel zu erreichen und ordnet andere Interessen diesem unter.
- **DER FREIZEITTRAILER:** Mantrailing ist ein faszinierendes Hobby und dient dazu, die Beziehung zwischen Hund und Mensch zu vertiefen. Der Hund wird artgerecht beschäftigt und ausgelastet. Der Alltag richtet sich aber hauptsächlich nach den Bedürfnissen der Familie. Wie viel Engagement und Detailliebe der Einzelne aufbringen möchte, ist Geschmacksache.

Im Folgenden betone ich daher nicht mehr den Unterschied zwischen »Muss« und »Kann«, also zwischen Einsatz- und Freizeittrailern. Sondern ich beschreibe, was aus meiner Sicht notwendig ist, damit der Hund im Einsatz die Chance hat, anzukommen. Es spricht ja nichts dagegen, für denjenigen, der es möchte, hohe Maßstäbe auch in den Freizeitbereich zu übernehmen. Falls keine Menschenleben von dieser Arbeit abhängen, ist es schließlich jedem freigestellt, die eigene Messlatte auch tiefer zu hängen. Je intensiver Sie sich mit Mantrailing beschäftigen, desto mehr werden Sie den Alltag als Übungsfeld schätzen lernen. Egal, wo Sie sich bewegen, es gibt immer Gelegenheiten, den Hund zu fördern und zu fordern! Wie für den Zen-Schüler jede noch so alltägliche Verrichtung eine Achtsamkeitsübung ist, so ist für den Mantrailer der Alltag nichts anderes, als eine Abfolge kleiner Trainingseinheiten. Denn Suchen kann der Hund bereits, er muss lernen, an einer Katze vorbeizukommen.

BEISPIEL

Claudia Verstl-Harrer, Bad Tölz
Varus, Langhaarschäferhund, 2 Jahre

Erst durch das HundeHandwerk-Training habe ich gelernt, mit welchen simplen Dingen ich meinen Varus im Alltag auslasten und fördern kann. Und ich bin überrascht, wie viel Spaß das macht! Bisher war ich eher der Typ, der die Stadt mit Hund gemieden hat, habe lieber meine Erlebnisrunden im Wald und an der Isar gedreht. Nun nehme ich Varus überallhin mit, sogar zu Burger King. Er darf alles beobachten, muss auch nicht abliegen oder sitzen, aber er soll entspannt bleiben, lenkbar und sich für nichts übermäßig interessieren.

2.2 Unser Denken bestimmt unser Handeln

Kennen Sie das auch? Man hat tage-, wochen-, monate-, manchmal sogar jahrelang nach einer bestimmten Überzeugung gehandelt. Und als diese Überzeugung dann aus irgendwelchen Gründen ins Wanken gerät und man sie fallen lassen kann, ist auf einmal alles so einfach. Und man wundert sich, warum man sich solange »gequält« hat. Das gilt auch für die Welt mit unserem Hund: Es sind nicht die Methoden oder Hilfsmittel die verändern, sondern Überzeugungen und Einstellungen. Diese bringen bekanntlich neue Verhaltensweisen mit sich. Einstellung zeigt sich durch Dinge, die wir tun und Dinge, die wir nicht tun, was wir erlauben und was nicht. Wie oft

- ist der Hund beim Spazierengehen sich selbst überlassen oder alleine im Garten,
- darf er sich in alle möglichen Gerüche vertiefen,
- Unrat aufnehmen,
- versunken nach Mäusen buddeln,
- ungefragt auf Artgenossen zulaufen,
- Vögeln nachjagen mit dem Argument, »er kriegt sie ja sowieso nicht und muss ja schließlich auch mal Hund sein dürfen«,
- gehe ich stupide, meinen Gedanken nachhängend immer die gleiche Strecke spazieren?

Unser Denken bestimmt unser Handeln

Es gibt Überzeugungen, die uns helfen, Ziele zu erreichen und andere, die uns eher im Weg stehen. Hier ein paar Beispiele:

Gedanken, die uns hindern:
- Lassen wir das mal auf uns zukommen.
- Soviel Zeit habe ich nicht!
- Das schaffe ich sowieso nicht.
- Der Hund muss funktionieren/muss nicht funktionieren!

Gedanken, die uns helfen:
- Ich habe einen Plan und weiß, welches Teilziel ich als nächstes anstrebe.
- Ich nehme mir die Zeit, die es braucht.
- Ich kann etwas erreichen.
- Ich nehme den Konflikt als Herausforderung an und lerne dabei.

Und dann ist da noch die Sache mit der Konsequenz:

Ein gefundenes Fressen, um sich vom Trail zu verabschieden. Daher ist Unrataufnehmen generell tabu.

Der Hund darf wahrnehmen, dass dort etwas Leckeres liegt.

Idealerweise geht er vorbei, ohne dass der Hundeführer stark einwirken muss. Ein leises »Nein« sollte reichen.

»Lass es!« ist ein verbindliches Hörzeichen, ebenso wie »Sitz« oder »Platz«. Genau das lernt der Hund im täglichen Leben. Es bedeutet, bei einem Konflikt nicht zu diskutieren, sondern sich ruhig und souverän durchzusetzen. Das erzeugt im Hund die Haltung: »Na gut, ich füge mich, denn ‚der Alte' gibt sowieso nicht nach.« Wer nicht bereit ist, seinem Hund Grenzen zu setzen, gerät beim Mantrailig schnell an eine Grenze. Grenzen setzen heißt, einem Konflikt nicht auszuweichen oder den Hund abzulenken, sondern ihm zu vermitteln: »Ich will das nicht!« Im Endeffekt liegt in dieser konsequenten und klaren täglichen Arbeit der Schlüssel zu einem zuverlässigen Hund. Wer professionell arbeitet, ist auf ein Ziel hin ausgerichtet und nimmt diese Mühe in Kauf. Professionell sein hat nichts damit zu tun, ob Sie Einsätze bestreiten oder mit Personensuche Ihr Geld verdienen. Eine professionelle Einstellung findet sich unter Freizeittrailern ebenso wie bei Rettungshundeführern oder Leuten, die für diese Arbeit bezahlt werden. Je achtsamer, detailverliebter, zielgerichteter und klarer Sie im Alltag agieren, desto besser werden Sie mit Ihrem Hund arbeiten. Denn die Sucheinheiten mit dem Hund reduzieren sich – wenn überhaupt – auf wenige Stunden in der Woche. In der Zeit, in der Sie nicht gezielt trainieren, lernt der Hund mehr oder weniger durch Zufall. Er lernt also mehr als uns lieb ist über andere Wege, als über das eigentliche Training.

2.3 Familie und Arbeitshund – ein Spagat

Wer noch nie einen energiegeladenen Arbeitshund hatte, dem ist vielleicht nicht klar, dass so ein Tier einer Familie einiges abverlangt. Der für eine Familie geeignete Hund ist zwar im Alltag leichter zu führen, bringt aber für professionelles Arbeiten zu wenig Beharrlichkeit und Ausdauer mit. Beharrlichkeit, Ausdauer und Arbeitseifer, Eigenschaften, die ein guter Arbeitshund unbedingt braucht, lassen sich nicht beliebig ein- und ausschalten. Wenn der Hund zum Beispiel mit derselben Beharrlichkeit, mit der er als Rettungshund eine vermisste Person oder als Polizeihund Sprengstoff sucht, zuhause den Mülleimer plündert, Gartenbeete umbuddelt, Wachhund spielt, die Kinder stoppt oder den 80-jährigen Opa gängelt, – also im Grunde versucht, seine überschüssige Energie irgendwie loszuwerden – dann stellt das die Familie vor Probleme. Eigentlich sollte dann ein gezieltes Management angewandt werden, zumindest über einen gewissen Zeitraum, und z.B. im Falle des Mülleimerproblems zuverlässig alle entsprechenden Türen zu oder sogar abgeschlossen sein. Wenn aber im gleichen Haushalt ein oder mehrere Kinder leben, ist vieles einfach nicht umsetzbar. Und ein Arbeitshund, dem es im Familienbereich verboten ist, Kleinkinder anzubellen, hat damit vielleicht als Rettungshund, der durch Verbellen anzeigen soll, Probleme.
Die Kunst ist, den eifrigen Arbeitshund im Alltag so zu integrieren, dass er einerseits keinen Blödsinn lernt, aber im richtigen Moment gefördert wird. Das verlangt dem Hundeführer und der ganzen Familie vor allem organisatorisch einiges ab. Wird so ein

Sherlock Holmes und Dr. Watson, außer Dienst nicht einfach zu handhaben ...

Hund tageweise bei der Oma geparkt oder mal eben mit den Kindern rausgeschickt, sind Oma und Kinder überfordert. Hunde lernen schließlich immer, auch dann, wenn sie gerade nicht ausgebildet werden. Fazit: Ein Arbeitshund verlangt Managementqualitäten und Auslastungsprogramme.

2.3.1 Wie nähere ich mich den 100% im Alltag an?

- **Wenn** nur eine Person in der Familie für den Hund zuständig ist, und die anderen Familienmitglieder die Selbstdisziplin aufbringen, sich zumindest zeitweise komplett rauszuhalten. Zeitweise kann bedeuten, so lange, bis der Hund die entsprechenden Grundlagen gelernt hat. Oder so lange, bis die Kinder entsprechend reif geworden sind, um in die Erziehung des Hundes sinnvoll eingebunden zu werden. Und komplett heißt, dass die Kinder unter Umständen nicht nur zwei Wochen lang mit dem Hund nicht alleine spielen düfen, sondern ein bis zwei Jahre lang. Es heißt auch, ebenso lange nicht ohne die verantwortliche Bezugsperson mit dem Hund spazieren zu gehen.
- **Wenn** sich die Familienmitglieder untereinander abgleichen, sich sehr gut absprechen und sich einig sind, was der Hund darf und was nicht. Das kann bedeuten, dass jeder auch den Mut hat, die tieferen Wünsche die er mit dem Hund verbindet, zu thematisieren. Dem Hund kommt das zu Gute: Wird an einem Strang gezogen, kann er leichter lernen und wird nicht ständig korrigiert, was nur fair ist.
- **Wenn** genügend Zeitpuffer in den Hundealltag einbaut werden, damit man auf Details achten kann.
- **Wenn** man im eigenen Alltag nicht 10 Baustellen gleichzeitig hat: Einen Umbau, Kleinkinder, pflegebedürftige Eltern, Probleme im Beruf, weitere, zeitraubende Hobbies, einen Nebenjob usw. Besser klappt die Erziehung gut organisiert und mit einer überschaubaren Themenanzahl.

- **Wenn** es nur einen Hund im Haushalt gibt. Wer einen Jung- und einen Althund hat tut gut daran, viel Zeit mit dem jüngeren alleine zu verbringen.
- **Wenn** die Ziele, die man mit dem Hund erreichen möchte, klar gesteckt sind. Auch die Teilziele auf dem Weg dorthin.
- **Wenn** man sich mit dem Blick für die weite Sicht gewappnet hat. Grundlegende Veränderung braucht vor allem Zeit, Beharrlichkeit und Konsequenz.
- **Wenn** man jede Gelegenheit zum Besserwerden wahrnimmt, und gerade Fehler als Chance nutzt.

2.3.2 Warum die 100 % wichtig sind

Ist das wirklich alles nötig und auch zumutbar? Diese Frage ist natürlich absolut berechtigt. Aber die Krux bei Einsätzen mit Mantrailern ist, dass Sie vorab nie wissen können, wo und wie lange Sie unterwegs sein werden und wie schwierig der Trail sein wird. Es sind schon einige Hundeführer »auf die Nase gefallen« die meinten, ihr Hund könne in der Stadt gut trailen, weil er »nur« ein Jagdproblem hat. Dann geht's im Einsatz von der Stadt plötzlich ins Grüne. Und dann?

Was bei anderen Sparten möglich ist, nämlich unter halbwegs kontrollierbaren Bedingungen zu arbeiten, geht bei Mantrailern nicht: Bei einem Einsatz mit Flächenhunden kann ich einem guten Team ein großes, hügeliges Gebiet zuteilen und einem unerfahren Team ein kleines, flaches. Stärken und Schwächen können individuell berücksichtigt werden. Das ist bei einem Einsatz mit Mantrailern so nicht möglich, weil ich das Suchgebiet und die Suchdistanz vorab nicht kenne. Daher ist mein persönlicher Anspruch, möglichst nah an die 100 % heranzukommen, und ich richte mich im Alltag danach. Weniger könnte ich mit meinem Gewissen nicht vereinbaren. Ich weiß, wie viel bei einem Einsatz vom Mantrailer abhängt und was dem Team dabei abverlangt wird. Es ist noch kein Gerät erfunden worden, mit dem sich feststellen lässt, in welche Richtung ein Mensch von einer bestimmten Stelle aus gegangen ist. Dazu sind nur gewisse Tiere fähig. Und die einzige Tierart, die das kann und die gleichzeitig zu einer derart intensiven Zusammenarbeit mit uns Menschen bereit ist, ist der Hund. Da also nur der Hund uns eine Richtung vorgeben kann, zieht der Mantrailer im Einsatz oft die gesamte Rettungskette hinter sich her, die Flächensuchhunde, die Polizei, die Feuerwehr. Das sollte zwar nicht passieren, ist aber leider gängige Praxis. Allzu oft wird der Mantrailer als richtungsweisende »Wunderwaffe« angesehen oder verkauft. Dadurch kommt es zu einer massiven Überschätzung. Da, wo der Mantrailer hingeht, wird verstärkt gesucht. Oft genug wird die vermisste Person irgendwann wo völlig anders gefunden, wenn sie Glück hat, noch lebendig. Ein nur mäßig ausgebildeter Mantrailer kann den Tod eines Menschen bedeuten, wenn man sich ausschließlich auf ihn verlässt. Daher muss im Einsatz der Hund an den Start, der für alle Eventualitäten und Umweltbereiche ausgebildet ist, weil wir eine hohe Verantwortung gegenüber dem Opfer haben. Es nur zu versuchen und zu gucken, ob's klappt, reicht nicht.

2.4 Die Kugel rollt – Balance ist gefragt

Es gibt ein Geschicklichkeitsspiel für Kinder, das einige von Ihnen vielleicht kennen oder selber schon gespielt haben. Es geht darum, eine Kugel auf einer Scheibe so zu bewegen, dass sie eine bestimmte Bahn einhält und am Ende ein Ziel erreicht. Die Scheibe hat außerdem mehrere Löcher. Rollt die Kugel unkontrolliert darüber, läuft sie Gefahr, in eines dieser Löcher zu fallen und der Spieler muss von vorne beginnen. Einen Hund, insbesondere einen Mantrailer, im Alltag zu managen, ist ein ähnlicher Balanceakt. Es gilt, das Gleichgewicht zu finden zwischen

- Zusammenarbeit und Eigenständigkeit,
- halten und loslassen,
- führen und selbst ausprobieren lassen.

Der Alltag lässt sich vergleichen mit einer Gratwanderung. Für einen Mantrailer ist dieser Grat besonders schmal, denn während Hunde anderer Sparten vor unliebsamen Überraschungen mehr oder weniger gefeit sind, weiß der Mantrailer nie, was ihn hinter der nächsten Ecke erwartet. Zwar arbeitet auch ein Drogen- oder Sprengstoffspürhund nicht ganz isoliert, aber sein Arbeitsgebiet gleicht aufgrund der kontrollierten Bedingungen eher dem in der Komponente KONZENTRATION & FOKUS beschriebenen »Labor«. Ein Sprengstoffspürhund sucht ein Gebäude oder ein Stadion ab, bevor sich viele Menschen darin aufhalten oder nach dessen Räumung. Der Drogenspürhund untersucht ein Auto oder einen Koffer und bekommt somit auch ein genau abgegrenztes Arbeitsfeld, in dem viele Störfaktoren von vorneherein ausgeschlossen werden können. Ein einsatzfähiger Mantrailer sollte dagegen mit allem zurechtkommen, was ihm zufällig begegnet. Das erfordert Nervenstärke und Konzentration.

Ein gut geeigneter Hund ist ausgestattet mit

- **Konzentrationsfähigkeit**
- **Sozialer Sicherheit, vor allem gegenüber Menschen**
- **Umweltsicherheit**
- **Beharrlichkeit**

Diese Eigenschaften sind zum größten Teil genetisch bedingt. Ein sicherer Hund ist ein Geschenk, ein roher Diamant, der noch geschliffen wird. Da im Alltag keine kontrollierten »Laborbedingungen« herrschen, ist ein linearer Aufbau des Trainings schwierig. Denn oft genug werden Übungen, die schrittweise hintereinander aufgebaut und kontrolliert ablaufen sollten, durch Unvorhergesehenes durchkreuzt: Radfahrer, Skateboardfahrer, ein heruntergefallenes Brötchen, die Katze oder der kleine Vierbeiner an der Flexileine lauern immer hinter der nächsten Biegung.

Sie lauert überall: Die Katze.

Daher ist es wichtig, dass der Hundeführer bereits außerhalb des Trainings lernt, Dinge schnell und souverän aus der Situation heraus zu lösen. Eine gute Gelegenheit bietet der Einkaufsgang in der Stadt: Da fällt plötzlich ein Kind vor uns hin und weint, weil es sich weh getan hat. Dabei hatte es vielleicht noch eine Eistüte in der Hand, die jetzt am Boden liegt. Und schon haben wir einen Konflikt: Wir wissen nicht, was wir als erstes tun sollen, dem Kind helfen oder den Hund davon abhalten, die Eistüte zu fressen. Wäre man geübter, könnte man solche Situationen viel gelassener handhaben. Zum Beispiel sofort die Richtung wechseln, den Hund kurzerhand irgendwo festbinden und sich dann um das Kind kümmern.

2.5 Richtig üben macht den Meister

Der Alltag ist das anspruchsvollste Arbeitsfeld. Sich souverän überall zu bewegen bedeutet, ihn in den Jahren der Ausbildung als eine Abfolge einzelner Herausforderungen zu erkennen und zu meistern.

Je neutraler sich der Hund im Laufe der Zeit gegenüber Ablenkungen verhält und je weniger der Hundeführer einwirken muss, desto besser für die Arbeit. Aus diesem Grund ist Stadtgewöhnung für einen Mantrailer das A und O. Ideal ist es, von Welpenbeinen an mehrmals in der Woche gezielte Stadtgänge zu machen und den Hund, wo immer es geht, mitzunehmen, ohne ihn dabei jedoch sich selbst zu überlassen. Auch für erwachsene Hunde ist der tägliche Spaziergang eine Riesenschance, mit dem künftigen Arbeitsfeld vertraut zu werden. Es bedeutet nicht, stundenlang mit dem Hund durch die Stadt zu marschieren, sondern sich für jeden Tag ein kleines Übungsziel zu setzen. Zum Beispiel:

- eine schummerige Tiefgarage zu erkunden,
- eine Weile hinter einem scheppernden Müllwagen herzuspazieren,
- an einer engen, lauten Baustelle vorbeizugehen,
- mit einem gläsernen Aufzug zu fahren,
- ein Kaufhaus zu besuchen und dabei den Wärmeabluftstrom am Eingang zu durchqueren, Schwing- und Drehtüren zu benutzen, glatte Böden zu begehen,
- falls sich die Gelegenheit bietet, durch ein Altersheim zu gehen, eine Werkshalle oder einen Kuhstall,
- einen gut besuchten Skaterpark oder einen Spielplatz zu umrunden,
- sich eine Weile am Bahnhof oder auf einem Flughafen aufzuhalten,
- eine Station mit dem Bus, der Straßenbahn oder der U-Bahn zu fahren, im Sommer eine Treetboot-Tour zu machen,
- sich Mittags neben einem Kindergarten oder einer Schule aufzuhalten, wenn alle hinausstürmen,
- über einen belebten Wochenmarkt zu gehen,
- gemeinsam über Gitterroste zu balancieren und eiserne Wendeltreppen zu besteigen.

Wichtig ist, nicht zu viel auf einmal zu machen, sondern den Hund nach und nach mit verschiedensten Alltagssituationen zu konfrontieren, so dass er die Eindrücke gut verarbeiten kann. Den Hund zu führen heißt auch, jede dieser Übungen genau zu planen, ihn nicht unüberlegt in Situationen zu bringen, die ihn überfordern und die Übung rechtzeitig wieder zu beenden.
Wenn Sie beispielsweise vorhaben, mit dem Hund ein bestimmtes Gebäude zu betreten, um dort im Aufzug ein paar Mal rauf und runter zu fahren, sollten Sie sich im Vorfeld schon darüber klar sein, wo Sie parken werden, wie weit der Weg vom Parkplatz zu diesem Gebäude ist, und wie Sie mit dem Hund von A nach B gelangen werden. Hat er noch nicht gelernt, an belebten Orten an lockerer Leine zu gehen, könnten Sie den Junghund zum Beispiel vom Auto bis zum Eingang des Hauses tragen. Oder Sie suchen ein Gebäude aus, das eine Tiefgarage hat, oder nutzen den kurzen Weg vom Parkplatz zum Gebäude, um das Gehen an durchhängender Leine gleich zu üben – wenn der Hund schon so weit ist. Insgesamt nehmen solche Übungen nicht viel Zeit in Anspruch. Manchmal reichen schon 10 Minuten, um den Hund auszulasten. Viel entscheidender als die Dauer ist, die Lektionen sinnvoll und sorgfältig zu planen.

Der Hund soll lernen, führerorientiert spazieren zu gehen und dabei die Umwelt kennenlernen und erleben.

Wichtig ist:
- Kommunikativ spazieren zu gehen, also dem Hund Rückmeldung zu geben, ob das, was er gerade tut, erwünscht ist oder nicht.
- Die Führung zu übernehmen, egal, ob in der Stadt oder im Wald. Führung übernehmen heißt, nicht gängeln, sondern einen Rahmen vorgeben, innerhalb dessen sich der Hund frei bewegen darf.

Tanja Schweda
Thema: Gassigehen

INTERVIEW

Wenn ich einen fertig ausgebildeten Hund habe, also einen, der das Regelwerk kennt und sich daran hält, ist es natürlich möglich, dass ich spazierengehe und mich dabei mit Freunden unterhalten kann. Habe ich einen Junghund, der noch in der Ausbildung ist, gehe ich so oft wie möglich ganz alleine mit ihm, auch wenn ich meinen Althund mitnehmen könnte. Das hilft, uns gegenseitig kennenzulernen, die Beziehung zu stärken und dem Hund die Informationen darüber zu geben, was erlaubt und was verboten ist. Im Prinzip soll der Hund lernen, führerorientiert und nicht umweltorientiert spazieren zu gehen. Das ist bei einem Mantrailer allerdings immer eine Gratwanderung, abhängig von der Rasse und von der Persönlichkeit des Hundes. Er soll ja nicht lernen, sich zu sehr nach hinten, zum Hundeführer hin auszurichten, um sich ständig Informationen zu holen. Ein Mantrailer braucht keinen Kadavergehorsam und muss auch nicht exakt auf meine Körpersprache reagieren, aber er muss ansprechbar sein. Ich muss ihn jederzeit mit wenig Aufwand von etwas abhalten können. Einem Mantrailer gebe ich gezielt die Informationen, die er später zum Arbeiten braucht und lasse ihn ansonsten alles möglichst selbständig erkunden. Das ist eine Frage des richtigen Fingerspitzengefühls, der Intuition. Das kann man sich aneignen, dazu braucht es aber Erfahrung. Es heißt auch nicht, dass der Hund nichts anderes wahrnehmen darf, sondern er soll lernen, nicht auf jeden Reiz anzusprechen. Wenn er zum Beispiel einen anderen Hund sieht, soll er nicht einfach lossausen. Dieses ganze Unkontrollierte und unmittelbar auf einen Reiz Reagieren, das will ich nicht. Außerdem lege ich Wert darauf, dass ich immer an Orten unterwegs bin, an denen ich mit dem Hund arbeiten kann. Das geht in Parks, deren Struktur wegen, oft besser, als im Wald. In Parks sind Bänke, da kann ich ihn hoch schicken oder unten durch. Ich kann dort auch mehr kontrollierte Konfrontationen suchen, wie Begegnungen mit Joggern, Radfahrern und anderen Hunden. Ansonsten baue ich viele Richtungswechsel ein und verstecke mich auch ab und zu, wenn der Hund nicht aufpasst. Alles mit dem nötigen Fingerspitzengefühl natürlich.
Die meisten Hundebesitzer gehen viel zu oft und viel zu früh im Wald spazieren. Um sich dem Thema »Wild« zu stellen, braucht man einen aufnahmewilligen, gesprächsbereiten

> Hund. Denn es gibt kaum einen optischen und vor allem geruchlichen Reiz, der den Hund instinktiver anspricht, als Rehe, Hasen und Kaninchen. Wer mit dem Hund in den Wald geht, sollte vorher seine Hausaufgaben gemacht haben. Die Waage aus Respekt und Interesse muss schon gut ausgependelt sein, um überhaupt eine Chance zu haben, den Hund zum Stillstand zu bringen, wenn der einer Beute nachgehen möchte. Was es besonders schwierig macht: Wild und Wildspuren sind meistens rein geruchliche Ablenkungen. Der Hund nimmt den Geruch wahr und wir nicht. Er wird lediglich über die Körpersprache des Hundes für uns sichtbar. Und das ist leider oft zu spät.

Kommunikativ spazieren zu gehen bedeutet Arbeit. Es heißt, aufmerksam zu sein, um dem Hund ständig Informationen darüber zu geben, was erlaubt ist und was nicht: Keine auffliegenden Vögel verfolgen, keinen Unrat fressen, nicht nach Mäusen buddeln, keinen Müll plündern usw., also die gesamte Palette der Regeln, die für die spätere Arbeit wesentlich ist. Parallel dazu werden kleine Arbeiten vorgegeben, die der Hund lösen darf, wenn er beharrlich bleibt. Zum Beispiel einen Tannenzapfen anfassen und den Hund den »richtigen« zwischen anderen heraussuchen lassen. Zwischen den einzelnen Übungen darf er natürlich auch mal seinen Interessen nachgehen und rennen, schnüffeln, spielen und markieren. Doch sollte er dabei den Hundeführer im Hinterkopf behalten und stets ansprechbar und abrufbar bleiben.

2.6 »Servus Kumpel« – Ein Beispiel aus der Praxis

Entgegenkommende Hunde sind beim Trailen oft ein Störfaktor – und daher im Alltag eine willkommene Trainingsgelegenheit.

Hier hilft nur der Griff ins Halsband, um Bluthund Linus davon abzuhalten, den Schnauzer zu begrüßen. Festhalten ist zwar nur eine Notlösung, verhindert in dem Moment aber, dass Linus sich durchsetzt. Die Lektion: »Du darfst nicht ohne Rücksprache mit mir auf fremde Hunde zugehen«, lernt Linus dadurch allerdings nicht.

Da kommt der vor dem Bäcker angebundene Hund wie gerufen. Wieder verhindert erst mal bloß die Leine, dass Linus auf den Artgenossen zugeht.

Also nutzt die Hundeführerin, Elke, die nächste Gelegenheit beim Stadtspaziergang, um Linus zu erklären, wie er sich bei Begegnungen mit Artgenossen verhalten soll.

Zwar hat Elke ihren Hund schnell wieder unter Kontrolle, aber die Information, die sie ihm geben möchte, ist noch nicht ganz angekommen. Ihre aufrechte, leicht vorgebeugte Haltung und der fixierende Blick beeindrucken Linus zwar, das zeigen die zurückgelegten Ohren und der ausweichende Gang. Andererseits geht sein Blick immer noch zu dem weißen Hund und die hoch getragene, peitschende Rute zeigt seine anhaltende Erregung. Mental ist Linus also noch nicht vollständig eingeordnet und seine Körperhaltung zeigt den Konflikt, in dem er sich gerade befindet: Einerseits möchte er weiteren Streit mit Frauchen vermeiden, andererseits gerne zu dem Kumpel dort drüben hingehen, der wiederum froh zu sein scheint, dass Elke dies offensichtlich verhindert.

Beim zweiten Anlauf geht Linus gelassen vorbei. Dass er hinguckt ist in Ordnung, denn er darf wahrnehmen, was um ihn herum geschieht. Allerdings deutet seine Körperhaltung darauf hin, dass er ohne Leine immer noch Kontakt aufnehmen würde.

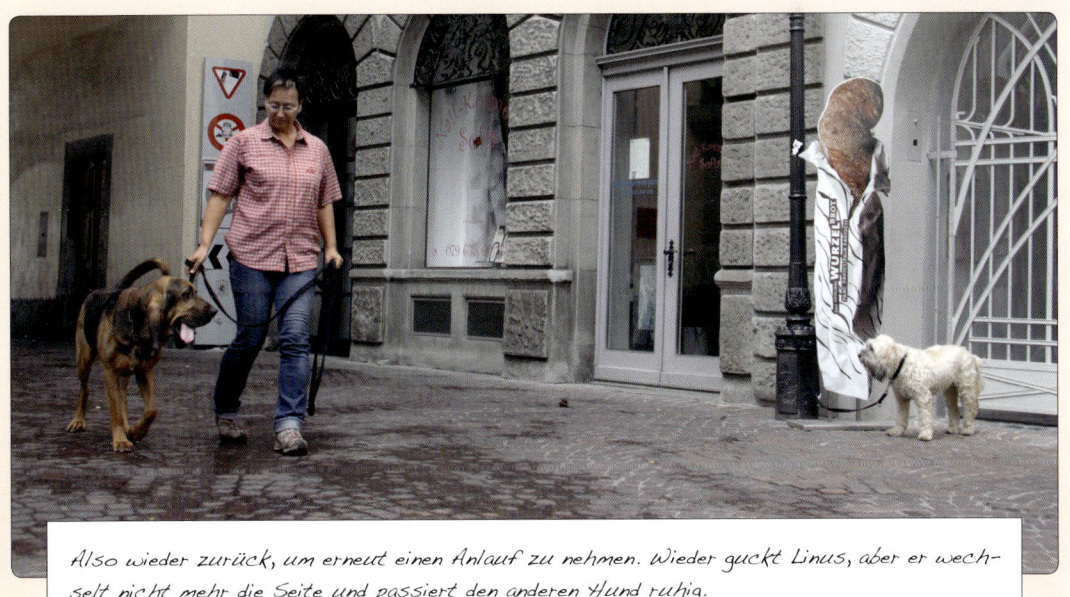

Also wieder zurück, um erneut einen Anlauf zu nehmen. Wieder guckt Linus, aber er wechselt nicht mehr die Seite und passiert den anderen Hund ruhig.

2. KOMPONENTE | Alltagsneutralität

Beim vierten Anlauf bleibt sein Blick nach vorne gerichtet. Zumindest für diesen Moment hat Linus verstanden, dass Elke klar führt und verhindert, dass er sich durchsetzt.

Bis er begriffen hat, dass nicht nur dieser Hund in dieser Situation ohne Absprache mit Elke tabu ist, sondern das Thema generalisiert hat, müssen noch einige »Gespräche« dieser Art stattfinden.

Um ein solch neutrales Verhalten gegenüber Artgenossen jederzeit verlangen zu können, sollte beim Hund eine gewisse Sättigung herrschen, was Sozialkontakte betrifft. Ein Mantrailer, wie übrigens jeder andere Hund auch, sollte sich also sehr viel mit anderen, immer wieder neuen Hunden austauschen dürfen. So viel und so oft, dass es nichts Besonderes mehr ist und er auch mal gut darauf verzichten kann oder sogar davon gelangweilt ist.

Viele Sozialkontakte mit anderen Hunden sollten selbstverständlich sein. Allerdings bestimmt der Mensch das Wann, Wie, Wo und Wie lange.

2.7 Das eindeutige »JEIN«

So, wie zum Lernen nicht nur Neugierde, sondern auch Selbstbeherrschung notwendig ist, braucht der Hund zum Trailen nicht nur Motivation und Findewillen, sondern auch klare Regeln, über deren Einhaltung nicht mehr diskutiert werden muss. Gemeint sind Regeln, deren Einhaltung selbstverständlich ist, wie zum Beispiel: Ich verwüste nicht die Wohnung oder: Ich renne nicht ungebremst in einen Menschen hinein. Zu diesen Regeln fürs Trailen gehören u.a.:

- Nicht jagen, egal was
- Geruchliche Ablenkungen ignorieren. Dazu gehören Wildspuren ebenso wie die Hinterlassenschaften anderer Hunde. Die Hunde dürfen beim Gassigehen zwar schnüffeln, müssen aber die Regeln einhalten und immer ansprechbar bleiben.
- Nichts Fressbares vom Boden aufnehmen
- Neutral gegenüber fremden Menschen und Hunden bleiben

Dieser Anspruch ist natürlich hoch. Aber wer ernsthaft Menschenleben retten möchte, sollte keine Kompromisse machen.

2. KOMPONENTE | Alltagsneutralität

Der Hund darf wahrnehmen, dass ein Artgenosse vorbeiläuft, aber es darf ihn nicht auslösen, ...

... damit die Hundebegegnung auf dem Trail dann so leicht vonstattengeht wie hier.

Das eindeutige »JEIN«

Fehlt dem Hund der Grundgehorsam, wird der Alltag zum Eiertanz und ihm kann wenig Freiraum und Selbständigkeit gewährt werden.

Meine Erfahrung ist die: Was Sie im Alltag nicht schaffen, schaffen Sie auch auf dem Trail nicht. Selbst wenn Sie den Hund mit Unterordnung vom Jagen abhalten können, also zum Beispiel »Bei Fuß« an der Katze vorbei oder über eine Wildspur gehen, ist das für den Einsatz noch nicht ausreichend.

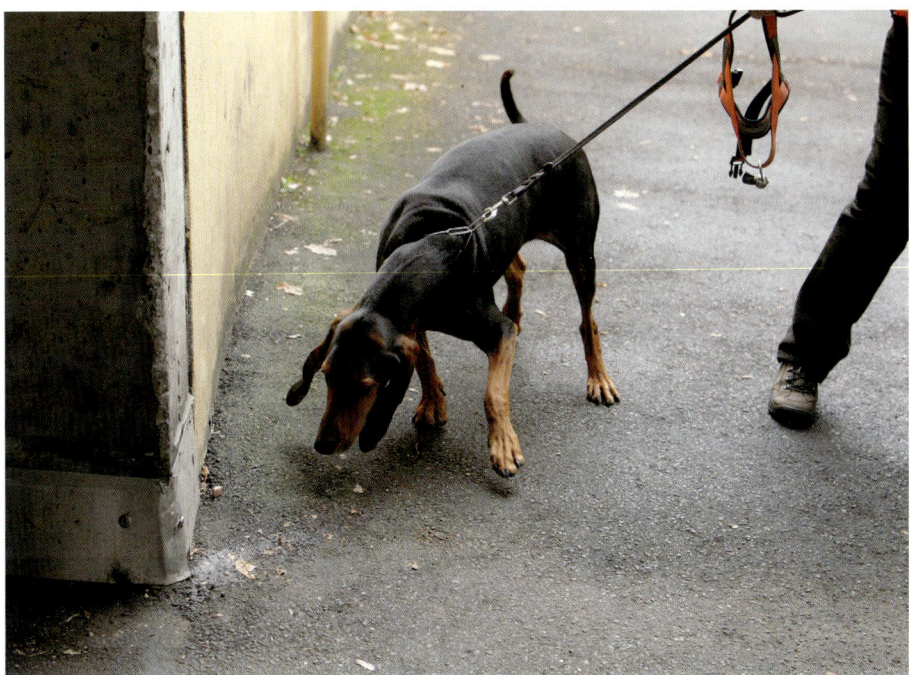

Der Weg zum Opfer ist mit Pheromonen gepflastert. Entscheidend ist nicht, ob der Hund Interesse an der territorialen Urinecke hat, sondern mit welcher Vehemenz er seinen Hundeführer unvermittelt dorthin zieht. Und mit welcher Ausgiebigkeit und Versunkenheit er die hormonähnlichen Botenstoffe studiert. Dagegen hilft im Alltag die JA- oder NEIN-Regel. Kurz anriechen ist erlaubt, aber dann auch bitte sehr mit lockerer Leine. Hier sehen wir ein eindeutiges JEIN. Ein »Ja« wäre eine lockere Leine und damit eine eindeutige Erlaubnis. Ein »NEIN« wäre ein konkreter Bogen mit mehr Abstand um den »Point of interest«. Alles, bitte nur kein »JEIN«.

Wie verhält sich der Hund, wenn er frei läuft? Das ist die entscheidende Frage. Denn beim Trailen merken Sie oft gar nicht, dass der Hund zwar weiter mit der Nase arbeitet, aber begonnen hat, einem anderen Geruch zu folgen. Statt dem menschlichen Duft, folgt er plötzlich dem Aroma einer Katze, hinter ihm der ahnungslose Mensch, der ihm mit ernster Miene an gestraffter Leine folgt.

Die »Per se«-Regeln oder:
Wenn der Wald vergiftet wäre, würde kein Hund darin jagen.

Bestimmt lassen Sie Ihren Hund hin und wieder alleine zu Hause. Sie gehen einkaufen, arbeiten oder ins Kino. Räumen Sie dann alles weg, damit er währenddessen nichts beschädigt oder frisst? Sperren Sie ihn derweil in die Garage, damit er die Möbel nicht annagt, die Kissen nicht zerfetzt oder den Müll nicht plündert? Natürlich nicht! Sie erwarten, dass er die Spielregeln befolgt, die Sie zuhause für ihn aufgestellt haben. Sie halten ihn auch nicht mittels Unterordnung davon ab, sein Bein am Gummibaum zu heben oder die Schultaschen der Kinder nach alten Pausebroten zu durchforsten. Denn dann müssten Sie ihn ja »Bei Fuß« am Gummibaum vorbeiführen oder vor der Schultasche ins »Platz« schicken. Sie loben den Hund auch nicht überschwänglich, weil er sich nicht in Ihr Bett gelegt hat. Diese selbstverständlichen »Hausstandsregeln« setzen Sie durch, indem Sie deutlich Ihren Missmut zeigen, wenn der Hund sie übertritt. Und Ihre Erwartungshaltung tut das Übrige. Seltsamerweise haben wir zu vielen anderen Dingen nicht dieselbe Einstellung. Wenn unser Hund beim Spazierengehen Vögel jagt, Unrat frisst oder dermaßen an der Leine zieht, dass der tägliche Ausgang zur mühsamen Pflichterfüllung wird, handeln wir selten so entschlossen und konsequent. Woran liegt das? Vielleicht daran, dass es uns nicht wichtig genug ist oder weil kein materieller Schaden entsteht? Stellen Sie sich vor, der Wald wäre vergiftet. Würde Ihr Hund dann darin jagen?

Solange wir auf dem Trail noch mit dem Hund darüber diskutieren müssen, ob er eigene Interessen verfolgt, d.h. solange er sich ablenken lässt und andere Geruchsspuren beachtet, sind wir beim Trailen von der Stimmung des Hundes abhängig.

Nur was Sie im Alltag schaffen, schaffen Sie auch auf dem Trail.

Ein Hund der jagt oder kein Abbruchsignal kennt, ist zum Trailen in Realeinsätzen nicht geeignet. Denn er wird an der Leine ebenso jagen oder seinen eigenen Interessen nachgehen, wie er es ohne Leine tun würde. Der Mensch muss mit seinem Hund im Alltag bestehen, um überhaupt im Alltag arbeiten zu können! Ohne diese Basis ist erfolgreiches Mantrailen im Einsatz nicht möglich.

2.8 »Kommandostruktur« versus »Lass es! Per se!«

Ist zu viel Gehorsam schlecht fürs Trailen? Das schwierige an dieser Frage: Es gibt keine allgemein gültige Antwort, weil es davon abhängt, welchen Typ Hund Sie haben. Der eine braucht etwas mehr Struktur und Entscheidungsabnahme, der andere etwas mehr Selbständigkeit. Doch wer das Prinzip versteht, kann es ohne weiteres auf seine eigene Situation übertragen. Die Faustregel lautet:

»Kommandostruktur« versus »Lass es! Per se!«

**Führen, aber nicht bevormunden.
Grenzen setzen, dabei aber möglichst wenig Vorgaben machen.**

Eine ständige Kommandostruktur ist ebenso ungünstig, wie zu viel Nachlässigkeit. Das eine macht den Hund unselbständig, das andere führt dazu, dass er sich selbst Aufgaben sucht und sich daran gewöhnt, eigene, selbstbelohnende Interessen zu verfolgen. Es geht auch gar nicht um Kommandostruktur contra Freiheit. Denn es ist ebenso falsch, ihm dauernd Weisungen zu erteilen, wie ihn sich selbst zu überlassen. Es geht darum, den schon erwähnten Erziehungsrahmen, also die Leitplanken zu setzen, innerhalb derer sich der Hund frei und eigenständig bewegen darf. Das Einhalten der vereinbarten Grenzen sollte als »Per se-Regeln« verinnerlicht werden. Das Tier soll sich angewöhnen, Regeln zu akzeptieren und die Führung des Menschen nicht in Frage zu stellen, vorausgesetzt natürlich, der Mensch hat seine Hausaufgaben gemacht und die dazu notwendigen Kompetenzen im Gepäck. Der Mantrailer soll nicht lernen, sich exakt an den Bewegungen des Menschen zu orientieren, wie es zum Beispiel bei Obedience- oder Unterordnungsprüfungen verlangt wird. Er soll möglichst eigenständig agieren, innerhalb eines fest vorgegebenen Regelwerks. Der Mantrailer braucht Freiraum und Halt zugleich.

Diese ständige Balance zwischen Hilfen geben und Selber-ausprobieren-Lassen, macht einen guten Hundeführer aus. Diesen Regler muss er ständig fein justieren, ähnlich wie die Balance aus Respekt und Vertrauen. Das bedeutet praktisch, ein Hund, der zum Mantrailer ausgebildet werden soll, braucht zwar für die Arbeit auf dem Trail keinen formalen Gehorsam wie »Sitz« oder »Platz«. Aber, und das ist der entscheidende Punkt: Je besser der Hund erzogen ist, das heißt, die Grenzen respektiert, desto mehr Freiraum kann ihm im Alltag gewährt werden.

Leif Kuse, München
Bloodhound, Beaux, 2 Jahre
Magyar Vizsla, Champ, 4 Jahre

BEISPIEL

Bevor wir zu Armin in die Ausbildung kamen, haben wir viel Unterordnung gemacht, sogar mit unserem Bluthund. Das haben wir komplett abgestellt und im Alltag diese »Leitplanken« eingeführt: Ohne diese ganze Kommandostruktur darf er mehr als früher, aber noch längst nicht alles. Und wir haben festgestellt, dass man durchaus auch mit einem Bluthund mit wenig Unterordnung durch den Alltag kommt.

2.9 Gute und schlechte Routinen

Einige Rituale, die normalerweise den Hundealltag erleichtern, machen uns beim Trailen das Leben unnötig schwer. Jeder Familienhund kann lernen, vor dem Überqueren der Straße an einer Bordsteinkante automatisch anzuhalten. Für den Trailer ist so ein generelles Haltesignal fatal: Kommt der Hund beim Trailen an die Bordsteinkannte, sagt die Nase: »Wir müssen da rüber!« Der Kopf aber sagt: »Auf gar keinen Fall, das ist nämlich verboten!« Und schon hat der Hund einen Konflikt. Anstatt den direkten Weg über die Straße zu wählen, sucht er einen Umweg und gerät dadurch nicht selten ganz aus dem Konzept. Ebenso ist es zwar durchaus sinnvoll, dem Familienhund beizubringen, bei entgegenkommenden Hunden oder Personen automatisch umzukehren, damit Herrchen oder Frauchen entscheidet, was zu tun ist. Beim Trailer ist das aber nicht gewollt. Der Hund kann gewiss unterscheiden, ob er gerade arbeiten soll oder Gassi geht. Aber bei Handlungen, die automatisiert ablaufen, wird er durch einen Reiz einfach ausgelöst. Er sieht den entgegen kommenden Radfahrer und dreht – bei entsprechender Konditionierung – reflexartig um, weil der Radfahrer als Reiz dieses Verhalten auslöst. Und das geschieht auf dem Trail nicht anders als beim Spazierengehen.

Es ist daher wichtig, die eigenen Alltagsrituale und Konditionierungen zu überprüfen, um abzuwägen, welche Kompromisse man eingehen kann. Vorteile fürs Trailen bedeuten nicht selten Nachteile und mehr Aufwand für den Familienalltag. Dreht der Hund bei einem entgegenkommenden Radfahrer von selber um, hat der Mensch es im Alltag ohne Zweifel leichter. Aber der Hund hat in derselben Situation auf dem Trail einen Konflikt: Die Nase sagt »weiter«, das Gehirn befiehlt »umdrehen«. Bringt man dem Hund ein solches Verhalten gar nicht erst bei, kann er konfliktfrei trailen. Dafür muss der Mensch im Alltag mehr Management betreiben und vorausschauender spazieren gehen. Jede Medaille hat eben zwei Seiten.

Konfliktfrei trailen

durch eindeutige Alltagsregeln und das Weglassen unnötiger Konditionierungen.

2.10 Die drei Modi

Eine weitere vieldiskutierte Frage unter Mantrailern ist, ob der Hund überhaupt leinenführig sein darf. Folgendes Bild hilft vielleicht weiter: Beim Gehen stelle ich mir gerne vor, dass mein Hund sich wie ein Planet um die Sonne, um mich herum bewegen darf. Mal ist er etwas weiter weg, mal näher dran, mal bewegt er sich schneller, mal

Die drei Modi

langsamer, aber er bleibt auf seiner Umlaufbahn und verselbstständigt sich nicht. Das einzuüben kann anstrengend werden, zugegeben! Aber da habe ich noch ein Modell in petto, das helfen kann: Das Modell der drei Modi. Wir alle kennen diese drei Modi von Elekrogeräten wie dem Fernseher oder der Espressomaschine:

| **ON** | **STAND BY** | **OFF** |

- Im **ON** ist die Verbindung voll hergestellt, alle Antennen stehen auf Empfang.
- Das **STAND BY** ist die Bereitschaft, in Sekundenschnelle voll in Betrieb zu gehen,
- und bei **OFF** ist die Verbindung gekappt.

Diese Modi gibt es bei uns Menschen in der Kommunikation auch, bloß nennen wie sie hier nicht so. Wenn ich mich mit meiner Frau angeregt unterhalte, befinden wir beide uns im **ON** Modus zueinander, alle Antennen sind auf Empfang. Wenn ich im Wartezimmer meines Arztes sitze und Zeitschriften durchblättere, bin ich im **STAND BY**, jederzeit bereit, das Zeitschriftenlesen sofort zu unterbrechen und ins **ON** zu gehen, sobald ich in den Behandlungsraum gerufen werde. Und das **OFF** erklärt sich eigentlich von selbst: »Bitte nicht stören«, »nicht ansprechbar«, »keine Zeit«, »nicht jetzt«, »sie müssen später wieder kommen« sind die Umschreibungen, die wir dafür benutzen. Und nun kommt der springende Punkt: Wenn ich draußen mit meinem Hund zusammen bin, erwarte ich, dass er mir gegenüber niemals das »Bitte nicht stören«-Schild raushängt und mir zu verstehen gibt, er sei jetzt nicht ansprechbar oder hätte keine Zeit. Wann immer ich mit meinem Hund unterwegs bin, möchte ich einen **STAND BY** Modus, der mal mehr, mal weniger Aufmerksamkeit beinhaltet, aber immer genug, um abrufbar zu sein und mitzubekommen, wann ich stehen bleibe oder die Richtung wechsle. Und hier sind wir wieder beim Thema Leinenführigkeit. Ein Mantrailer braucht nicht zu lernen, sich exakt an meinen Bewegungen zu orientieren, diese Leitplanken wären zu eng. Leinenführigkeit am Bein, ein **ON** also, wäre zu genau. Sondern der Mantrailer bekommt eine breite Straße in Form einer längeren Leine, und die Leitplanke heißt: draußen niemals ins **OFF**!

Dr. Brigitte Fiedler, BRK KV Hassberge
Urgel, Labrador-Mix, 3 Jahre

BEISPIEL

Bei meinem Mantrailerhund habe ich mich überhaupt nicht damit beschäftigt, dem irgendwelche Sitz-, Platz-, Fußkommandos beizubringen. Unnötige Kommandos stören bei der Trailarbeit bloß. Ich bestehe aber drauf, dass der Hund im Alltag für mich führbar, lenkbar, kontrollierbar ist. Das ist mir ganz wichtig. Und das gelingt mir mit sehr wenigen, einfachen Mitteln. In meinem Alltag als Tierärztin brauche ich einen Hund, auf den ich mich verlassen kann, der mit mir läuft, den ich nicht dauernd an der Leine führen muss. Ich trenne das ganz streng:
Geschirr drauf = Hund hat das Kommando, Geschirr runter = Alltag, ich habe das Kommando.

Im Vergleich zu einem Labrador oder einem Pudel ist der Bluthund wie ein Wesen von einem anderen Stern.

2.11 Alltag mit einem Alien

Ich möchte niemanden abschrecken und auch niemandem davon abraten, sich einen Bluthund zu kaufen, vor allem, wenn er nach einem idealen Partner für Einsätze sucht. Ich möchte nur davor warnen, sich unbedacht für diese Rasse zu entscheiden. Bluthunde sind sehr speziell, im Vergleich zu anderen Gebrauchshunderassen fast wie Wesen von einem anderen Stern. Sie sind quasi liebenswerte Alien, die ein hohes Maß an Toleranz erfordern.

Tanja Schweda
Thema: Wohngemeinschaft mit einem Bluthund

INTERVIEW

JoJo wohnt mit uns im Haus. Wir haben uns von Anfang an dafür entschieden, ihn nicht im Zwinger leben zu lassen, um die Beziehung zu fördern. Es ist etwas anderes, wenn ich eine ganze Meute Bluthunde halte. Dann können sie gemeinsam gut außerhalb des Hauses sein, also einen Großteil der Zeit ohne menschlichen Sozialkontakt verbringen, so wie sie es schon Jahrhunderte tun. Aber wir arbeiten in einer engen Beziehung zum Hund und sollten uns gut kennen. Wie bitte sehr soll ich eine enge Beziehung aufbauen, wenn der Hund drei Viertel des Tages in einem Zwinger lebt?

Dementsprechend bedeutet die Wohngemeinschaft mit Bluthund einen sehr hohen Reinigungsaufwand. Wenn meine Malinoishündin säuft, kann ich getrost im Sessel sitzen bleiben. Säuft der Bluthund, muss ich aufspringen und ihn abwischen, sonst putze ich am nächsten Tag den hartnäckigen Schlabber viel länger weg. Denn wenn er säuft, trielt das Wasser an den Lefzen runter und bildet Schleimpfützen auf dem Boden. Das ist an sich ja nicht so schlimm, aber oft schüttelt er sich hinterher und dann hängen die Schlatzen im ganzen Haus.

Bluthunde haben außerdem einen ziemlich starken Eigengeruch, leicht süßlich. Man kann sagen, sie stinken. Der eine mehr, der andere weniger. Das kommt durch die vielen Hautfalten und den vielen Speichel. JoJos Decken im Auto und seine Liegeplatzüberzüge im Haus muss ich daher häufig waschen.

Wer einen Bluthund aus einer Arbeitslinie hat, lernt die destruktiven Seiten eines Vierbeiners kennen. Unabhängig davon, ob der Übeltäter ausgelastet ist oder nicht. Bluthunde stürzen sich mit Vorliebe auf Dinge, die nach Mensch riechen. Hausschuhe, Handschuhe, Mützen sollten außer Reichweite aufbewahrt werden. Eigentlich sollte die ersten drei Jahre alles, was wertvoll ist, außer Reichweite sein. Denn Bluthunde knabbern nicht an Gegenständen herum, sie zerstören sie. Gerald hatte die damals zweijährige Bluthündin Joosy für ein paar Stunden in seinem beheizten und gefliesten Kellerraum alleine gelassen. Diese Möglichkeiten braucht man einfach, um sich mal vom Bluthund Luft zu verschaffen. Da hat dann das Ventil vom Heizungsthermostat dran glauben müssen, was an sich ja ein fester, harter Stoff ist. Diese Hunde wollen einfach viel mit dem Maul tun und haben einen gewissen Sinn dafür, etwas zu zerstören. Matratzen werden nicht nur angeknabbert, sondern fein säuberlich zerlegt. Der Begriff »Entkernung« ist unter Bluthundebesitzern durchaus geläufig.

JoJo hat nicht zu allen Räumen im Haus Zugang. Trotzdem muss ich immer nachschauen, wenn irgendwo was scheppert. Wenn ich nicht nachschaue, dann ist hinterher vielleicht etwas zerlegt. Es wird zwar besser, wenn die Hunde älter sind, aber es passiert auch noch mit einem sechs- oder achtjährigen Bluthund, wenn der Mal alleine zu Hause ist und Langeweile hat. Und die Birkenstocksandalen müssen noch heute dran glauben, wenn sie nicht weggeräumt sind.

Bluthunde sind auch mit den Pfoten sehr aktiv, selbst wenn man sich diese Feinarbeit bei ihnen nicht vorstellen kann. So öffnen sie mit Leichtigkeit Tür und Tor und verschaffen sich Zugang zu Räumen, in die sie besser nicht gehen sollten. Deshalb sind Geralds Türklinken abgesägt und senkrecht angebracht, und unsere Gartentüren haben immer ein extra Schloss oder eine zusätzliche Schnur.

Um den Hund irgendwohin mitzunehmen, brauchst Du viel Management. Du brauchst auf jeden Fall ein großes Auto, am besten mit einer Box. Ansonsten besteht die Gefahr, dass er Dir das Auto innen auffrisst. Wenn es zu heiß oder zu kalt ist, um den Hund im Auto zu lassen, kann man manche Dinge einfach nicht machen. Zum Beispiel kann ich meine Oma im Hochsommer nicht besuchen. Sie ekelt sich vor diesem Hund und hat es nicht gern, wenn ich ihn mitbringe.

Wenn Du einen Bluthund hast und ihn in Dein Leben integrierst, verändert sich Dein soziales Umfeld. Das sagt Dir zwar jeder erfahrene Bluthundehalter, aber Du glaubst es nicht. Du hast keine Vorstellung von dem Ausmaß der Belastung, wenn Deine Vorrichtungen und Dein Management nicht stimmen. Da ist es nicht verwunderlich, dass ich über unser amerikanisches Bluthunde-Netzwerk verfolgen kann, wie in den USA fast jede Woche ein Bluthund ein neues Zuhause sucht. Meist von Privatleuten abzugeben, die sich solche Kerlchen als Begleithund halten und dann nicht mehr zurechtkommen.

Wenn ich vom Einkauf zurückkomme, konnte ich bisher bei all meinen Hunden die Einkaufstaschen vor unserer Haustür abstellen, um aufzuschließen. Nicht so, wenn JoJo dabei ist. Schwupp die wupp hängt seine Riesennase und der einsetzende Speichelfluss an Wurst- und Käseverpackung. Auch Handtaschen werden gerne schlabbernd inspiziert, falls in Reichweite.

Wir haben extra einen Zaun gebaut, damit er nicht auf die Terrasse laufen kann, wenn Gäste kommen. Es ist wichtig, die Gäste durch den Zaun zu schützen, denn immer, wenn Essen auf den Tisch kommt, ist JoJo außer Rand und Band. Er trielt, er schlabbert und er schüttelt sich. Also haben wir diesen Zaun gebaut, damit er dabei sein kann, aber keinem auf dem Schoß sitzt oder den Kopf auf dem Tisch legt. Und ich rate jedem dazu, auch im Haus eine Anbindevorrichtung für solche Momente zu installieren. Am Schwierigsten ist, dass Du sehr viel Vorausdenken und die Befindlichkeiten Deiner Mitmenschen berücksichtigen musst, denn so ein stinkendes, schlabberndes Tierchen ist nun mal nicht jedermanns Sache. Und da kannst Du noch tausendmal sagen, er ist für einen guten Zweck, aber das interessiert niemanden in dem Moment, wo er einen vollsabbert. Da fühlt sich jeder in seinem Komfort einfach eingeschränkt.

Um ihn im Urlaub mal unterzubringen, brauchst Du wirkliche Freunde oder vernarrte Schwiegereltern. Am besten, die haben einen großen, ausbruchsicher eingezäunten Garten oder aber sie lassen sich durch die Gegend ziehen. Der Hund sollte nämlich zur Sicherheit aller an der Leine laufen. So muss also jemand bereit sein, bei diesen 55 Kilo hinten dran zu hängen.

Mit acht Jahren Bluthunderfahrung, die ich jetzt habe, wird es natürlich leichter. Du weißt, was Du erwarten kannst und was nicht. Anfangs habe ich gedacht, ich probiere mal ein bisschen aus, vielleicht kann der Hund ja »Platz« lernen oder apportiert. Ich bin da sehr ambitioniert und engagiert rangegangen, musste im Laufe der Zeit aber feststellen, dass dieser Hund einfach eine »Synapse« zu wenig hat, nämlich die »Synapse für Zusammenarbeit«. Für JoJo ist es viel lustiger, sein Ding zu machen und mir etwas abzuluchsen, anstatt mir was zu bringen. Das ist ein ganz großer Spaß vom Bluthund, dass er etwas in Besitz nimmt und dann absichert. Er knurrt Dich auch furchtbar gerne an, nach dem Motto: Komm jetzt nicht näher, das ist meins! Manchmal brummt er schon rum, weil ein Geruch in der Luft liegt, den er für sich beansprucht. Da kannst Du noch so oft Handfütterung machen. Das ändert nichts.

Hoch spezialisiert, aber außerhalb seiner Geruchswelt zu kaum etwas zu gebrauchen: Der Bluthund.

Aufgrund seiner Besonderheit muss dem Thema »Bluthund im Alltag« ein eigenes Kapitel gewährt werden. Ich beschreibe den Bluthund gerne als »geruchlichen Autisten«. Ich weiß, dass die Bezeichnung »Autist« nicht ganz zutreffend ist, denn der Hund ist weder entwicklungsgestört, noch hat er Probleme mit der Informationsverarbeitung. Was ich damit ausdrücken möchte, ist, dass diese Hunde, ähnlich wie Autisten, in ihrer eigenen Welt leben und viele Dinge anders wahrnehmen und verarbeiten als andere Rassen. Man dringt nicht so leicht zu ihnen vor. Wenn Sie Ihren Schäferhund oder Ihren Cockerspaniel mit zu Freunden nehmen, können Sie ihn mit einem Kommando dort ins »Platz« legen. Den Bluthund müssen Sie entweder anbinden, oder er läuft erst mal eine zeitlang rum, sabbert die Einrichtung voll, und wenn er schließlich genug davon hat, legt er sich hin und schläft.

Der durchschnittliche Bluthund kann draußen auch nicht frei laufen, denn er hat im Grunde ständig etwas in der Nase und rennt gedankenversunken – kilometerweit. Er schaltet komplett ab, geht also ins **OFF** und ist nicht abrufbar. Um das zu ändern, müsste man entweder sehr kommunikativ spazierengehen, sich also zum Beispiel andauernd verstecken, oder sehr massiv einwirken. Was für andere Hunde richtig wäre, ist beim Bluthund leider falsch. Der **STAND BY** Modus, den andere Rassen ohne weiteres halten können, schlüsselt den Bluthund ein Stück weit auf. Das bedeutet, man holt ihn dadurch teilweise aus seiner Geruchswelt heraus. Daher muss man vorsichtig sein. So mühsam das auch ist, aber gerade in dieser Eigenschaft, komplett abzuschalten und sich völlig in der Geruchswelt zu verlieren, liegt die Qualität dieser Hunde beim Trailen. Die Kunst ist, sie so zu führen, dass man sie nicht aufschlüsselt, sie also so weit als möglich in ihrer Welt belässt, ihnen aber trotzdem Führung vermittelt, so dass sie an der Aufgabe bleiben, die ihnen gestellt wird. Das kann bedeuten, den Hund ein Leben lang an der langen Leine zu führen, weil die Leine schlichtweg verhindert, dass er sich und andere im Alltag in Gefahr bringt.

Dieses T-Shirt habe ich aus Amerika mitgebracht. »Sit Happens«, »Sitz ist ein Zufall,« beschreibt genau den Charakter des Hundes.

Alltag mit einem Alien

Elke Grießmayer, Rettungshundestaffel KV Landkreis Konstanz, Deutsches Rotes Kreuz
Linus, Bluthund, 3 Jahre

BEISPIEL

Ohne Febreze und Feuchttücher gehe ich mit meinem Bluthund nirgends hin. Diese zwei Sachen habe ich immer dabei. Meiner sabbert zwar nicht so viel wie andere, aber wenn der sich schüttelt, hängt das Zeug am Sofa, an den Gardinen und an der Tapete. Man braucht mit einem Bluthund schon ein sehr tolerantes Umfeld.
Wenn ich mich morgens fürs Büro fertig mache und sauber angezogen bin, kann ich nicht mehr durch die »Bluthundzone« gehen. Das muss man alles planen. Zuhause brauchst Du einen Raum, in dem Du ihn einfach mal »parken« kannst. In seiner Penetranz und Hartnäckigkeit kann er einem sonst zu sehr auf den Geist gehen. Im Urlaub findet man kaum jemanden, der diesen Hund betreut. Außerdem sind Bluthunde sehr sensibel, deswegen nehmen wir unseren Linus lieber mit. Aber das geht nur in einem Ferienhaus mit großem umzäunten Garten. Man schafft sich keinen Bluthund an, man tut sich einen Bluthund an! Und das ist definitiv kein Familienhund, das ist ein Arbeitshund. Man muss überzeugt sein und von vorne herein wissen, worauf man sich einlässt, um bewusst sagen zu können: »Ich will das!«

Ich empfehle für den Bluthund sogar ab und zu das Halti. Denn es vermittelt klare Führung, ohne dass wir diskutieren müssen. Das Halti signalisiert: Die Führungsfrage stellt sich jetzt nicht. Die wenigsten Menschen schaffen auf Anhieb die Balance, diesem Hund Führung zu erklären, ohne ihn einzuschüchtern. Außerdem hat das Halti den Effekt, dass wir Menschen beim Laufen nicht ständig auf den Hund zu achten brauchen. Die dauernde Kommunikation, der dauernde Wechsel zwischen Gas und Bremse – lauf, komm her, stop, weiter, lass das, langsam – wird durch das Halti ersetzt. Wir bewegen uns unbefangener und natürlicher, wodurch die Botschaft: »Die Frage, wer führt, stellt sich gerade nicht«, verstärkt wird. Diese selbstverständliche Autorität wird erleichtert. Durch das Halti bekomme ich die Nase des Hundes und somit auch seine Bewegungen unter Kontrolle. Um Missverständnissen vorzubeugen, betone ich nochmals:

Das Halti ist kein Ersatz für die Erziehung und soll nur gezielt und temporär eingesetzt werden.

Natürlich, jedes Hilfsmittel ist so gut oder schlecht wie derjenige, der es verwendet. Das gilt für etwas so Alltägliches wie die Leine ebenso, wie für das Halti. Man darf den Hund damit keinesfalls aus dem Lauf herumreißen oder wild daran zerren. Das Halti ist als reine Führhilfe für einen reflektierten Umgang gedacht. Die richtige Handhabung sollte unbedingt mit einem Trainer eingeübt werden.

Das Halti ist auch gut geeignet, um dem Bluthund etwas beizubringen, was außerhalb seiner Geruchswelt liegt. Denn ich kann verhindern, dass die Nase ständig am Boden ist. Wenn ich mit ihm am Halti durch die Stadt gehe, kann er mehr optisch und akustisch wahrnehmen, als wenn die Nase sein ganzes Denken bestimmt. Ich kann ihn seine Umwelt stärker mit anderen Sinnen erfahren lassen, als es ohne Halti möglich wäre.

2.12 Frage & Antwort

Was ist das Besondere an Deiner Ausbildungsmethode?
ARMIN SCHWEDA: Es gibt für mich keine Methode beim Trailen. Es gibt nur eine Gesamtphilosophie. Und die umfasst das Zusammenleben mit dem Hund als Ganzes und nicht allein einzelne Trainingseinheiten. Das Training ist lediglich ein Teil des Gesamtpakets. Zu diesem Gesamtpaket gehört auch der Alltag. Wer im Alltag nicht auf Kleinigkeiten achtet, dümpelt bei der Arbeit immer in der Mittelmäßigkeit herum. Denn Mantrailing selber können wir gar nicht ausbilden. Suchen kann der Hund bereits, er muss finden wollen. Es ging zu lange immer nur um die Nase, um die Riechfähigkeit, die Anzahl der Riechsinneszellen usw. Das ist nicht der springende Punkt, sondern die drei Komponenten:
1.   KONZENTRATIONSFÄHIGKEIT,
2.   ALLTAGSNEUTRALITÄT und
3.   OPFERBINDUNG,
die kann ich am Hund ausbilden, mehr nicht.

Warum hast du dir einen Bluthund zum Mantrailing gekauft?
ARMIN SCHWEDA: Der Bluthund ist für mich das geeignete Tool, das »beste Werkzeug« zum Trailen. Die Rasse ist aber keine Garantie dafür, dass der Hund auch einsatzfähig wird. Manche Teams mit Gebrauchshunden sind um Längen besser, wenn sie aufeinander abgestimmt sind, als das unabgestimmte Team mit einem Bluthund.

Was müssen Leute, die sich eventuell einen Bluthund kaufen wollen, für den Umgang im Alltag wissen?
ARMIN SCHWEDA: Der Bluthund lebt in seiner eigenen Welt. Daher ist das Ohne-Leine-Laufen kontraproduktiv zu dem, was wir tun. Und zwar aus einem einzigen Grund: Wir schlüsseln den »Autisten« auf. Mit meinem eigenen Hund wollte ich es damals ausprobieren und mir und anderen beweisen, dass es geht. Ich wollte Antworten geben können auf Fragen wie: Warum kann ich mit einem Bluthund keine Unterordnung machen? Meine schweizerischen und amerikanischen Ausbilder waren damals entsetzt. Dafür kann ich heute diese Antwort geben: Ich schlüssele mir diesen »Autisten« auf. Ich mache mir das, warum diese Rasse eigentlich so genial ist, teilweise kaputt. Denn ein frei laufender Hund reagiert auf meine Körpersprache, zumindest sollte er das! Er kommuniziert, er achtet auf mich, passt sich an und ist nicht mehr nur in seiner eigenen

Welt. Das geht natürlich auch mit einem Bluthund. Aber dieses Experiment hat mich ein ganzes Jahr zusätzliche Ausbildung gekostet. Weil JoJo in Schlüsselsituationen, an Entscheidungspunkten, wenn er in einen Konflikt geraten ist, lieber zum »Papa« geguckt hat, als seinen Job zu tun. Die Ursache dafür oder das, was es zumindest schlimmer macht, liegt im Alltag. Obwohl es dort eigentlich blendend läuft, eben weil der Hund beim Gassigehen mit mir kommuniziert und nicht nur in seiner eigenen Welt lebt.

Würdest Du es, rückblickend betrachtet, anders machen?
ARMIN SCHWEDA: Heute genieße ich es, dass mein 55 kg schwerer Hund frei läuft. Das hat mit diesem Hund, in der Kombination mit mir super funktioniert. Ob ich es allerdings nochmal tun würde, weiß ich nicht. Wir haben ja zwei Bluthunde in der Staffel. Die Schwester meines Rüden wurde zeitgleich von meinem befreundeten Kollegen Gerald Schaller angeschafft. Gerald führt den Hund von Anfang an nur an der Leine Gassi, er hat Joosy nie frei laufen lassen. Dadurch hat Gerald die ersten Jahre viel leichter arbeiten können als ich, und er hat auch kein Jahr verloren. Aus einem entscheidenden Grund:

Der Hund kennt nicht diesen ständigen Rückbezug zum Hundeführer. Er ist in Entscheidungssituationen bei der Arbeit geblieben, wo meiner sich dann umgedreht und gefragt hat: Kleiner Tipp?

Mein Freund und Staffelkollege Gerald Schaller (links) mit Joosy und ich mit JoJo im Winter 2003.

Was ist die wichtigste Regel für einen Mantrailer im Alltag?
ARMIN SCHWEDA: Den Hund im Alltag nichts ausleben zu lassen, was dir im Trailen auf die Füße fallen kann, und das ist leider sehr vieles. Das heißt nicht, den Hund ständig zu maßregeln oder andauernd in die Unterordnung zu nehmen. Das geht beim Bluthund sowieso nur bedingt. Es muss Respekt da sein und Vertrauen, mehr will ich gar nicht. In meiner Welt nenne ich das Hausstandsregeln oder Per se-Regeln.

Und wie setze ich die durch?
ARMIN SCHWEDA: Das hat viel mit Einstellung und Prioritäten zu tun. Das, was einem wirklich wichtig ist, setzt jeder für sich persönlich irgendwie durch. Es gibt zum Beispiel eine Per se-Regel die beherrscht selbst der Dackel von der Oma Maier: An

der Straße, wenn der Hund sich erlaubt, da einfach reinzulaufen, kriegt er selbst von der Oma den Regenschirm drauf. Warum? Es könnte ihn umbringen.
Aber genau diese Regel gibt es für Trailer nicht.

Warum darf ein Trailer diese Regel nicht lernen?
ARMIN SCHWEDA: Ich erlebe viele Gebrauchshunde, die möchten beim Trailen gerne eine Straße überqueren, aber haben schon als Baby gelernt: Auf jeden Fall anhalten an der Straße! Und dann haben die immer einen Konflikt, weil ihnen drinnen eine Art Code sagt: VERBOTEN! Aber ansonsten: Mülltüten anlaufen, Döner am Boden fressen, Hundehaufen in Parkanlagen studieren, Kinder verfolgen: NEIN. Das heißt aber nicht, diese Situationen zu meiden, sondern es heißt, sich zu konfrontieren und es dem Hund zu erklären. Ich muss dem Hund sagen, was mir passt und was mir nicht passt. Deshalb spreche ich von Respekt, aber nicht von Unterordnung. Hier geht es nicht um Dressur. Ich habe diese Diskussion oft mit Diensthundeführern, die behaupten, sie hätten mit Katzen kein Problem. Katzen sind nämlich das Thema Nr. 1 für einen Trailer. Katzen sind viel kritischer als Karnickel, denn es gibt jede Menge von ihnen und zwar überall. Es hilft aber nichts, wenn ich zu meinem Hund sage: LASS DIE KATZE! FUSS!! und laufe unterordnungsmäßig dran vorbei. Entscheidend ist, was tut der Hund, wenn er frei läuft? Sagt er dann zu mir: »Rückmeldung, ich habe verstanden, geht mich nichts an.« Oder wird er nur durch meine Unterordnung im **ON** gehalten? Ist letzteres der Fall, taugt es nicht fürs Trailen, denn beim Trailen muss ich dem Hund vertrauen können. Es gibt viele Trailer, die verschwinden in Hinterhöfen »weil sich dort der Geruch fängt«. Die Hunde scannen den ganzen Balkonbereich ab und man überlegt, ist da vielleicht die gesuchte Person? Oder man denkt an Thermik, Kamineffekt und so weiter. Dabei hockt bloß so ein fetter Kater hinter der Betonwand.

Bloß eine Katze oder doch die vermisste Person?

Wie übt man diese Neutralität gegenüber potentieller Beute?
ARMIN SCHWEDA: Nicht indem man zum Wildgehege geht oder sich vor eine Katze stellt und sagt: Guck mal, das ist verboten! So werden viele Hunde erst aufmerksam auf eine Sache. Es muss eine Normalität gelebt werden, so dass der Hund zu einer Alltagsneutralität gelangt. Das hat wieder sehr viel mit der Einstellung des Menschen zu tun und seiner Durchsetzungskraft im Sinne von: »Ich will es nicht, also lass es!« Wenn Schluss ist, dann ist Schluss. Und beim Bluthund sieht das so aus: Hingehen, nicht diskutieren, mitnehmen.

Welche weiteren Regeln sind für einen Trailer besonders wichtig?
ARMIN SCHWEDA: Bevor sich der Mensch beim Trailen der Führung seines Hundes überlässt, sollten ein paar Grundregeln erarbeitet worden sein, natürlich unter Berücksichtigung des jeweiligen Alters- und Ausbildungsstandes des Hundes.
Erstens: Ablenkungen neutral begegnen. Alles, was mir während des Trailens an Ablenkungen begegnen kann, sollte mein Hund auch im Alltag gelassen hinnehmen. Wenn der Hund beim Gassigehen nach Mäusen buddeln oder Krähen aufscheuchen darf, wird er das auch während der Suche tun, wenn ihm danach ist. Jede Nachlässigkeit im Alltag büßt der Hundeführer auf dem Trail.
Zweitens: Gewisse Grundbedürfnisse müssen immer erfüllt sein. Zu diesen Grundbedürfnissen gehört neben den selbstverständlichen Dingen wie genügend Schlaf- und Ruhezeiten auch ausreichender Sozialkontakt. Wichtig ist, dass der Hund auch fremde Artgenossen trifft und nicht immer mit denselben Kumpels spielt, damit das Kennenlernen neuer Hunde nichts Besonderes ist. Allerdings sollten diese Dinge durch den Mensch klar geregelt werden. Das bedeutet, beim Gassigehen deutlich zu unterscheiden zwischen Phasen, in denen der Hund Freizeit hat und Arbeitsphasen, in denen er sich auf den Hundeführer oder eine gemeinsame Beschäftigung konzentrieren soll. Die »Jagdzeitung lesen« ist selbstverständlich generell tabu.
Drittens: Den Hund möglichst wenig sich selber überlassen, die Führung übernehmen und immer kommunikativ spazieren gehen. Ein Hund, der nicht gelernt hat, sich ohne »Wenn und Aber« an die vom Menschen aufgestellten Regeln zu halten, wird nicht zuverlässig arbeiten.

Mal ehrlich: Wie realistisch ist es, dass der Hund beim Gassigehen von sich aus nichts vom Boden frisst, keiner Katze nachgeht und keinem Hasen, nicht buddelt und keine Pinkelflecken studiert? Ist das nicht eine zu hohe Erwartung, schließlich können wir alle keine Wunderhunde produzieren.
ARMIN SCHWEDA: Es ist unrealistisch, wenn man erwartet, dass der Hund diese Dinge einmal lernt und dann für immer sein lässt. Das klappt natürlich nicht, sondern man muss ständig dran bleiben und nachjustieren. Deshalb ist ja der Alltag so wichtig und entscheidend für den Erfolg des Teams bei der Arbeit. Bis man überhaupt mal soweit kommt, dass der Hund zuverlässig ist, vergehen oft Jahre. Der erste und wichtigste Schritt für diese Alltagsneutralität ist, dass der Mensch den Hund ohne großen Aufwand von allem, was verboten ist, abhalten kann. Geht er zum Beispiel frei, also ohne Leine, auf eine Katze zu, sollte ein kurzes »Nein« reichen, um jede Spannung aus dem Hund zu holen und er akzeptiert, dass ihn die Katze nichts angeht. Mit der Zeit wird der Hund dann die Ablenkungen immer gelassener hinnehmen! Das Ganze lebt aber von der Bereitschaft des Hundeführers, immer aufmerksam zu sein, um notwendige Korrekturen rechtzeitig vornehmen zu können und nichts »anbrennen« zu lassen!

Mist! Der schrille Alarmton des Piepsers erwischt sie an der Fleischtheke des Supermarktes. Sie greift in die Jackentasche, schaltet ihn aus und schätzt ab, wie lange es noch dauert, bis sie ihre Bestellung aufgeben kann. Zu lange! Auch an der Kasse hat sich bereits eine Warteschlange gebildet. Sie reißt sich zusammen, unterdrückt den aufkommeden Ärger. Jetzt geht es nur darum, pragmatisch und schnell zu sein. Sie nimmt den halbvollen Einkaufswagen und schiebt ihn vor das Regal mit den Zeitschriften. Mit etwas Glück fällt er dort niemandem auf, und sie kann später wiederkommen und den Einkauf fortsetzen. Sie verlässt den Supermarkt durch die automatische Tür, greift zum Telefon und ruft ihren Staffelleiter an. Natürlich besetzt. Was jetzt kommt, hat sie schon oft durchgespielt: Auf dem schnellsten Weg nach Hause fahren, unterwegs vielleicht noch tanken. Die Tasche mit der Einsatzkleidung aus dem Keller holen und den Rucksack mit Funkgerät, GPS, Erste-Hilfe-Ausrüstung, Taschen- und Stirnlampe sowie sämtlichen Ersatzakkus. Während sie die Skiunterwäsche anzieht, kommt die SMS mit der Anfahrtsadresse. Auch das noch. Dreißig Kilometer über die Autobahn. Sie ruft eine

Kollegin an: »Bist Du dabei? Wir haben Einsatz. Soll ich Dich mitnehmen oder fährst Du selbst?« Der Akku des Handys ist fast leer. Den wird sie im Auto am Zigarettenanzünder aufladen. Bloß das Kabel nicht vergessen! Und den Kilometerstand vor der Abfahrt notieren! Bevor sie sich weiter anzieht, geht sie in die Küche und setzt Wasser auf, um Tee zu kochen. Etwas Warmes für später – so viel Zeit muss sein. In einer Stunde wird ihr zehnjähriger Sohn aus der Schule kommen. Während das Teewasser kocht, schreibt sie ihm einen Zettel, legt ihn mit etwas Geld auf den Esstisch. Der Kühlschrank ist leer, er wird sich etwas holen müssen. Sie wird ihn von unterwegs anrufen, fragen, wie es in der Schule war. Und daran erinnern, dass er seine Hausaufgaben macht und Mathe lernt. Eigentlich wollten sie das zusammen machen. Vielleicht würde ihr großer Sohn einspringen. Sie wird ihn später anrufen. Sie sucht den Zettel mit der Adresse des Zahnarztes. Lieber den Termin gleich absagen. Falls sie überhaupt rechtzeitig zurück sein würde, braucht sie die Zeit für Haushalt und Kinder. Und schließlich wartet der Einkaufswagen noch vor dem Zeitschriftenregal.

3. KOMPONENTE
Opferbindung –
Der Wille zu finden

*Lernen braucht
Wissen, Zeit und gute Gefühle.*

Tanja Schweda

3.1 Opferbindung – Die Freude am Menschen

»Mein Hund sucht so gerne. Ständig hat er die Nase am Boden, das wäre bestimmt ein toller Mantrailer«, meinen viele. Doch mit Freude suchen, ist das eine. Die viel wichtigere Frage ist, will er Menschen finden? Gerüche von Rehen und Hasen ziehen Hunde an wie ein Magnet. Das ist genetisch in ihnen angelegt. Die Suche nach Menschen aber ist zu 100 Prozent künstlich. Was können wir also tun, um im Hund die Motivation zu erzeugen, Menschen zu finden? Das ist das Thema der Komponente OPFERBINDUNG*.

OPFERBINDUNG, so wie ich sie verstehe, heißt nicht, den Hund ständig zu bespaßen, ihn mit Futter zu bestechen oder zum Balljunkee zu machen. Wie soll sich ein Hund, der ständig nur an Spielzeug oder Futter denkt, auf den Individualgeruch eines Menschen konzentrieren? Ein Hund der nach Mensch sucht, sollte dabei auch den Mensch im Kopf haben.

OPFERBINDUNG ist eine Mischung aus Motivation und festem Regelwerk mit dem Ziel, dass der Hund aus sich heraus finden möchte. Er soll die fremde Person aus eigenem Antrieb finden wollen und sie daher ausdauernd und konzentriert suchen. Nur so kann man dem Hund wirklich vertrauen. Diese intrinsische, von innen kommende Motivation in ihm zu wecken, ist mehr als eine Arbeit, es ist eine Handwerkskunst.

* In diesem Buch verwenden wir verschiedene Begriffe für denjenigen, dessen Geruch der Hund suchen soll. Im Ernstfall spricht man eher von Opfer oder von der vermissten Person. Im Übungsbetrieb hingegen eher von Spurleger, Runner, Läufer, Versteckperson oder Trailleger.

TEIL I: DIE MOTIVATION

3.2. Overdose – Der Wille zum Erfolg

Overdose heißt ein krummbeiniges ungarisches Rennpferd, das immer nur siegen will. 2009 hob ihn die New York Times auf ihre Titelseite, und Menschen aus 21 Ländern traten seinem Fanclub bei. Für die Ungarn ist Overdose zu einem Nationalheld geworden. Seine Geschichte erinnert stark an die eines anderen Galoppers, den legendären Seabiscuit, dessen Karriere in den 1930ern ebenfalls nicht sehr vielversprechend begann, und der zum erfolgreichsten Rennpferd seiner Zeit wurde. In Seabiscuit, der klein, faul und verfressen war, schlummerte nämlich das Herz eines Kriegers, der sich selbst aus einer ausweglosen Situation nach vorne kämpfte. Laura Hillenbrand schrieb 2001 ein Buch über sein Leben und 2003 erschien der Film »Seabiscuit – Mit dem Willen zum Erfolg«, der für sieben Oscars

3. KOMPONENTE | Opferbindung – Der Wille zu finden

Finden wollen ist beim Mantrailing der Schlüssel zum Erfolg.

nominiert wurde. Was fasziniert uns so an diesen Pferden? Es ist jener »Wille zum Erfolg«, der letztendlich entscheidender ist, als ein idealer Körperbau oder teure Trainingsmöglichkeiten. Übertragen wir diesen »Willen zum Erfolg« aufs Mantrailing, sind wir wieder beim Thema OPFERBINDUNG.

Weder Seabiscuit noch Overdose siegten, weil am Ende ein Sack Hafer oder ein paar Möhren auf sie warteten. Sie waren auch nicht deshalb so schnell, weil sie panikartig vor etwas flüchteten. Sie rannten sich die Seele aus dem Leib, weil sie als erster durchs Ziel kommen wollten. Ross und Reiter verfolgten dieselbe Absicht, nämlich zu gewinnen. Was im Rennsport die Ziellinie ist, ist beim Mantrailing das Auffinden einer Person. Dafür brauchen wir Hunde, die nicht nur suchen, sondern vor allem finden wollen, und zwar Menschen und nicht Futter. Möchte der eine Futter oder sein Spielzeug finden und der andere Personen, haben beide Teampartner unterschiedliche Interessen; keine gute Voraussetzung für ein erfolgreiches Duo.

Anstatt zusammen an einem Strang zu ziehen, wird versucht, Leistungsbereitschaft mit Leckerlis zu erkaufen. Das hängt insbesondere damit zusammen, dass die Hundeerziehung seit einigen Jahrzehnten von dem Gedanken beherrscht wird, Verhalten ließe sich am besten durch die Aussicht auf Belohnung oder Bestrafung steuern. Die Beziehung von Mensch und Hund tritt dabei komplett in den Hintergrund und macht so genannten »Verstärkern« Platz, mit denen das Verhalten des Hundes geformt werden soll. Der größte Teil dieser »Verstärker« geht durch den Magen. Hundeerziehung ohne Futterbelohnung ist praktisch undenkbar geworden.

»*Stell Dir vor, du machst Sitz und es gibt nichts zu fressen!*«

3.3 Die Bestechungsfalle

Die Gefahr, als Erzieher in die Bestechungsfalle zu geraten, ist groß. Vor allem, wenn der Mensch einen oberflächlichen und einfachen Weg sucht, das Verhalten des Hundes zu beeinflussen. Probleme entstehen, weil der Hund die Freiheit hat »Nein« zu sagen und sich aktiv gegen den Menschen entscheiden kann. Ein Beispiel für die Eltern unter uns: Sie möchten, dass Ihr achtjähriger Sohn sein Zimmer aufräumt und versprechen ihm zehn Euro dafür, frei nach dem Motto: Belohnung ist die beste Motivation. Das lässt Ihrem Sohn die Freiheit, sich gegen die zehn Euro zu entscheiden, weil ihm das Geld die Mühe nicht wert ist. Das Zimmer bleibt unaufgeräumt.

Motivieren und führen, das ist irgendwie eins geworden, in dem Glauben, jegliches Verhalten könne durch Belohnungen manipuliert werden. Gemeint ist aber nicht das unerwartete und ehrlich gemeinte Lob, sondern ein kühl kalkulierter Leistungsanreiz. Doch derartige Anreizsysteme wirken nur dann, wenn sie immer wieder gesteigert werden. Um beim oben genannten Beispiel zu bleiben: Wenn Ihr Sohn für zehn Euro nicht aufräumt, dann vielleicht für zwanzig. Fällt die Belohnung mal ganz weg, sinkt die Leistungsbereitschaft sofort ins Bodenlose. Das ist bei Hunden nicht anders als bei Menschen. Daher stammt die Angst vieler Hundeführer vor so genannten Leersuchen, vor allem in Einsätzen, wo man nur in höchstens einem Drittel aller Fälle die Person tatsächlich findet (mehr dazu auf Seite 226). Ist die Opferbindung jedoch gefestigt, hat der Hund eine innere Motivation, Menschen zu suchen. Dann muss man sich keine

Sorgen machen, wenn mal eine Leersuche vorkommt. Ein weiterer, oft vergesener Aspekt ist, dass alle Konditionierungstheorien letztendlich davon ausgehen, dass Tiere weder denken noch besonders viel fühlen können. Die Väter der operanten Konditionierung, John B. Watson und Burrhus Frederic Skinner, betrachteten den Hund als leeres Blatt Papier, das mittels Reiz-Reaktionsmuster beschrieben werden kann. Sie gestanden den Vierbeinern nur einige grundlegende Gefühle wie Angst und Schmerz zu, der Rest war Instinkt und rein triebgesteuert. Obwohl dem kaum ein Hundehalter heutzutage noch zustimmen würde, werden Hunde überwiegend konditioniert. Alle Hörzeichen basieren nur auf Konditionierung. Natürlich lassen sich dem Hund durch Konditionierung bestimmte Verhaltensmuster beibringen, das sind aber nicht mehr als oberflächliche Kunstgriffe. Ich sehe im Hund keine Maschine, die es richtig zu programmieren gilt. Ich sehe ihn als fühlendes und denkendes Lebewesen und möchte ihn daher auf einer viel tieferen Ebene erreichen, als durch Konditionierung je möglich ist. Ich möchte ihn zur Mitarbeit für mich gewinnen.

Für Hunde macht es einen Unterschied, ob das, was sie lernen sollen, zu ihrer Eigenart und ihren Fähigkeiten passt oder ob der Zweck einer Handlung nur darin besteht, am Ende ein Stück Futter zu bekommen. Bieten wir dem Hund Aktivitäten an, die seiner Natur entsprechen, hält er diese für sinnvoll. Für artgerechte Aktivitäten ist der Hund von sich aus (intrinsisch) motiviert und braucht keine künstliche, von außen kommende (extrinsische) Motivation. Für einen Pointer ist eine Stöberjagd inklusive Vorstehen und Anpirschen das Nonplusultra, für einen Schweißhund das Verfolgen einer Wildfährte. Das Fressen nach der Jagd gehört zwar mit dazu, ist aber eher das Sahnehäubchen auf dem Stück Kuchen. OPFERBINDUNG hat das Ziel, dem Hund die Suche nach einem Menschen als einen naturnahen Ersatz zu präsentieren. Man könnte es auch in Computersprache sagen: Die »Datei Wild« wird still gelegt und die »Datei Mensch« aktiviert. Die Futter- oder Spielzeugbelohnung verstärkt die Motivation des Hundes, ist aber, zumindest bei meiner Ausbildung, nicht der alleinige innere Antrieb bei der Suche.

3.4 Extra-Cash: Ist Motivation käuflich?

Mir ist ein weiteres Problem bei ständiger Futterbelohnung aufgefallen: Die Hunde beginnen, uns zu manipulieren. Sehr schnell haben die Tiere begriffen: »Tue ich was, bekomme ich was dafür« und drehen den Spieß um: »Ich tue nur was, wenn ich etwas dafür bekomme.« Wer bewegt also wen, der Mensch den Hund oder der Hund den Menschen? Leistung bringt Wurst, aber gilt deswegen auch der Umkehrschluss? Bringt Wurst auch Leistung? Wir wissen aus der menschlichen Verhaltensforschung, dass durch die Erhöhung des Reizniveaus von außen, also durch Belohnungen oder durch so genannte Boni, der Eigenantrieb sinkt.

Extra-Cash: Ist Motivation käuflich?

Geld schafft Erbsenzähler

»Kinder sind per se motiviert zu helfen«, meint Harvard-Psychologe Felix Warneken »Wer sie für ihre Hilfeleistungen belohnt, der schwächt dadurch ihren inneren Drang, helfen zu wollen.« Ähnliches sagt der Psychologe Edward Deci von der University of Rochester. In einem seiner Experimente belohnte er Kinder fürs Puzzlespielen – also für eine Tätigkeit, die sie von sich aus gerne ausführen. Wiederum wirkte die Belohnung destruktiv. Geld schafft Erbsenzähler.

Jene Kinder, die Süßigkeiten fürs Puzzeln bekamen, verloren schneller die Freude daran als Kinder, die gar nicht erst entlohnt wurden. Mark Lepper schließlich, Psychologe an der Universität Stanford, wies bereits vor Jahren nach, dass sich die Fähigkeit von Kindern, Denksportaufgaben zu lösen, auf eine ganz einfache Weise zerstören lässt: indem man ihnen eine Belohnung verspricht.

»Nach Angaben der Psychologin Nicola Baumann von der Universität Trier belegen mittlerweile mehr als 100 Studien, dass Belohnung die Eigenmotivation schwächt. Und diese Aussage gelte nicht nur fürs Kinderzimmer, sondern auch in den Bürogebäuden und Produktionsstätten erwachsener Menschen, wo man glaubt, dass am ehesten Geld, Urlaub oder Sonderzahlungen die Leistungsbereitschaft steigerten.

Das Gegenteil sei der Fall, sagt Lepper. Wer für seine Arbeit bezahlt wird, der folgert unwillkürlich, dass er nicht um der Sache selbst willen arbeitet, sondern nur fürs Geld – und das sei eine fatale Umdeutung. Ein profaner äußerer Anreiz schiebe sich dann über das ursprünglich hehre innere Handlungsmotiv. Verhalten lässt sich nicht durch äußere Anreize oder Sanktionen beliebig an- und ausschalten. Und Projekte wie die Online-Enzyklopädie Wikipedia beweisen mittlerweile, dass motivierte Menschen auch für Null-Honorar ihr Bestes geben.«[*]

Diese Erkenntnisse aus der menschlichen Verhaltensforschung stimmen nachdenklich. Sicherlich lässt sich nicht alles 1:1 auf den Hund übertragen, aber eins ist klar:

Anstatt: »Was kann ich noch tun, um ihn zu motivieren?« könnte man auch fragen: »Was habe ich alles getan, um ihn zu demotivieren?«

Viele Hunde arbeiten deshalb nicht zuverlässig, weil das Fundament nicht richtig gelegt und OPFERBINDUNG mit einem »Bezahlsystem« verwechselt wird. Bindung entsteht aber nicht durch eine materielle Abhängigkeit. Im Gegenteil, durch die ständige »Bezahlung« verschieben sich die Gewichte von dem Interesse am Tun hin zum Interesse an der Belohnung. Im Übungsbetrieb kann man häufig beobachten, dass sich Hunde vom »Opfer« abwenden, sobald sie merken, dass dieses kein Futter mehr hat. Ohne Futter oder Spielzeug, keine Bindung.

[*] N. Westerhoff in der Süddeutschen Zeitung vom 02.09.2009

3. KOMPONENTE | Opferbindung – Der Wille zu finden

Anreizen mit Futter oder Spielzeug, leider ein gängiges Prozedere bei den meisten Ausbildungen.

Oft werden auch – wie hier – übertrieben energiegeladene Aktionen seitens des Helfers gezeigt, um den Hund »triebig« zu machen. Ein Ausbildungsfehler, der dem Hund eine »Ich-werde-bedient-Mentalität« beibringt.

Außerdem drängt die Aussicht auf Belohnung den Hund dazu, nach einfachen und schnellen Lösungen zu suchen. Doch ich bin überzeugt: Eine an der Aufgabe orientierte Aufmerksamkeit kann durch eine von außen kommende, nicht in der Sache selbst liegende Belohnung nicht gesteigert werden!

Der Irrglaube vieler Hundeführer, den Hund durch immer höhere Anreize zum zuverlässigen Arbeiten bewegen zu können, schlägt mir auf vielen Seminaren, aber auch schon vorher entgegen. Zum Beispiel bei den Fragebögen zur Selbstauskunft, die ich gerne im Vorfeld verschicke.

Hier ein Beispiel:

Was können wir gut?
Ball spielen

Wo haben wir Probleme:
Ich finde den Schalter nicht, mit dem ich meinen Hund zum Arbeiten bekomme.

Was erhoffe ich mir?
Noch interessanter für meinen Hund zu werden.

Spezielle Fragen?
Mein Hund benötigt zum Finden in einem fremden Revier ständig neue Anreize, um bei der Sache zu bleiben. Was kann ich tun?

Spezielle Wünsche
Anregungen für ein Training, das meinen Hund hinter dem Ofen hervorlockt.

Die geschilderten Probleme haben meistens denselben Ursprung. Ich erkläre das anhand eine Vergleichs:
Mal angenommen, ich würde als Dienstleistung kein Hundetraining anbieten, sondern einen Backkurs. Zu mir kommen Kunden, die wissen möchten, wie sie ihren Lieblingskuchen verfeinern und verbessern können. Viele kommen mit derselben Frage nämlich: »Herr Schweda, mein Kuchen ist zu süß. Wie viel Zucker muss ich noch hinzufügen, damit der Kuchen besser schmeckt?«
Dann erkläre ich meinen Back-Schülern, dass hier ein Missverständnis vorliegen muss, und es ja auch widersinnig sei zu meinen, mehr Zucker würde helfen. Es braucht weniger Zucker – und, das ist für die meisten Backgehilfen zunächst überraschend, – auch eine Prise Salz!

Der Hund soll sich um die Aufmerksamkeit des Menschen bemühen, nicht umgekehrt. Er wird zu viel bestochen statt bestätigt. Futter kann ein Hilfsmittel sein, ebenso gut wie Spielzeug. Futter oder Spielzeug sind aber nie das eigentliche Ziel an sich. Im Mittelpunkt steht immer der Mensch.

Die Mineralölfirmen »Super« und »Hyper« veranstalten alljährlich nach dem Vorbild der Universitäten Oxford und Cambridge einen Ruderwettkampf im Achter. In den letzten Jahren hat das »Super«-Boot immer verloren. Die Geschäftsleitung von »Super« beschließt darauf hin, die Videoaufzeichnungen der letzten Rennen zu analysieren: Im »Hyper«-Boot erkennt man acht Ruderer und einen Steuermann. Zum allgemeinen Erstaunen sieht man im »Super«-Boot aber acht Steuermänner und nur einen Ruderer. »Was können wir da machen?«, fragt der Geschäftsführer den Personalleiter? Darauf dieser: Motivieren! Den Mann besser motivieren!« [*]

[*] Reinhard K. Sprenger: Mythos Motivation

TEIL II: DAS REGELWERK

3.5 Die Basis: Die Waage aus Respekt und Interesse

Die Grundlage für eine stabile OPFERBINDUNG ist die Beziehung zwischen Hund und Halter. Hier lernt der Vierbeiner die Grundregeln im Umgang mit dem Menschen und die Waage aus Respekt und Interesse kennen. Bei der OPFERBINDUNG soll der Hund das, was er »zu Hause« kennen gelernt hat, auf Fremde übertragen. Mangelt es an Respekt oder an Interesse gegenüber dem Hundeführer, fehlt die Basis, um genau diese auf fremde Personen zu beziehen.

Um herauszufinden, wie stark die Bindung zwischen einem Hund und seinem Menschen ist, stelle ich dem Hundeführer beim ersten Treffen gerne verschiedene Aufgaben. Eine davon ist, den Hund in einem vorgegeben Radius an sich zu binden, ohne dabei Hilfsmittel wie Futter, Spielzeug, den Namen des Hundes oder Hörzeichen zu verwenden. Wenn dem Hund die Bindung zur wichtigsten Person, seinem Hundeführer fehlt, wie soll er sich dann auf fremde Personen einlassen können?

Zum Vergleich: Es ist beinahe unmöglich, Kindern in der Schule etwas beizubringen, wenn sie zuvor nicht gelernt haben, stillzusitzen, zuzuhören und mitzudenken. Der Lehrer muss viel Energie investieren, nur um sich Gehör zu verschaffen. Viel leichter ist es, wenn Kinder die »Gesprächsregeln« von zu Hause kennen und so verinnerlicht

Die Basis: Die Waage aus Respekt und Interesse

Die Grundlage jeder Spezialisierung ist die Beziehung: Egal, ob Flächensuchhund, Trümmersuchhund oder Mantrailer, am Anfang jeder Ausbildung steht immer das Team aus Mensch und Hund.

haben, dass sie sie nicht mehr in Frage stellen. Hunde, die gelernt haben, sich sozial angepasst zu verhalten, mit »ihrem« Menschen »Ja« und »Nein« zu kommunizieren, sind ebenso leicht auszubilden, wie gut erzogene und aufnahmebereite Schüler. Solche Hunde sind es gewohnt, zuzuhören, gesprächsbereit zu sein und Interesse am Menschen zu zeigen. Selten muss der Helfer solchen Hunden aktiv Grenzen setzen, so dass Lernen am Erfolg und durch Lob und Bestätigung geschieht. Fehlt diese Basis, tun sich Ausbilder und Helfer ebenso schwer, wie Lehrer mit desinteressierten Schülern, die weder still sitzen noch aufmerksam sein wollen.

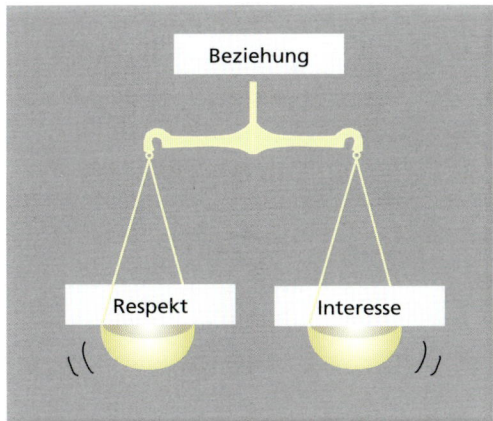

RICHTIG: Eine Mensch-Hund-Beziehung, bei der die Waage aus Respekt und Interesse/Vertrauen im ausgependelten Gleichgewichtsbereich ist. Der Mensch bedient beide Waagschalen gleichermaßen, um eine ausgeglichene Beziehung aufzubauen.

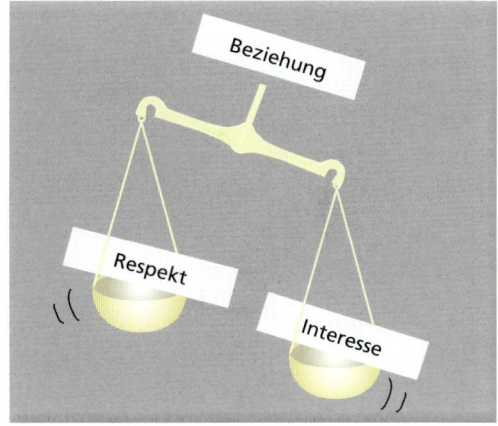

FALSCH: Eine Mensch-Hund-Beziehung, die aus dem Gleichgewicht geraten ist. Hier investiert der Mensch über die Maßen in soziale Interaktionen. Er ist sehr bemüht, die Aufmerksamkeit des Hundes über »bitte, bitte, mach doch mit« aufrecht zu erhalten. Die Folge: Die Waage aus Respekt und Interesse kippt. Durch eine gezielte Respektsmaßnahme »jetzt handle ich und gebe etwas vor« könnte dieses Ungleichgewicht wieder in die Waagrechte gebracht werden.

Ist der Respektanteil beim Hund zu gering, versuchen die Helfer oft, die fehlende Gesprächsbereitschaft durch Anreize auszugleichen. Nach dem Motto »Nun motivier ihn mal so richtig!« wird der Hund nach allen Regeln der Kunst bedient. Futter oder Spielzeug können zwar einen gewissen Anreiz schaffen, meistens sind die Hunde aber nicht bereit, allein dafür lange und intensiv zu suchen.

OPFERBINDUNG, nach meinem Verständnis, bedeutet idealerweise, dass der Hund so stark auf den fremden Menschen fixiert ist, dass alles um ihn herum nebensächlich wird und es keiner weiteren Stimuli bedarf. Ziel der OPFERBINDUNG ist, dass der Hund eigenständig und zuverlässig arbeitet, egal, was kommt! Viel wichtiger als die Aussicht auf eine Futterbelohnung oder ein Spielzeug ist die Aussicht auf eine echte Beziehung.

Besser als nur Wiener Würstchen oder Käse: Ein Mensch, dem man vertraut und bei dem man sich geborgen fühlen kann.

Dazu müssen die Vierbeiner lernen, sich intensiv auf den Menschen einzulassen. Gelingt dies, ist die innere Verbundenheit zum Menschen ein weitaus stärkeres Fundament als Würstchen je sein können.

Die OPFERBINDUNG ist für uns der wichtigste, zeitintensivste und komplexeste Teil der gesamten Ausbildung. Sie ist Kommunikation mit einer guten Portion Intuition. Wir veranschlagen dazu einige Monate. Bei Hunden, die das Regelwerk nicht schon als Junghund erfahren haben, sogar über ein halbes Jahr. Das setzt voraus, dass die jeweiligen »Opfer« im Übungsbetrieb selbst auch motiviert, spielfreudig und bereit sind, sich in diese Beziehung einzubringen.

> *»Intuition ist Blitzgeschwindigkeit potenziert mit Urteilsvermögen«*,
> meint Frank Farrelly, Begründer der provokativen Therapie.

Polizeihauptmeisterin Bianka Mauermann von der sächsischen Diensthundeschule in Naustadt kam 2009 mit dem bereits einjährigen Bluthund Franklin zu mir in die Ausbildung. Franklin hatte keinerlei »Vorbildung« in Sachen Mantrailing und interessierte sich für alles andere mehr als für fremde Menschen. Nach meinem Motto: Suchen kann der Hund bereits, haben wir mit Franklin 7 Monate lang nur OPFERBINDUNG gemacht. Mittlerweile ist Franklin ein erfolgreich arbeitender Einsatzhund.

OPFERBINDUNG beschreibt die Beziehung des Hundes zum Menschen an sich und seine Motivation, sich auf fremde Personen willig einzulassen und sich an sie zu binden.

OPFERBINDUNG ist ein festes Regelwerk, bestehend aus

- **Interesse und Vertrauen**
  Wird erzeugt durch Körpernähe, Bewegung, Aktion, Kreativität. Die Botschaft: Ja, das ist richtig. Ja, das gefällt mir.

- **Respekt**
  Wird erzeugt durch Grenzen:
  1. passiv: durch Bewegungseinschränkung wie Leine halten und nicht weiter lassen und
  2. aktiv: durch das Stören oder Angriff. Die Botschaft: Nein, das ist falsch! Nein, das gefällt mir nicht, also lass es sein.

Der Hund soll auf der Basis eines klar vereinbarten Regelwerks handeln, ohne auf weitere Anreize zu bestehen. Diese Rahmenbedingungen nennen wir auch Gesprächs- oder Höflichkeitsregeln. Sie gelten zwischen Mensch und Hund generell.

3. KOMPONENTE | Opferbindung – Der Wille zu finden

Wie viel Spaß beide miteinander haben können, wenn der Hund die Gesprächsregeln kennt und der Mensch kreativ ist, zeigen die folgenden Bilder:

1. Die simpelste Form der OPFERBINDUNG: Den Hund an die Leine nehmen und losgehen. Auch hier gilt, nicht bitten oder locken, sondern führen.

2. Ist der Hund gesprächsbereit, dann ist alles möglich, zum Beispiel auch eine überraschende Wendung ...

3. Ganz wichtig dabei, positive Rückmeldung, wenn's passt.

4. Es gibt jetzt nichts Wichtigeres, als diesen einen Menschen. Solange er es einfordert, bleibe ich im Gespräch.

5. Jetzt will der Mensch spielen ...

6. ... und der Hund macht mit, auch ohne Futter oder Spielzeug.

7. Auch mal abwarten können ...

8. Dann findet der Hund die Lösung ...

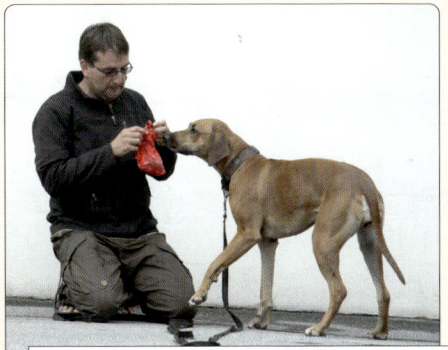

9. ... und wird dafür jetzt mal mit Futter belohnt.

10. Komm, ich will weiter mit Dir spielen, aber nach meinen Regeln!

11. Anschluss verpasst

12. Wiedergefunden

13. Weitergespielt – aber nach wie vor nach den Regeln des Menschen.

14. Und das tut noch nicht mal weh!

Ein wesentlicher Punkt meiner Ausbildungsphilosophie ist, dass zuerst einmal der Hund lernt, worum es eigentlich geht. Und zwar bevor ein Mensch, der noch nicht weiß, was er tut, ans andere Ende der Leine gehängt wird. Wenn beide noch Anfänger sind, und der Hund noch nicht gelernt hat, was er machen soll, wird er durch unsachgemäßes Leinenhandling und falsche Bewegungen beeinträchtigt. Deshalb lege ich Wert darauf, dem Hund durch die Arbeit mit einem geschulten Helfer erst mal klar zu machen, was von ihm erwartet wird. Dann erst fange ich mit dem Hundeführer an.

3.6 Regel Nr. 1: Bestätigen statt bestechen

Die wichtigste Regel bei der Opferbindung lautet: Nicht bestechen, sondern bestätigen! Der entscheidende Unterschied zwischen Bestechung und Bestätigung ist, dass Sie bei der Bestechung dem Hund immer erst die Belohnung in Aussicht stellen müssen, damit er mitmacht. Die Bestätigung erhält er immer erst danach, also nachdem er sich entschieden hat, das zu tun, was Sie von ihm erwarten. Ein einfaches Beispiel: Wenn Sie möchten, dass ein fremder Hund Kontakt zu Ihnen aufnimmt, besteht die Möglichkeit, ihn mit hoher freundlicher Stimme und Futter in der Hand heranzulocken. Die Entscheidung zu kommen, liegt dann beim Hund. Die andere Möglichkeit ist, sich in der Hundesprache auszudrücken und ihn körpersprachlich einzuladen, ihn regelrecht neugierig zu machen, indem man

Falsch: Bestechung! Die Belohnung wird demonstrativ in Aussicht gestellt. Das Futter steht dadurch in der Wertigkeit über dem Menschen.

Richtig: Körpersprachliche Einladung, die den Hund neugierig machen soll.

Richtig: Bestätigung! Das Futter wird erst gezückt, wenn der Hund gekommen ist und sich dafür interessiert, was der Mensch tut.

z.B. abgewandt in die Hocke geht, wenn er gerade mal herschaut und interessiert an etwas herumnestelt. So sieht er nicht, was der Mensch gerade tut, und muss ganz herankommen. Das erfordert gutes Timing und das richtige Maß an Einladung und Kreativität. Eine andere Möglichkeit ist, einfach zu abzuwarten, bis er von sich aus entscheidet, sich Ihnen zuzuwenden und diese Entscheidung dann zu bestätigen.

OPFERBINDUNG

bedeutet, sich aufeinander zu beziehen, nicht einseitig zu bedienen! Zu Beginn werden die Übungen so aufgebaut, dass der Hund kaum Fehler machen und daher am Erfolg lernen kann.

3.7 Regel Nr. 2: Korrektur erwünscht

Ein Kardinalfehler, der nicht nur bei der OPFERBINDUNG gemacht wird ist, dem Hund eine Alternativhandlung anzubieten, statt ihm die Information zu geben, was er falsch macht. Ich erkläre das zunächst an einem alltäglichen Beispiel: Wir alle geben unserem Hund oft das Hörzeichen »Sitz«. Wenn er das Hörzeichen zwar befolgt, aber nach kurzer Zeit selbständig wieder auflöst, was machen wir dann meistens? Wir sagen wieder »Sitz« und meinen: »Oh, jetzt war ich aber konsequent und habe ihm gesagt, dass es falsch war aufzustehen.« Nein, haben wir eben nicht. Genau hier liegt der Denkfehler. Die Information, dass er etwas falsch gemacht hat, bekommt der Hund nicht. Für ihn beginnt lediglich ein neues Hörzeichen, nämlich ein zweites Mal »Sitz«. Um die Information »Du machst gerade einen Fehler« anzubringen, muss ich just in dem Moment korrigieren, wo der Hund entscheidet, sein Hinterteil einen Zentimeter vom Boden zu nehmen. Und das mit einer Unterlassungsgeste und nicht mit einem erneuten Hörzeichen, nachdem der Fehler schon lange vorbei ist.

Dasselbe passiert bei der OPFERBINDUNG. Wenn der Hund sich abwendet, um sich mit anderen Dingen zu beschäftigen, versuchen die meisten Leute ihn zu animieren, wieder zu kommen. Sie machen »psssst«, locken, kramen Futter oder Spielzeug aus der Tasche, ohne dem Hund die Information zu geben, was er eigentlich falsch macht. Wir dagegen sagen deutlich: »HEY!« Damit versteht der Hund ganz klar, weggehen ist falsch. Wenn er danach wieder kommt, wird er bestätigt. Also wichtig: Erst die Korrektur, damit der Hund versteht, was er nicht soll. Dann die abgestimmte und freundliche Information, wenn er das Richtige tut.

3. KOMPONENTE | Opferbindung – Der Wille zu finden

Es ist ein Riesenunterschied, ob wir uns bei der OPFERBINDUNG erlauben zu sagen: »HEY! FALSCH!« Oder ob wir den Hund ohne diese Information heranlocken. Die wichtigste Regel, nämlich, dass es unerwünscht ist, das Opfer zu verlassen, bekommt der Hund sonst nicht mit.

Bei der Arbeit mit dem Helfer lernt der Hund: Am Opfer gibt es keine Diskussion. Sondern, dort sein, dort bleiben, anzeigen, fertig. Dieses Regelwerk muss durch die OPFERBINDUNG ganz klar definiert werden. Genau so, wie bei der Bindung zum Hundeführer. In manchen Hundeschulen wird Ihnen vorgemacht, Sie könnten Ihren Vierbeiner ohne jedes »Nein«, ohne Konflikte, nur »positiv« erziehen. Das ist realitätsfern. Das klappt weder bei Hunden noch bei Kindern. Wenn Ihre Kinder zu Hause die Wände mit Wachsmalkreide bemalen, werden Sie auch nicht versuchen, sie mit Nintendo davon abzulenken. Und wenn der Hund Ihnen die Tapeten abnagt oder die Möbel demoliert, werden Sie ihn nicht in die Mitte des Wohnzimmers locken und dort ins »Platz« legen.

Regel Nr. 2

Der innere Antrieb, finden zu wollen, ist der Motor des Hundes in der Suche.

Sondern Sie machen ihm klar, dass das nicht geht. Das ist der springende Punkt. Und deshalb ist auch die OPFERBINDUNG kein Bespaßen des Hundes in der Reinform, sondern es ist ein Regelwerk. Und das Regelwerk heißt: Da sein, da bleiben und dafür gibt es auch noch was zu fressen!
OPFERBINDUNG nach diesem Regelwerk formt und intensiviert den Findewillen.

Der Geruch einer fremden Person soll den Hund anziehen wie ein Magnet.

Die Voraussetzungen für eine gute OPFERBINDUNG sind:
- **Ein Hund** mit einer natürlichen Unbefangenheit gegenüber Menschen. Diese Unbefangenheit ist großteils genetisch bedingt und kann nicht ausgebildet, sondern nur gefördert werden.
- **Ein Hundeführerr**, der in der Beziehung zu seinem Hund die Waage aus Respekt und Vertrauen im Gleichgewicht hält.
- **Helfer**, die mitdenken, mitfühlen und blitzschnell handeln können, um in der Kommunikation mit dem Hund immer derjenige zu sein, der führt, also Aktionen setzt, anstatt nur zu reagieren.

TEIL III: DER RAHMEN ODER DAS GATTER

3.8 Den Rahmen konstruieren

Theoretisch wäre es möglich, das Verhalten des Hundes am Opfer zu formen (shapen), ohne ihm aktiv eine Grenze zu setzen. Das heißt, immer dann, wenn der Hund das Richtige tut, sich also dem Opfer zuwendet, bekommt er eine Bestätigung. Unerwünschtes Verhalten wird nicht korrigiert, sondern ignoriert. Das würde methodisch funktionieren, wenn der äußere Rahmen entsprechend gesetzt wird. Was heißt das? Um derart zu arbeiten, müssen die äußeren Bedingungen so gegeben sein, dass der Hund keine Möglichkeiten hat, Fehler zu machen. Ich könnte mit ihm zum Beispiel in eine geschlossene, leere Garage gehen. Wenn ich mich dort einfach hinsetze, merkt er recht schnell, dass ich das einzig Interessante bin. Er wird ohne weiteres bereit sein, sich mit mir zu beschäftigen, denn dafür wird er zusätzlich noch belohnt. Da ist es gar nicht nötig, Grenzen zu setzen. Hat aber jemand eine Tüte Frolic in der Garage verstreut, sieht die Sache anders aus. Da werde ich allein mit positiver Verstärkung nicht weit kommen. Sondern jetzt muss ich dem Hund klar machen: Lass das Futter und beschäftige dich mit mir! Anstatt in eine Garage zu gehen, könnte man auch auf einem leeren Parkplatz arbeiten. Dann sollte man den Bewegungsspielraum des Hundes allerdings wegen der fehlenden räumlichen Begrenzung mit einer Schleppleine einschränken.

Wieder anders sieht die Sache im Wald oder gar in einer Fußgängerzone aus. Will ich in so einem Umfeld nur mit positiver Verstärkung arbeiten, muss ich unter Umständen sehr lange warten, bis der Hund verstanden hat, dass er nicht in der Gegend herumschauen, sondern sich mit mir beschäftigen soll. Auf diese Weise brauche ich nicht nur mehr Zeit und Geduld, sondern mache es dem Hund auch unnötig schwer. Nochmal zusammengefasst: Mit einer Schleppleine kann ich mir ein künstliches Gatter schaffen. Das heißt, der Hund geht weg und bleibt am Ende der drei Meter einfach stehen, weil die Leine ihn begrenzt. Jetzt brauche ich nichts weiter tun und warte ab. Überlegt der Hund: »Was soll ich machen?« Lasse ich ihm Zeit. ABER: Und das ist wichtig zu verstehen, falls sich der Hund aktiv gegen mich entscheidet, weil bei drei Meter zehn das Würstchen am Boden liegt, dann warte ich nicht ab, sondern mische mich ein und stelle klar: Wenn ich mich mit Dir beschäftige, kümmerst Du Dich nicht um das Würstchen! Das bedeutet: Ist der Rahmen gesetzt, warte ich ab. Entscheidet sich der Hund aktiv gegen mich, wie in dem Beispiel mit dem Würstchen bei drei Meter zehn, greife ich ein und löse den Konflikt nicht durch Heranlocken und Animieren, sondern korrektiv. Nur so lernt der Hund: Das eine ist falsch, das andere ist richtig. Da so ein fester Rahmen meistens nicht vorhanden ist, weil wir im Alltag arbeiten, kommt das Shapen als Methode wenn überhaupt nur ganz zu Anfang der

Ausbildung in Frage. In einer ablenkungsreichen Umgebung lasse ich erst gar nicht zu, dass der Hund etwas komplett Falsches tut. Wenn er sich auf etwas anderes konzentriert als auf mich, gebe ich ihm eine Rückmeldung, damit er versteht, was ich will. Und damit definiere ich:

> **Der Hund, der die OPFERBINDUNG vollends verstanden hat,**
> **und das dauert ein gutes halbes Jahr*,**
> - **kommt zum Opfer,**
> - **schließt hinter sich die Tür des Gatters und sagt:**
> - **»hier bin ich, hier bleibe ich, hier fühle ich mich wohl.«**

> **Und das ist unser Ziel.**

3.9 Und so geht's

3.9.1 Erste Stufe: Ich und Du!

Die ersten Übungseinheiten finden in einer Umgebung mit möglichst wenig Ablenkung statt. Der Hund kann bereits in diesem frühen Stadium der Ausbildung das Suchgeschirr tragen, damit er es mit Arbeitsanfang und -ende verknüpft. Das ist ein Extra-Nutzen, aber es ist auch kein Fehler, es zu einem späteren Zeitpunkt der gefestigten OPFERBINDUNG anzuziehen. Die Leine wird am Halsband befestigt, denn nur zur Suche hängt man sie ans Geschirr. Dort dient sie als Halt und nicht zur Korrektur. Es ist grundsätzlich nie falsch, den Hund beim Einarbeiten mit einer Schleppleine abzusichern. Der Helfer hat mehr Handlungsspielraum, da er den Hund leicht begrenzen kann, in dem er die Leine festhält oder darauf tritt.

*Der Innnere Schweinehund, Vortrag von Marco Freiherr von Münchhausen, DVNLP Kongress Köln, 2011, beruft sich auf die Wissenschaft, die sagt: ein halbes Jahr bei wöchentlicher Betätigung mit der neuen Verhaltensweise, 6–8 Wochen bei täglicher Anwendung der neuen Verhaltensweise, um dieses Verhalten als Gewohnheit zu etablieren.

3. KOMPONENTE | Opferbindung – Der Wille zu finden

1. Begrüßung und ...

2. ... Kontakt aufnehmen.

3. Nette Unterhaltung ...

4. ... mit Freundlichkeiten/Zärtlichkeiten.

5. Keine Lust mehr auf Unterhaltung ...

6. .... Mensch ist nicht einverstanden

Opferbindung über Bewegung:

7. Gespräche führt man gerne auch in Bewegung.

8. Wer nicht mehr zuhört, wird ermahnt ...

9. ... es wird abgewartet ...

10. ... und danach unterhält man sich wieder.

11. Auf Menschen achten und die Futtertube sein lassen ...

12. ... bis Mensch meint, Futtertube könnte interessant für alle sein.

3. KOMPONENTE | Opferbindung – Der Wille zu finden

13. Sie wissen beide, was drin ist ...

14. ... aber nur einer bekommt die Leberwurst.

15. Kein Boden ist zu hart, um ehrliche Sympathie auf Augenhöhe zu zeigen ...

16. ... damit das Gespräch sogleich wieder albern werden kann.

17. Der Mensch beendet das Gespräch, ...

18. ... indem er den Hund ins Auto zurückbringt.

»Zwei allein« im Stadtgetümmel.

Ganz beiläufig werden spielerisch die unterschiedlichsten Körperhaltungen, Auffindesituationen und Verhaltensweisen eines Opfers eingeübt. Im Umgang mit dem Hund kann der Helfer singen, hüpfen, springen, liegen – der Fantasie sind keine Grenzen gesetzt! Der Hund lernt: Es gibt nichts Wichtigeres, als den Menschen, der sich gerade mit mir beschäftigt! Hat der Hund das Regelwerk verinnerlicht, macht man OPFERBINDUNG sogar am Bahnhof, in der Fußgängerzone oder neben der Hundewiese im Park. Wichtig ist, dass der Hund zu Beginn der Ausbildung an einem Übungstag bei allen Durchgängen mit demselben Helfer arbeitet. Während des Übungstages kann der Hund ohne weiteres drei oder vier Sequenzen mit diesem Helfer arbeiten, aber nie so lange, bis das Tier die Lust verliert. Ein Wechsel der Helfer innerhalb eines Übungstages empfiehlt sich erst später, wenn der Hund verinnerlicht hat, dass das Regelwerk der Mensch-Hund-Beziehung auch für wechselnde Personen gilt. Bekommt er zu kurz hintereinander verschiedene Helfer an einem Übungstag präsentiert, hat er die Chance, direkt zu vergleichen. Er merkt schnell, dass das eine Opfer geschickter und interessanter als das andere ist, und trifft eine Entscheidung für den einen und gegen den anderen Menschen. Außerdem, ohne es zu wollen, entwickeln wir als Hundeführer Verständnis und denken: »Na ja, der stellt sich auch komisch an. Mit dieser ungeschickten Person würde ich jetzt auch nicht gerne spielen.« Und das ist bereits der erste Schritt in die falsche Richtung.

3.9.2. Zweite Stufe – Tritt an!

1. Anschirren mit Fokus nach vorne auf das Opfer.

2. Ausblenden, dass der Hundeführer hinten rumnestelt.

3. Für das »Konzentrieren nach vorne« gibt es Bestätigung aus der Futtertube.

1. Lernen »sich ins Geschirr zu legen« ...

2. ... »sich gegen den Hundeführer durchzusetzen« ...

3. ... und dafür eine Bestätigung zu bekommen.

4. Den Antritt üben: Hund wird am Halsband gehalten, dann losgelassen ...

5. Der Hundeführer soll lernen, mit der Leine am Geschirr die Vorwärtsbewegung ohne Rucke und mit konstanter Spannung zu regulieren.

6. Für diesen Vorwärtsdrang wird die Bestätigung aus der Jackentasche geholt.

3.9.3 Dritte Stufe – Riech dran!

1. Der Hund wird am Halsband gehalten, die Jacke als Geruchsartikel ausgelegt.

2. Das Opfer ist nach wenigen Metern außer Sicht ...

3. ... und geht so weit, dass der Hund, nachdem er um die Ecke ist, die Nase benutzen muss.

4. Der Hund wird am Halsband zum ausliegenden Geruchsartikel geführt ...

5. ... läuft darüber und kann dabei den Geruch aufnehmen.

6. Der Hund kommt um die erste Ecke und ...

7. ... setzt die Nase ein.

8. Gefunden!

9. Freude!

10. Warten auf das Futter. Dazu setzt sich dieser Hund schon mal hin.

11. Ausschirren während das Opfer noch mit dem Hund spielt.

12. So nicht: Lange Optikflucht und hoher Triebanreiz durch Rennen und Rufen.

Nicht die Optik, sondern der Geruch soll das Team bei der Suche zum Opfer führen. Daher ist so ein Tarnanzug ein tolles Hilfsmittel, wenn der Helfer im Grünen sitzt und sein Gesicht verbirgt. Gut vorbereitet blieb der AHA-Effekt für den Hundeführer selten aus.

3.10 Geruchsbilder kontra Opferbilder

Bei der Flächensuchhundeausbildung ist es üblich, so genannte »Opferbilder« zu trainieren. Zuerst lernen die Hunde, nur sitzende und liegende Personen anzuzeigen. Haben sie das verstanden, beginnt man, dieses optische Opferbild zu erweitern und bringt ihnen bei, auch gehende, vor sich hin sprechende, kriechende, um sich schlagende oder nach Alkohol riechende Menschen anzuzeigen. Bis auf den Alkoholgeruch ist das für einen Mantrailer nicht nur völlig überflüssig, sondern auch nicht zielführend, denn der Hund soll ja lernen, nur mit der Nase zu suchen und nicht auf Optik umzusteigen. Durch Opferbilder werden Hunde ausgebildet, die im Zielgebiet mit dem Auge, statt mit der Nase suchen. Der Hund fängt an, Memory zu spielen nach dem Motto: Dieses Bild passt nicht in mein Schema, hmm, dann also weiter, denn du bist es wohl nicht. Außerdem lassen sich nie alle Situationen nachstellen, auf die ein Einsatzhund treffen könnte. Anstelle von optischen Bildern ist es allerdings sinnvoll, verschiedenste Geruchsbilder zu trainieren, denn Blut, Erbrochenes, Urin, Alkohol, Medikamente usw. beeinflussen das Geruchsbild eines Menschen. Außerdem habe ich die Erfahrung gemacht, dass verschiedene Kulturen mit den jeweiligen Essgewohnheiten unterschiedliche Geruchsbilder erzeugen. Daher ist es sinnvoll, mit einem möglichst bunt gemischten Völkchen zu trainieren.

3.11 Frage & Antwort

Kann man die Opferbindung fördern, indem man den Hund hungrig suchen lässt und das Opfer ihn dann füttert?
ARMIN SCHWEDA: Nein, das hat man früher mal so gemacht. Aber wenn der Hund Hunger hat, fördert das lediglich den Trieb aufs Futter. Wir suchen aber Menschen und keine Würstchen. Dasselbe gilt übrigens auch für Spielzeug und das ganze Anreizen am Start. Durch Anreizen entsteht eine Triebspitze und der Hund ist gestimmt wie eine geschüttelte Sektflasche kurz vor dem Knall. Ich möchte aber, dass die Sektflasche einen Dauerdruck hat, den ich dosiert abgeben kann.

Kann denn der Hund in der Opferbindung überhaupt innerhalb kurzer Zeit eine Beziehung zu fremden Menschen aufbauen?
ARMIN SCHWEDA: Es geht nicht darum, dass der Hund in kürzester Zeit eine Beziehung zu irgendjemandem aufbauen soll. Er soll eine gute Beziehung zu Menschen an sich haben und sich an das bei der Opferbindung geltende Regelwerk gebunden fühlen. Die Beziehungsfähigkeit lernt der Hund beim Hundeführer und daraus wird dann generalisiert. Wenn der Hund sich mit einem fremden Menschen in einer für ihn annehmbaren Situation vorfindet, dann sollte er verstanden haben, dass hier dieselben Regeln gelten, wie bei seinem Hundeführer. Die Leitplanken, die um ihn herum gesetzt werden, sind verbindlich. Opferbindung ist das Regelwerk: Mensch finden, dort bleiben, fertig. Und nicht entscheiden, wann gehe ich, wann mag ich nicht mehr, wann will ich woanders hin. Das sind alles Fragen, die bereits ganz klar beantwortet sind. Wenn der Hundeführer im Zusammenleben mit seinem Hund kein so klares Regelwerk lebt, hat der Helfer es sehr schwer. Und wenn Du Helfer hast, die das nicht durchsetzen, lernt der Hund, es gibt Dödel und es gibt Menschen, die wissen, was sie wollen und sich auch durchsetzen.

Gibt es keinen anderen Weg, als über die Opferbindung zu arbeiten? Was ist mit Futter oder Spielzeug als Motivationsmittel?
ARMIN SCHWEDA: Den meisten Hunden geht es beim Spielen nur um den blöden Ball, nicht um den Menschen. Der Hund spielt erst mal mit und versucht, eine Strategie zu entwickeln, wie er schnellstmöglich an den Ball herankommt. Genau das will ich nicht, den Hund mit einer Ersatzhandlung bespaßen. Wenn ich einen Menschen suchen will, dann kann nur der Mensch das Endziel sein und zwar gerne mitsamt dem Ball. Außerdem ist diese Arbeit zu anstrengend und dauert zu lange, als dass der Hund nur über Spaß bis zum Ende durcharbeiten wird. Das Abitur schafft auch niemand bloß mit der Aussicht auf eine tolle Reise hinterher. Disziplin und Durchhaltevermögen gehören eben dazu, wenn man gewisse Ziele erreichen möchte.

Die Arbeit macht dem Hund also nicht immer nur Spaß?
ARMIN SCHWEDA: Richtig, Arbeit macht nicht immer nur Spaß. Unterwegs gibt es ja so viele interessantere Dinge zu entdecken. Da sind wir wieder bei dem Thema, dass das »Menschen finden« eine künstliche Beschäftigung ist. Wäre der Mensch im Hund genetisch so verankert wie ein Reh, bräuchten wir keine Opferbindung.

Aber viele Hunde sind doch ganz verrückt nach ihrem Spielzeug und tun alles dafür.
ARMIN SCHWEDA: Das ist ja gerade das Problem. Wenn Du das so aufbaust, dass Du ein anderes Triebziel hast als den Menschen, muss der Hund sozusagen über den »Umweg Mensch« an seinen »Kick« kommen. Also wird er Strategien entwickeln, um diesen Umweg zu umgehen. Er wird den direkten Weg suchen. Allein der Gedanke, wie käme ich denn anders ran, wie könnte es auch anders gehen, ist überflüssig und auch kontraproduktiv. Wenn das Ziel Mensch heißt, dann sollte der Hund sich gar nicht erst fragen, wie er den Menschen umgehen könnte.

Die Opferbindung kann ich alleine nicht aufbauen. Dazu braucht es viele gute Helfer. Ist das nicht ein Problem?
ARMIN SCHWEDA: Du hast nun mal gute Helfer und weniger gute. Da wurde früher oft der taktische Fehler gemacht, wenn Helfer A nichts getaugt hat, hat man den Tag wenigstens mit einer guten Übung abgeschlossen, nämlich mit Helfer B, der gut war. Im »Idealfall«, weil der Hundeführer sonst die Krise bekommen hätte, nicht erst am Ende des Trainingstages sondern gleich im Anschluss an die »misslungene« Übung. Das ist derselbe Denkfehler wie in diesem Spielkreis. Im Spielkreis lernt der Hund innerhalb von fünf Minuten, es gibt fähige Menschen, die etwas durchsetzen, und es gibt Dödel. Und genau das will ich dem Hund nicht beibringen. Bei meiner Art der Opferbindung hat der Hund, wenn er im Aufbau ist, pro Übungstag nur einen Menschen. Egal, ob der fähig ist oder nicht. Da es ja nicht rein um Bespaßung geht, kann jeder Mensch das durchsetzen. Natürlich erfährt der Hund, wenn er beim Opfer bleibt, dort angenehme Dinge – was das auch immer ist. Darüber hinaus liegt auch hin und wieder der Futterbeutel am Boden, und in dem Moment, wo der Hund dorthin gehen würde, erlaubt sich der Helfer zu sagen: »Lass das! Es geht um mich, nicht um die Wurst.« Und der Hund ist trotzdem freudig mit dabei. Das erleben wir ja ständig.

Was antwortest Du jemandem, der einen Hund hat, der sozial sehr unsicher ist und trotzdem Mantrailing machen möchte?
ARMIN SCHWEDA: Die Opferbindung ist eine Chance für den Hund. Wenn aber der Hund ein Einsatzhund werden soll, und nicht davon überzeugt werden kann, dass Mensch gut und findenswert ist, dann ist das nicht vereinbar.
Wer trailen will, kommt am Menschen nicht vorbei. Eine Alternative wäre vielleicht, Familienmitglieder zu finden, zu denen der Hund eine gute Bindung hat. Auch bei

Familienmitgliedern kommt es allerdings vor, dass der Hund jemanden favorisiert und sagt: »Der Paul, der ist mir relativ egal, aber die Maja, o.k., da mache ich mit.«
Du kannst das Leben des Hundes rosa anstreichen, aber hilfst Du ihm damit wirklich?

Kann man mit jeder Hunderasse trailen?
ARMIN SCHWEDA: Im Prinzip ja. Man kann mit jeder Rasse oder jedem Hundetyp trailen, so wie man mit jedem Auto von A nach B fahren kann. Zum Trailen muss der Hund im Wesentlichen zwei Dinge können: Individualgerüche und frische von alten Spuren voneinander unterscheiden. Dazu ist jeder Hund von seiner Genetik her in der Lage. Allerdings ist nicht jedes Individuum gleich gut geeignet. Ganz zu Anfang des Buches habe ich ja schon beschrieben, dass es Hunde gibt, die eher stöbern und solche, die eher vorhandenem Geruch nachgehen. Das ist eine Frage der individuellen Veranlagung. Einen typischen Stöberer zum Trailer auszubilden ist in etwa so sinnvoll, wie von einem Rechtshänder zu verlangen, mit links zu schreiben. Ein Stöberer kann ebenso gut Trailen, wie ein Rechtshänder mit links Tennis spielen. Die Frage ist also, wie sinnvoll das ist, nicht ob er es prinzipiell könnte. Daher sollte man, unabhängig von der Rasse, unbedingt zuerst testen, wie der Hund veranlagt ist, bevor man eine Ausbildung anfängt. Das kann man zum Beispiel machen, indem man den Hund »seinen« Menschen suchen lässt und beobachtet, wie er das macht. Guckt er, stöbert er oder nimmt er das, was da ist, also den Trail oder eine Bodenverletzung? Bringt er die entsprechende Veranlagung zum Trailen mit, muss man zudem schauen, ob der Hund nicht nur trailen kann, sondern ob der auch trailen will. Und damit sind wir wieder beim Thema Opferbindung.

Wie ist das zu verstehen?
ARMIN SCHWEDA: An der Rettungshundearbeit ist das Künstliche das »Findenwollen« eines Menschen. Die Suche an sich ist das Natürliche. Die Frage ist, verspürt der Hund den Drang, dem Geruch eines fremden Menschen zu folgen und diese Person unbedingt finden zu wollen? Die Komponente Opferbindung handelt davon, den Hund so auszubilden, dass er fremde Personen überhaupt auffinden will. Eine gute Opferbindung ist stärker als jeder Strick. Die Opferbindung ist der Motor des Hundes in der Suche und ihre Bedeutung wird oft unterschätzt oder nicht richtig verstanden.

Was genau wird oft falsch verstanden bei der Opferbindung?
ARMIN SCHWEDA: Anstatt eine Opferbindung aufzubauen, wird der Hund lediglich konditioniert, sein Spielzeug oder seine Lieblingsleckerlis zu suchen. Während der Mensch auf der Suche nach einer vermissten Person seinem Tier hinterherläuft, sucht der Hund nach Spielzeug oder Futter. Mensch und Hund haben unterschiedliche Ziele und sind daher kein gutes Team. Die Aussicht auf Spielzeug oder Futter reicht bei langen und schwierigen Trails oft nicht aus, um den Hund bei der Stange zu halten. Kommen die Hunde nicht an, liegt es meistens nicht daran, dass sie nicht könnten, sondern

daran, dass sie nicht besonders viel Lust haben, einen fremden Menschen zu finden. Oder wenn man es weniger psychologisch und mehr biologisch ausdrücken möchte: Der Geruch einer fremden Person löst den Hund einfach nicht aus. Ein Hund mit einer guten Opferbindung dagegen, wird von fremden Menschen praktisch angezogen wie ein Magnet. Ziel der Opferbindung ist es also, im Hund den inneren Antrieb zu wecken, sich so brennend für fremde Personen zu interessieren, dass Mensch und Hund in der Suche dasselbe Ziel verfolgen. Je besser die Opferbindung im Hund verankert ist, also je mehr Findewillen er hat, desto erfolgreicher wird das Team sein.

Klingt logisch, aber warum machen es so viele falsch?
ARMIN SCHWEDA: Laien denken oft, man müsse den Hund in der Suche ausbilden. Das ist falsch, denn suchen kann jeder, auch der Schoßhund von nebenan. Opferbindung ist ein soziales Lernen, kein formales. Der übliche Weg über Futter oder Spielzeug ist deshalb schwierig, weil dem Lernziel der soziale Bezug fehlt. Es geht um Menschen, nicht um Futter.

Wie lange dauert es, bis der Hund eine gute Opferbindung hat?
ARMIN SCHWEDA: Ich rechne meistens mit einem guten halben Jahr. Denn einen guten Rettungshund zu formen ist zu 90 % Basisarbeit. Diese Basisarbeit besteht im Wesentlichen darin, den Hund im »Findenwollen« auszubilden. Die Abstimmung von Mensch und Hund in der Suche, beansprucht nur etwa 10 % der ganzen Ausbildungszeit. Suchen können die Hunde ja bereits; was sie allerdings lernen müssen ist, einen Geruch zu suchen, der ihnen vorgegeben wird. Hier geht es also mehr um das Thema »Wollen« als um das Thema »Können«. Außerdem sammeln die Hunde im Laufe der Zeit jede Menge Erfahrungen. Es ist ein großer Unterschied, ob ich einen Jungspund oder einen alten Hasen an der Leine habe.

Wie finde ich den passenden Hund, wenn ich gerne Mantrailing machen möchte?
ARMIN SCHWEDA: Die Frage ist, was will ich erreichen? Für professionelles Mantrailing ist der Hund nicht nur ein Familienmitglied oder Partner, sondern ein Arbeitsmittel, dessen Qualität an bestimmte Eigenschaften gebunden ist und von dem Menschenleben abhängen können. Die Frage, wie hoch die Ziele des Halters sind, ist also essentiell für die Auswahl des passenden Hundes. Kein Jäger geht mit einem Border Collie auf die Pirsch und Schäfer pferchen ihre Schafe nicht mit Terriern ein. Warum soll man also ausgerechnet dort, wo es um Menschenleben geht, wahllos irgendeinen Hund einsetzen?

Kommt im professionellen Bereich nur der Bluthund in Frage?
ARMIN SCHWEDA: Für das Trailen ist der Bluthund in etwa dasselbe, wie der Ferrari für die Formel 1. Ein Bluthund macht weder Obedience, noch Agility. Du hast Glück, wenn Du mit ihm einigermaßen durch den Alltag kommst. Aber zum Trailen gibt es keine Rasse, bei der man mit größerer Wahrscheinlichkeit ein geeignetes Tier findet.

Wie geeignet ist denn der Schäferhund, das ist doch der klassische Hund für den Polizeidienst?

ARMIN SCHWEDA: Einen Schäferhund kannst Du, wenn er eine Trailveranlagung hat, natürlich auch ausbilden. Aber er ermüdet viel schneller, zum Beispiel wenn er durch ein Einkaufszentrum trailen muss. Nach 10 Minuten ist oft Schluss, weil der Hund mental-konditionell am Ende ist. Von der Nase her könnte er noch weiterarbeiten, aber seine Konzentration ist einfach dahin. Wenn dagegen der Bluthund den Geruch aus der Tüte bekommt, dann schaltet der alles andere ab. Wenn ich meinen JoJo nach so einem Trail fragen könnte: »Na, wie viele Menschen hast Du denn hier gesehen?«, würde er wahrscheinlich antworten: »Waren hier Menschen?« Deshalb rennt der in so einer Situation auch mal irgendwo gegen. Er hat halt nur seine Geruchswelt und ansonsten kann man nicht viel mit ihm anfangen. Aber mit einem Bluthund hast Du die Chance, die gesamte Bandbreite des Trailens abzudecken. Diese Rasse ist, was Spuralter und -länge betrifft, allen anderen überlegen. Ausdauernd, laufstark und mit der allerfeinsten Nase ausgestattet, brauchst Du Dir mit einem Bluthund an der Leine keine Sorgen darüber zu machen, wie lang der Trail sein wird, und auch ältere Spuren von bis zu drei Wochen sind machbar. Vorausgesetzt natürlich, der Hund ist richtig ausgebildet. Ein Bluthund ist keine Garantie dafür, einsatzfähig zu werden. Seine Ausbildung erfordert immense Sachkenntniss, eben weil diese Rasse so speziell ist.

Kann ich schon mit dem Welpen anfangen zu arbeiten und wenn ja, wie lang dürfen die Übungseinheiten sein?

ARMIN SCHWEDA: Ja, man kann vom ersten Tag an mit dem Welpen arbeiten, im Wesentlichen an der Beziehung zum Hundeführer und an der Opferbindung. Die Sucharbeit kommt erst später. Erst mal muss der Hund lernen, was er finden soll. Wie lange eine einzelne Trainingseinheit bei der Opferbindung dauert, spielt für den Hund keine so große Rolle, wenn die Übung richtig gemacht wird. Es ist also ohne weiteres möglich, auch mit einem Welpen eine Viertelstunde am Stück Opferbindung zu machen. Meistens halten es die Menschen aber nicht so lange durch und machen Fehler. Die Frage ist also, kann der Mensch über einen längeren Zeitraum konsequent die einfache Grundstruktur durchhalten – warten bis der Hund kommt bzw. da bleibt und nicht bestechen sondern bestätigen? Verliert der Welpe nach einer Zeit das Interesse, geraten wir schnell unter Stress. Anstatt einfach abzuwarten, bis er wieder Kontakt aufnimmt, greifen wir automatisch in die Tasche, holen ein Würstchen raus oder machen die typischen lockenden Geräusche. Und schon sind wir wieder in die Bestechungsfalle geraten. Wenn der Mensch also lange am Stück Opferbindung macht, ist die Gefahr groß, dass der Hund etwas Falsches lernt.

Wann ist die Opferbindung abgeschlossen?

ARMIN SCHWEDA: Wenn der Hund zu mir als Opfer kommt und hinter sich das Gatter schließt, ohne mein Dazutun. Der Hund gibt sich selber den Rahmen, sagt, hier bin ich, hier bleibe ich, hier fühle ich mich wohl.

*D*ie Hoffnung stirbt nicht, sie krepiert. »Willst Du mich nicht wiederhaben?«, stand in ihrer letzten SMS. Er hat sie nicht beantwortet. Sie hatten sich gestritten, mal wieder. Vorwürfe hagelten. Dann war sie gegangen, hatte die Türe hinter sich zugeknallt. Nun brannte das schlechte Gewissen. Sie hatte das Haus schon vor vielen Stunden verlassen. Sich bei niemandem gemeldet. Wenn Menschen verschwinden, tauchen plötzlich Wahrheiten auf. Der Polizeibeamte sagte nüchtern, ihr Fahrrad sei auf einem Wanderparkplatz am Ortsrand gefunden worden, in den Büschen. Keiner hat etwas gesehen, niemand weiß, was geschah. Nichts von ihren privaten Dingen fehlt, sie hat nichts mitgenommen, in der Pfanne noch Reste ihrer letzten Mahlzeit.

Fragen über Fragen von schlichten Beamten. Das Blaulicht, dutzende rottragende Einsatzkräfte. Der Trubel vor seinem Haus mitten in der Nacht hatte schon längst alle Nachbarn an die Fenster und Haustüren geholt. Doch er ist sich sicher, dass es das einzig Richtige war, die Vermisstenanzeige aufzugeben. So etwas hatte sie noch nie gemacht. Doch nichts ist, wie es zu sein scheint, plötzlich steht alles in Frage. Ein Abgrund tut sich auf. Und Wut macht sich breit: Was mutet sie mir da überhaupt zu! Lüge, Verbrechen, Selbstmord? Oder Rache?

Menschen gehen verloren. Gestern waren sie noch da, telefonierten, plauderten, verabredeten sich. Heute sind sie spurlos verschwunden. Warum auch immer.

4. KOMPONENTE
Der Handwerkskoffer

*Ob du denkst, du kannst es,
oder du kannst es nicht:
Du wirst in jedem Fall Recht behalten.*

Henry Ford, US-amerikanischer Autobauer und Gründer der Fordwerke
(1863–1947)

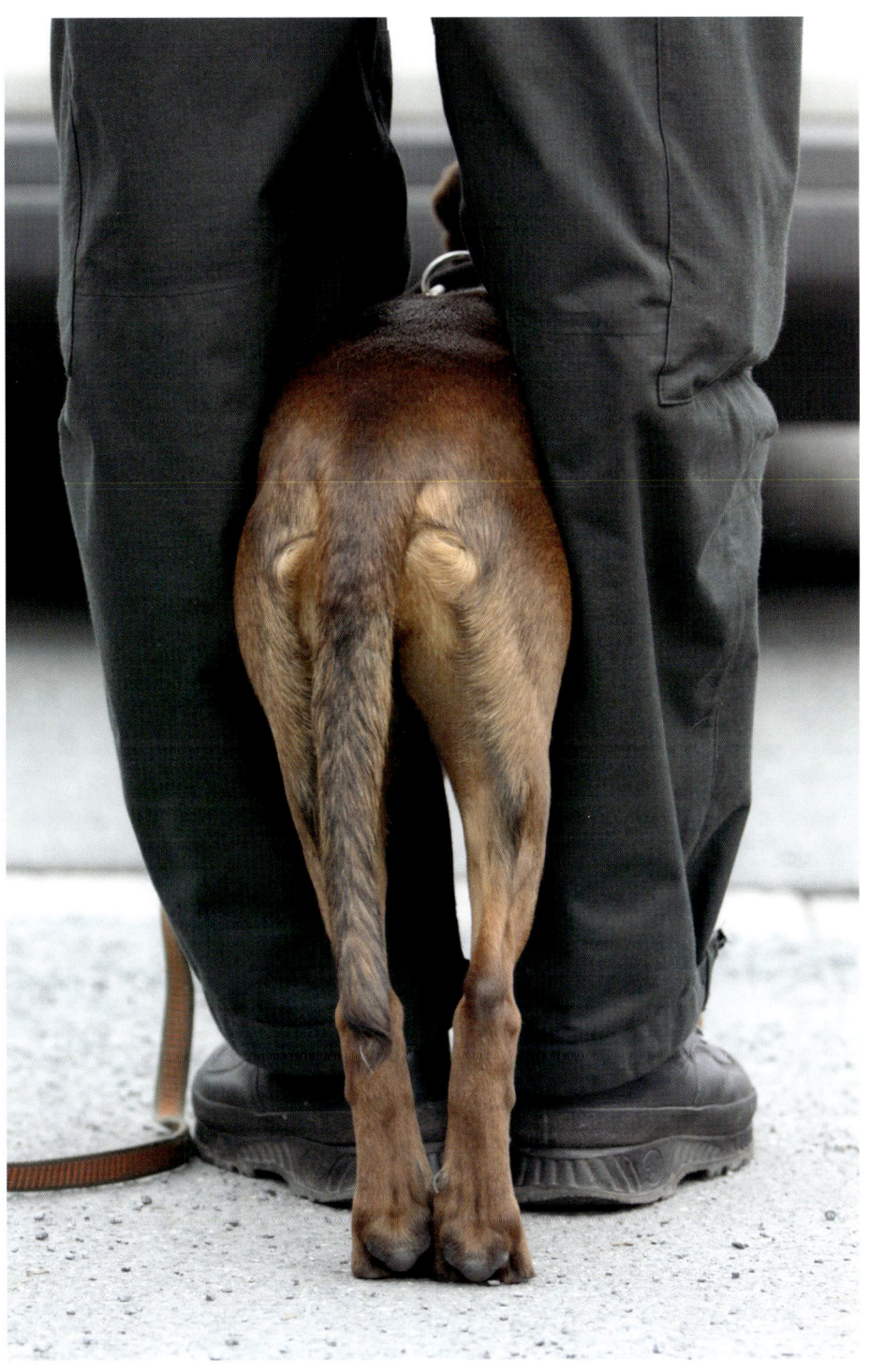

4.1 Wenig Eingebung, viel Schweiß

»Genie ist nur ein Prozent Inspiration und zu 99 Prozent Transpiration«, so formulierte es der Erfinder der Glühbirne Thomas Alva Edison. Um etwas gut zu können, brauchen Sie ein wenig Eingebung und viel Schweiß. Auch Mantrailing kann man nicht lernen, indem man gemütlich auf dem Sofa sitzt und dieses Buch liest. Sie müssen es tun und zwar oft. Am besten zusammen mit einem erfahrenen Ausbilder. Der Autor Malcolm Gladwell hat für sein Buch »Überflieger« Biographien großer Unternehmer und Erfinder auf die Geheimnisse ihrer Erfolge abgeklopft. Eine seiner Schlussfolgerungen war die 10.000 Stunden-Regel. »Denn so lange muss man etwas lernen, proben, tun, um zum Experten zu werden«, so Malcom. Verlassen Sie sich bei Ihrer Ausbildung also auf niemanden, der weniger Stunden »auf dem Buckel« hat.

Nenne keinen weise, ehe er nicht bewiesen hat, dass er eine Sache von wenigstens acht Seiten her betrachten kann.
Konfuzius, chinesischer Philosoph (vermutlich 551 v. Chr. bis 479 v. Chr.)

Die Erfahrungen und das Wissen, welches ich in mehr als 10.000 Stunden Mantrailing zusammengetragen habe, möchte ich an Sie weitergeben. Zumindest das, was in Buchform möglich ist.

4.2 Viele Wege führen nach Rom, nur wenige sind beleuchtet

Wer etwas erlernen möchte, steht meistens vor der Frage, nach welcher Technik oder Methode er am besten vorgehen soll. Das ist beim Yoga oder Reiten nicht anders als beim Mantrailing. Die einen schwören auf gewisses Zubehör, besonderes Futter oder bestimmte Körperhilfen. Andere beginnen immer nur im »Grünen«, also im Wald oder auf der Wiese. Techniken und Methoden sind keine Dogmen. Ich vergleiche sie eher mit Werkzeugen in einem Handwerkskoffer. Je besser dieser Koffer bestückt ist, desto mehr kann ich damit ermöglichen. Es ist in meinen Augen daher falsch zu sagen, man darf nur mit einer bestimmten Leinenlänge arbeiten. Es wäre ja auch dumm, immer nur dieselbe Zange zu benutzen, wenn man fünf verschiedene zur Auswahl hat.

Wenn dein einziges Werkzeug ein Hammer ist, sieht jedes Problem wie ein Nagel aus.
Abraham Harold Maslow US-amerikanischer Psychologe (1908–1970)

Das richtige Werkzeug, aber auch das »Gewusst-wie« können ein Schlüssel sein zu einem neuen Raum der Erkenntnis, zu einer neuen Ebene des Könnens. Wer einen Handwerkskoffer hat, der nur eine einzige Zange enthält, ist ebenso eingeschränkt in seinen Möglichkeiten, wie derjenige, dessen Werkzeugkoffer mit allen verfügbaren Spezialzangen bestückt ist, aber keine Ahnung hat, wie er sie richtig benutzt. Beides kommt beim Mantrailing vor. Zum Beispiel, wenn Leute verschiedenste Seminare besuchen, sich hier und da Werkzeuge, also Methoden, einpacken und so zwar in den Besitz eines reichhaltig bestückten Koffers kommen, aber der Überblick, wann nehme ich was und wie setze ich es richtig ein, fehlt. Mitunter werden auch Vorgehensweisen gelehrt, die absolut keinen Sinn machen. Einige davon sind sogar recht gebräuchlich, wie den Weg, den der Spurleger gegangen ist, mit Fähnchen oder Sprühkreide zu markieren. Ich lehne das ab, weil das Markieren dazu führt, dass der Mensch sich vorstellt, sein Hund müsse dort laufen, wo die Fähnchen stecken. Weicht der Hund von der gelaufenen Strecke ab, wird er unter Umständen durch den Hundeführer korrigiert, obwohl er am Geruch arbeitet, also nichts falsch macht. Diese Korrektur kann bewusst oder unbewusst geschehen. Nach dem sorgfältigen Lesen dieses Buches werden Sie in der Lage sein, verschiedene Methoden zu hinterfragen und selbst Gründe zu nennen, warum etwas sinnvoll sein kann oder nicht.

I VOR DEM START

4.3 »Erleuchtung geht nicht durch den Darm«

Dies ist einer meiner Lieblingssätze. Er stammt von seiner Heiligkeit dem Dalai Lama. Damit wollte er ausdrücken, dass die Art, sich zu ernähren, zwar Einfluss auf Körper und Geist hat, aber allein durch das, was man isst, wird man noch längst kein besserer Mensch. So ähnlich wie mit dem Essen und der Erleuchtung verhält es sich mit der Ausrüstung und dem Trailen. Das Zubehör muss passen, macht aber noch keinen guten Trailer aus.
Die wesentlichen Ausrüstungsgegenstände sind das Trailgeschirr und die Leine. Dabei ist natürlich wichtig, ein gut sitzendes Geschirr und eine angenehm in der Hand liegende Leine zu haben.
Neben Geschirr und Leine brauchen Sie noch Dinge wie

- ein Halsband für den Hund
- ein Leuchthalsband/eine Leuchtweste für den Hund
- eine Warnweste für Sie selbst
- eine Stirnlampe für die Arbeit im Dunkeln
- Wasser und Bestätigung für den Hund
- eventuell Handschuhe
- idealerweise ein GPS-Gerät zur Dokumentation der gelegten Spur und des Suchverlaufs
- und natürlich einen Geruchsartikel – ab einem gewissen Ausbildungsstand verpackt in einer geruchsneutralen und chemikalienfreien Plastiktüte (z.B. Gefrierbeutel)

Wer viel draußen ist, weiß es zu schätzen: Mit einem GPS-Gerät lassen sich Trails hervorragend ausbringen und dokumentieren. Die besten Erfahrungen haben wir mit den Geräten der Firma Garmin gemacht.

Garmin hat in Zusammenarbeit mit der Rettungshundestaffel des BRK Kreisverband Hof das spezielle Gerät Astro® 320 für den Rettungshundebereich weiterentwickelt, das an einem Halsband befestigt ist und GPS-Daten in Echtzeit an ein GPS-Handgerät übermittelt.

4.4 Das passende Suchgeschirr

Braucht man überhaupt ein Suchgeschirr?
Ja, denn es hat drei Funktionen.

- Erstens kann der Hund im Geschirr ungehindert ziehen und freier mit dem Kopf, sprich mit der Nase arbeiten. Denn dazu wurden Geschirre ursprünglich gefertigt: als Zuggeschirr für Hunde, die Karren oder Schlitten ziehen oder zur Schweißarbeit.
- Zweitens stimmt das Anlegen des Suchgeschirrs den Hund auf die Sucharbeit ein. Es bedeutet Arbeitsstart – das Ablegen kennzeichnet das Arbeitsende.
- Drittens lernt der Hund im Laufe der Zeit: Ist die Leine am Halsband befestigt, hat der Mensch die Führung inne. Ist die Leine am Geschirr eingehakt, führe ich.

Hier führt der Mensch. Als Symbol dient die Leine, die am Halsband eingehakt ist. Für Hunde, die sehr stark in ihrer Geruchswelt leben, empfehle ich zusätzlich das Halti, das am anderen Ende der Leine hängt. Damit erleichtert man sich die ständige Diskussion, ob »Meister Nase« nun schnüffeln darf oder nicht, erheblich (vgl. Seite 87). Der Hund soll im Alltag kontrolliert an der Leine gehen und lernen: Ist die Leine am Halsband befestigt, führt der Mensch.

4. KOMPONENTE | Der Handwerkskoffer

Und hier führt der Hund. Er weiß: »Im Suchgeschirr darf ich ungehindert ziehen.«

Das passende Suchgeschirr

Die Machart des Geschirrs kann Einfluss auf die Arbeit des Hundes haben. Dazu folgendes Beispiel: Eine meiner Schülerinnen, Christin, kam eines Tages völlig aufgelöst vor der Ausbildung zu mir und sagte: »Zum ersten Mal in drei Jahren Mantrailing geht mein Hund am Start nicht los. Und auf dem Trail läuft er ganz komisch.« Christin hatte sich bereits viele Gedanken gemacht und überlegt, was die Ursache sein könnte, war aber zu keiner Lösung gekommen. Ich bat sie, einfach ganz normal zu starten. Vielleicht konnte ich ja am Ablauf oder am Verhalten des Hundes erkennen, wo das Problem liegt.
Das erste, was mir sofort auffiel, war, dass der Hund beim Anlegen des Geschirrs wie auf Zehenspitzen stand. Ihm war deutlich unwohl. Deshalb fragte ich sie, ob alles wie gewohnt ablaufe, oder ob sie irgendetwas Neues verwenden oder tun würde. Es stellte sich heraus, dass Christin zwei Wochen zuvor ein neues Suchgeschirr – extra nach Maß – hatte anfertigen lassen, weil die handelsüblichen ihren Hund unter Zug stark würgen. Dabei hatte der Hersteller darauf geachtet, dass der Druck auf den Körper des Hundes nicht vorne auf der Brust liegt, sondern seitlich an den Rippen. Doch die Einengung an ungewohnter Stelle hatte den Hund, ein temperamentvoller, aber kapriziöser Weimaraner, so irritiert, dass er sagte: »Trailen geht nicht.« Zur Kontrolle machten wir einen Trail mit dem alten Geschirr und tatsächlich, der Hund arbeitete wie gewohnt. Die Aufgabe für Christin: Der Hund soll das neue Geschirr über die nächsten Wochen »lieben« lernen.

Dass ein neuartiges Geschirr in der ersten Zeit befremdlich ist, kann passieren. Da muss sich der Hund dran gewöhnen wie unsereins an neue Schuhe. Aber unbequem sollte es natürlich nicht sein oder den Hund gar behindern. Das Problem bei vielen Geschirren ist, dass der Schwerpunkt, also die Öse zum Einhaken der Leine, nicht weit genug hinten am Rücken des Hundes liegt. Dadurch rutscht der Brustriemen unter Zug hoch. Nicht selten drückt er dabei in den Hals des Tieres oder sogar in dessen Kehle. Der Hundeführer bemerkt das oft nicht mal, weil er hinter dem Vierbeiner steht. Deswegen ist es wichtig, beim Anprobieren des Geschirrs, von vorne einen Blick darauf zu werfen, um zu sehen, ob das Geschirr auch unter Zug noch an der richtigen Stelle bleibt.

Zum Trailen sollte der Hund neben dem Geschirr immer auch ein Halsband tragen. Am besten eines mit breiter Auflagefläche. Das Halsband ist wichtig, um ihn vor dem Start und auch später auf dem Trail umhängen zu können. Darauf komme ich später noch zu sprechen.

Die besten Erfahrungen haben wir mit diesem handgefertigten Ledergeschirr gemacht. Die breite Auflagefläche auf der Brust und der tiefe Schwerpunkt am Rücken sorgen dafür, dass es den Hund bei der Arbeit nicht beeinträchtigt.

Die meisten Geschirre sehen dagegen so aus. Sie haben eine geringe Auflagefläche an der Brust und tendieren dazu, vor allem unter Zug, in den Halsbereich zu rutschen und dem Hund auf die Kehle zu drücken oder ihm die Luft abzuschnüren, ... so wie hier (rechtes Bild).

Halsband mit breiter Auflagefläche.

4.5 Die Leine und das Leinenhandling

4.5.1 Das Material

Leinen sollen gut in der Hand liegen. Aber gute Gefühle sind individuell. Deswegen möchte ich an dieser Stelle kein bestimmtes Material empfehlen. Nur so viel: Bewährt haben sich flache Leinen, da die runden schneller durch die Hand rutschen und ohne Handschuhe leichter Verletzungen verursachen können. Ansonsten kann ich nur raten: Probieren Sie aus, mit welchem Material Sie am besten zurechtkommen. Für das Führen von schweren und starken Hunden empfehle ich unbedingt Handschuhe.

4.5.2 Die passende Länge

Die jeweils passende Leinenlänge ist in erster Linie abhängig davon, wo Sie trailen. Deswegen ist es nicht sinnvoll, sich pauschal auf eine bestimmte Meterzahl festzulegen, aber tendenziell ist es besser, mit einer kurzen als mit einer langen Leine zu arbeiten. Dafür gibt es mehrere Argumente: In Stadtgebieten ist es schon aus Sicherheitsgründen kaum möglich, dem Hund viel Spielraum zu lassen. Auf dem Bürgersteig nehme ich die

Leine sogar so kurz, dass ich unmittelbar hinter dem Hund bin. Damit verhindere ich, dass er plötzlich in die Straße tritt. Und im Wald verheddert man sich hoffnungslos im Gestrüpp oder zwischen Bäumen, wenn die Leine lang ist. Mit einer größeren Distanz zum Hund kann man daher nur in offenem Gelände laufen, ohne dass es entweder gefährlich wird oder man mit der Leine irgendwo hängen bleibt.

Ein weiteres Argument für die kurze Leine ist die leichtere Handhabung. Für den Hundeführer ist es wesentlich schwerer mit einer langen Leine zu arbeiten, als mit einer kurzen. Je mehr Meter Sie in der Hand haben, umso mehr sind Sie auf dem Trail mit Aufnehmen und wieder Nachgeben beschäftigt. Zudem tendieren einige Hunde an der langen Leine dazu, aufgeregt hin und her zu peitschen, während sie an kurzer Leine ruhiger und konzentrierter geführt werden können. Je besser Sie es schaffen, selbst bei ruckartigen und schnellen Bewegungen des Hundes die Spannung immer gleichbleibend aufrecht zu

Das ist in etwa die Leinenlänge, die ich in der Stadt empfehle. Die Spannung der Leine ist gleichbleibend und wird stets aufrechterhalten.

Die passende Länge

erhalten, desto länger darf die Leine sein – sofern die Sicherheit es zulässt. Zugegeben, besser beobachten können Sie den Hund aus einer größeren Distanz. Aber wiegt dieser Grund alle anderen Gründe auf? Wie gesagt, probieren Sie aus, mit welcher Länge Sie und Ihr Hund wo am besten zurechtkommen.

Als Merksatz gilt

Ein Hund, der es gewohnt ist, an kurzer Leine zu arbeiten, arbeitet auch an der langen. Aber nicht umgekehrt. Deshalb lieber an der kurzen Leine einarbeiten, bis das Leinenhandling beim Hundeführer sitzt, um dann alle Leinenlängen optimal auszunutzen.

An der Straße darf die Leine auch noch kürzer sein, bei Hindernissen, zum Beispiel einer Treppe, gerne auch länger.

Hier kann die Leine ruhig auch mal länger sein. Die Spannung wird aber trotzdem aufrechterhalten.

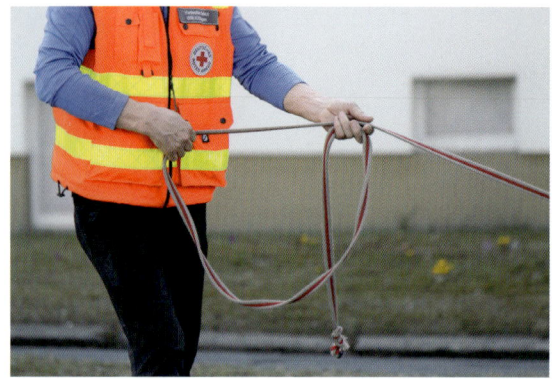

4.5.3 Die richtige Handhabung

Die richtige Handhabung der Leine ist vor allem eines: Übungssache! Man kann sie erst mal ohne Hund mit einem Menschen als Partner trainieren. Hin und wieder sehe ich auch bei Anfängern schon ein tolles Leinenhandling, meistens wenn sie vorgeschult sind. Zum Beispiel durch Kutsche fahren, Pferde longieren oder Seile bedienen, wie beim Klettern.

Fast alle Zweibeiner, die bei dieser Übung »an die Leine genommen« werden, erzählen hinterher, dass der konstante Zug ihnen ein Gefühl der Sicherheit vermittelt hat, dass es sich so ähnlich anfühlt, wie an der Hand gehalten zu werden. Nach meiner Erfahrung empfinden auch die Hunde die konstante Leinenspannung nicht als einschränkend, sondern als stabilisierend. Wie kann das sein? Vielleicht liefert folgende Begebenheit eine Erklärung:

Über den bekannten amerikanischen Bestsellerautor John Irving wurde bisher keine Biographie veröffentlicht. Es heißt, sein Leben sei zu langweilig. »Er steht morgens früh auf, schreibt sieben Stunden, treibt zwei Stunden Sport und geht pünktlich um 21 Uhr wieder schlafen. Ich habe meinem Verleger den Vorschuss zurückgegeben«, sagte ein US-Journalist der Irvings Leben aufschreiben wollte und verzweifelt aufgab.

Die richtige Handhabung

Auch andere bekannte Künstler, darunter Thomas Mann, hatten einen ähnlich strukturierten Tagesablauf. Vielleicht braucht gerade Kreativität als Gegengewicht auf der anderen Seite besonders viel Struktur. Auch wenn der Bogen weit gespannt ist, könnte man darin eine gewisse Parallele zu dem Verhalten der Hunde sehen, wenn sie in schwierigen Situationen geruchlich eine Entscheidung treffen müssen: Hier hat es sich bewährt, dem Hund nicht viel Leinenfreiheit zu geben, sondern im Gegenteil, mehr Struktur über die kurze Leine. Vielleicht bekommen sie dadurch einen ähnlich festen Rahmen wie John Iriving durch seinen streng geregelten Tagesablauf, der ihm auf der andren Seite so viel Kreativität und Konzentration auf seine Arbeit ermöglicht.

4.5.4 Der heiße Draht zum Hund

Für den Hundeführer kann die Leine mit der Zeit wie ein zusätzlicher Tastsinn werden, mit dem er spürt, was der Hund vorne gerade macht. Unser amerikanischer Freund Detective Buck Garner Jr., Louisa County Sheriffs Office, Virginia, der seit über 26 Jahren Bluthunde führt, geht sogar soweit, dass er sich schon mal einen Trail im Park legen lässt und diesen dann mit verbundenen Augen abarbeitet. Nicht unbedingt zum Nachahmen empfohlen! Über die Leinenspannung werden Informationen weitergegeben, natürlich wechselseitig. »The shit runs down the leash«, ist ein beliebter Spruch meiner amerikanischen Ausbilderfreunde. Er bedeutet: Die schlechten Gefühle des Menschen kommen beim Hund ebenso über die Leine an, wie die guten. Beides wirkt sich auf das Verhalten des Hundes aus und ist daher gleichermaßen beeinflussend.

Die wichtigste Regel beim Leinenhandling ist: Der Hund muss nach vorne immer etwas stärker ziehen können, als der Mensch hinten dagegenhält. Dieses ausgewogene Kräfteverhältnis nenne ich fortan Leinenspannung. Erhöht der Mensch die Leinenspannung, indem er zu stark dagegenhält, bremst er den Hund aus, so dass dieser stoppt oder umkehrt. Der Hundeführer sollte seine Laufgeschwindigkeit der Geschwindigkeit des Tieres anpassen, ohne dabei zu rennen. Gleichzeitig muss er die Leinenspannung konstant aufrechterhalten. Wenn der Hund vorne beispielsweise mit einer Stärke zieht, die ich fünf nenne, sollte hinten mit nicht mehr oder weniger als vier dagegengehalten werden. Verringert der Hund vorne auf drei, weil er langsamer wird, »schalte« ich hinten auf zwei runter. Wenn der Hund vorne weniger zieht, halte ich also hinten weniger dagegen.

Der Arm, der die Leinenspannung aufrechterhält, in meinem Fall der rechte, arbeitet wie ein Stoßdämpfer, um Rucke zu vermeiden, wenn der Hund das Tempo wechselt.

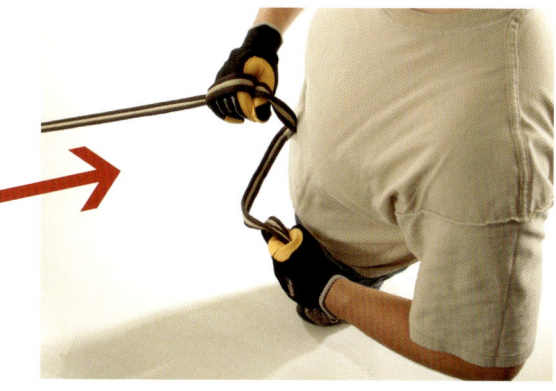

Verlangsamt der Hund das Tempo, ziehe ich den Arm etwas näher an den Körper, um die Leinenspannung aufrechtzuerhalten. Erst dann fasse ich, falls nötig, mit der linken Hand die Leine nach.

Zieht der Hund an, ist der Führarm erst mal der Puffer, der den Stoß leicht abfängt. Dann lasse ich bei Bedarf noch mit der linken Hand mehr Leine raus.

Und wieder rannehmen ...

... und wieder nachgeben, wenn der Hund anzieht.

Angenommen, mein Hund JoJo läuft einen Hang hoch und wird dabei immer langsamer, dann schleiche ich in genau derselben Geschwindigkeit hinter ihm her und verringere die Leinenspannung entsprechend. Würde ich das nicht tun, würde der Hund irgendwann stehen bleiben oder umdrehen, denn dann wäre hinten ein viel stärkerer Zug als vorne. Rennt JoJo wieder los, renne ich nicht hinterher, sondern halte dagegen und lasse mich in der mir angenehmen Geschwindigkeit ziehen.

Doch Achtung: Achten Sie immer darauf, dass hinten nicht stärker dagegengehalten wird als der Hund vorne zieht. Machen Sie sich also nicht zu schwer, sonst ist es für Ihren Hund wie Fahren mit angezogener Handbremse. Gehen Sie gelassen im eigenen Tempo. Sprechen Sie einen hektischen Hund auch mal mit ruhiger Stimme an.

Die wichtigsten Regeln beim Leinenhandling

1. Bei der Suchleine gilt dasselbe Prinzip wie bei der Flexileine: Sie ist immer gespannt. Durch das Spiel der Hände und Arme wird sie ständig angenommen oder rausgelassen. Die Flexileine tut das automatisch, aber leider eignet sie sich nicht zum Trailen, weil man mit ihr nicht sensibel genug führen kann. Der Einzugs-/Ausstoßmechanismus würde jedes Mal einen Ruck verursachen. Den gilt es beim Trailen möglichst zu vermeiden.
2. Vorne muss immer etwas mehr Zug sein als hinten. Denn die gleichmäßige Leinenspannung stabilisiert den Hund. Vor allem hektische Tiere werden dadurch ruhiger und arbeiten konzentrierter.

Und noch etwas: Je mehr die Leine durchhängt, desto schneller kann der Hund werden. Es besteht die Gefahr, dass er sozusagen wegtreibt. Durch die Leinenspannung wird eine gewisse Langsamkeit produziert. Durch diese Langsamkeit gewinnt man einen Hund, der genauer »nachdenkt«. Und keine Angst: Der Trieb des Hundes geht dadurch nicht verloren.

Geruch ist Information

Hunde übersetzen diese für uns unlesbare Information und machen sie durch ihr Verhalten für uns erkennbar. Übersetzt der Dolmetscher jedoch zu schnell, sagen wir: »Langsamer bitte! Ich komme nicht mehr mit.«

Falsch: Nicht ins Hetzen kommen, denn die Füße sind oft schneller als die Nase! Durch die hängende Leine verlieren Mensch und Hund außerdem diesen wichtigen Kontakt.

Jeder Ausbilder hat so seine Themen, bei denen sich ihm die Nackenhaare sträuben. Ein solches Thema ist für mich die Empfehlung: »Mach Dich schwer!«
Dahinter steckt die weit verbreitete Meinung vieler »Experten«: »Wenn Du wissen willst, ob der Hund gerade richtig ist, mache Dich hinten schwerer. Ist der Hund richtig, zieht er Dich weiter. Wenn es falsch ist, wird er umdrehen.« Der Hundeführer zieht an der Leine und ist dann beruhigt, wenn der Hund mit Gegenzug reagiert und sich vorne noch stärker ins Zeug legt. Das Hinterfragen lebt aus der Vorstellung: »Wenn es richtig ist, setzt sich der Hund durch.« Das beinhaltet die Vorannahme, dass der Hund immer zerrt, wenn er sich sicher ist, dass er richtig liegt. Aber ich behaupte, diese Vorannahme ist unzutreffend. Meiner Erfahrung nach hat der Hund in ca. 50 Prozent der Fälle in denen er nach Kräften zieht, etwas anderes in der Nase. Egal, wie sehr man ihn »hinterfragt«, der Hund geht trotzdem weiter in die falsche Richtung. Und ebenso behaupte ich, in 50 Prozent der Fälle, bei denen die Hunde langsam sind, sind sie trotzdem richtig. Würden wir da jetzt noch hinterfragen, also an der Leine ziehen, würden viele Hunde einfach umdrehen nach dem Motto: »O.k., du weißt es besser, dann gehen wir halt nicht hier lang.« Denn im Alltag lernen die Hunde schließlich, nicht ihrer Nase, sondern dem Hundeführer zu gehorchen. Selbst wenn der Hund verstanden hat, dass er im Geschirr die Führung innehat, setzen sich viele in dieser Situation nicht notwendigerweise gegen Herrchen oder Frauchen durch. Vielleicht spüren sie den Zweifel des Menschen an der Leine und beziehen ihn auf das, was sie gerade tun.

Achtung Fehler

Die Nase darf beim Trailen niemals dem Hundeführer gehorchen, sonst läuft der Hund nach Befehl und nicht nach Geruch. Deswegen geben wir keine Hilfen und machen uns auch nicht schwer!

Das Hinterfragen an der Leine ist ein Vertrauensproblem. Der Mensch traut seinem Hund nicht und hinterfragt ihn, um sich selbst zu beruhigen. Aus diesem Grund sind die Komponenten ALLTAGSNEUTRALITÄT und OPFERBINDUNG so wichtig. Wer seinem Hund vertraut, weil er weiß, dass der Vierbeiner Umwelteinflüsse verarbeiten kann und dass er Katzen und Rehe links liegen lässt, muss ihn nicht hinterfragen.

Solange Du zweifelst, kannst Du den Weg nicht finden.
Yogispruch

Wer merkt, dass er sein »Kopfkino« nicht kontrollieren kann und ständig zweifelt, tut gut daran, anzuhalten und einen Stopp einzulegen. Nach der Pause hat der Hund Gelegenheit, sich entweder neu zu orientieren oder die Richtung zu halten. Ein Mensch, der ständig hinterfragt und zweifelt, kostet den Hund außerdem viel Energie, da er sich andauernd gegen ihn behaupten muss.

Die häufigsten Fehler

- Die Leinenlänge ist der Umgebung nicht angepasst, vor allem in der Stadt ist sie zu lang.
- Die Leine hängt durch.
- Die Leine wird zu straff geführt, d.h. hinten ist mehr Zug als vorne.
- Der Hundeführer ist unsicher und hinterfragt über die Leine.

Terry Davis
Präsident der Virginia Bloodhound Search and Rescue Association (VBSAR) und Gründer der International Canine Academy for Search Training (ICAST)

Armin (links), Terry (Mitte) und Mike Belanger, ICAST Instruktor und ehemaliger Diensthundeführer u. -ausbilder, Connecticut State Police K-9 Training Center

Es gibt verschiedene Ansichten darüber, wie lang die Leine beim Trailen sein sollte. Diese Entscheidung muss zwar jeder Hundeführer selber treffen, doch es gilt einiges zu bedenken:
Je größer der Abstand zwischen Hund und Hundeführer ist, desto besser kann der Mensch seinen Hund beobachten und lesen. Das ist ein großer Vorteil. Allerdings ist die Leinenlänge in erster Linie davon abhängig, in welchem Gebiet Sie trailen. In der Stadt halte ich eine Länge zwischen zwei und drei Metern für ausreichend. In offenem Gelände können es durchaus auch mal bis zu acht Metern sein.
Ein gutes Leinenhandling ist wirklich eine Kunst, denn allzu leicht kann man den Hund durch die falsche Handhabung der Leine stören und beeinflussen. Das Wichtigste ist, die Leine stets gleichmäßig zu führen, also mit gleich bleibender Spannung. Die Technik dazu kann man mit dem Auf- und Abspulen einer Angelschnur vergleichen. So, wie man mit der Kurbel an der Haspel einer Angel die Schnur nachlässt und annimmt, ohne sie je durchhängen zu lassen, arbeitet man auch beim Trailen mit der Leine.
Die Leine straff zu halten, hat mehrere Vorteile:
- Zuerst müssen die Hunde lernen, dass es erwünscht ist, wenn sie ziehen. Natürlich nur, im Zusammenhang mit dem Geschirr und beim Trailen. Sie müssen verstehen, dass es o.k. ist, während des Trailens den Hundeführer dorthin zu zerren, wo der Geruch sie hinführt. Und wenn die Leinenspannung dabei schön gleichmäßig bleibt,

können keine Rucke entstehen, die der Hund als Korrektur auffasst. Jedes Mal, wenn die Leine locker durchhängt und der Hund anzieht, gibt es einen Ruck, und das ist zu vermeiden, ganz besonders bei den jungen Hunden, die noch eingearbeitet werden müssen. Bekommt der Hund einen unerwarteten Ruck über die Leine, ändert er möglicherweise sein Verhalten und bleibt vielleicht stehen, wechselt die Richtung oder wendet sich dem Hundeführer zu. Ältere und erfahrene Hunde können so einen Ruck eher verkraften, da sie gelernt haben, sich nicht darum zu kümmern, was der Hundeführer da hinten macht.

- Durch eine gespannte Leine kann der Hundeführer außerdem besser fühlen, was der Hund gerade tut. Insbesondere im Dunkeln, wenn man keine andere Möglichkeit hat, den Hund zu beobachten, ist der Kontakt über die Leine der einzige Weg, Reaktionen des Hundes zu erspüren.
- Eine durchhängende Leine bringt den Hund dazu, sehr viel mehr umherzulaufen. Ich habe beobachtet, dass Hundeführer, die ihren Hund schnell und mit durchhängender Leine laufen lassen, erst lange in die falsche Richtung gehen, bis der Hund etwas merkt und sich korrigiert. So zu arbeiten ist nicht effektiv, weil viel Zeit und Kraft dabei verloren gehen. In Einsätzen macht es außerdem Glauben, dass der Gesuchte in Gegenden war, wo er in Wirklichkeit nie hingekommen ist. Hunde, die an lockeren Leinen gearbeitet werden, gehen das Drei- und Vierfache der Distanzen, die Hunde zurücklegen, die an straffer Leine gehalten werden. Durch die straffe Leine fällt es dem Hund außerdem leichter, sich selbst zu korrigieren. Die Tiere arbeiten akkurater und gehen manchmal auch spurtreuer. Wir erwarten nicht, dass die Hunde spurtreu laufen, doch es ist angenehm, so spurnah wie möglich zu gehen.

4.6 Trainingsaufbau

Dieses Kapitel spricht Themen an, über die sich Hundeführer wie Ausbilder klar sein sollten, noch bevor sie damit beginnen, mit dem Hund zu trailen.

4.6.1 Was ich nicht weiß, macht mich nicht heiß: Soll der Hundeführer wissen, wo der Trail liegt?

Zu dieser Frage möchte ich eine Geschichte erzählen. Manche von Ihnen kennen sie vielleicht. Es ist die Geschichte vom schlauen Hans, dem Pferd, das angeblich rechnen konnte:
War es eine wissenschaftliche Sensation oder war es schlicht Betrug? Um diese Frage zu klären, wurde im Jahre 1904 der Psychologe Carl Stumpf von der Preußischen Akademie der Wissenschaften zu einem Pferd gerufen, das angeblich zählen, rechnen und Fremdsprachen verstehen konnte. Dieses Wundertier mit dem Spitznamen »der schlaue Hans« war damals so populär, dass Stumpf gleich mit zwölf Forschern anreiste, um es zu

untersuchen. Schrieb man eine Rechenaufgabe auf eine Tafel, scharrte das Pferd so lange mit einem Huf auf dem Boden, bis die Lösungszahl erreicht war. Auf diese Art konnte es auch buchstabieren und Gegenstände oder Personen abzählen. Selbst die nüchternen Forscher waren von Hans überrascht, und es dauerte lange, bis einer schließlich auf die Lösung kam, und das war nicht der Professor selbst, sondern Oskar Pfungst, sein Assistent. Hans konnte zwar nicht rechnen, aber dafür feinste Nuancen im Gesichtsausdruck und in der Körpersprache seines menschlichen Gegenübers deuten, egal ob er den Menschen kannte oder nicht. Erreichte Hans die richtige Anzahl beim Scharren mit den Hufen, verstand er die subtilsten Signale in etwa 90 Prozent aller Fälle richtig: Entspannte Schultern, ein leichtes Ausatmen oder eine winzige Neigung des Kopfes, Hans wusste diese Zeichen alle richtig zu deuten. Auf die Schliche kam Oskar Pfungst dem Pferd, indem er eine völlig unbeteiligte Person bat, ihm ein paar Aufgaben zu stellen. Der Unterschied: Diese Person kannte die Antworten selber nicht – und Hans plötzlich auch nicht mehr. Er versagte auf voller Länge, konnte weder zählen noch buchstabieren.

Dieser sogenannte »Kluger-Hans-Effekt« ging als wichtige Erkenntnis in die Wissenschaftsgeschichte ein*.

Wenn nun ein Pferd in der Lage ist, so ein Gespür für den Menschen zu entwickeln, wie gut können uns dann erst unsere Hunde lesen? Wahrscheinlich so gut wie wir Menschen in einem offenen Buch.

* http://de.wikipedia.org/wiki/Kluger_Hans, abgerufen am 01.01.2012

Neueste Forschungen scheinen das zu bestätigen, wie folgender Beitrag aus dem Jahr 2011 zeigt:

Herrchens Gedanken beeinflussen Spürhund

Spürhunde werden von ihren Führern stärker beeinflusst als bisher angenommen. So schlagen Drogenhunde beispielsweise häufiger falschen Alarm, wenn ihr Herrchen davon überzeugt ist, dass sich an einem bestimmten Ort Rauschmittel befinden. Zurückzuführen ist das Phänomen vermutlich darauf, dass die Tiere auf unbewusste winzige Verhaltensänderungen des Hundeführers reagieren. Vor allem die Körperhaltung und die Mimik der Begleitperson seien die wahrscheinlichste Quelle für die ungewollten Hinweise, glauben die Forscher um Lisa Lit von der University of California in Sacramento.

Für ihre Studie rekrutierten die Wissenschaftler 18 Spürhunde und ihre Begleiter. Bei den Tieren handelte es sich meist um Labradore und Deutsche Schäferhunde, die darauf trainiert waren, entweder Drogen oder Sprengstoffe oder beides aufzuspüren. Für ihre Untersuchungen wählten die Forscher einen ungewöhnlichen Ort: Um sicher zu gehen, dass die Ergebnisse nicht durch tatsächliche Drogen- oder Sprengstoffspuren verfälscht werden, führten sie die Experimente in einer Kirche durch. Dazu richtete Lit mit ihren Kollegen vier Räume ein: In den ersten Raum gingen die Wissenschaftler lediglich hinein und wieder hinaus, ohne den Ort in irgendeiner Weise zu manipulieren. In das zweite Zimmer legten sie ein Stück rotes Papier. Im dritten versteckten die Forscher zwei Würste und zwei Tennisbälle. Das Gleiche machten sie auch im vierten Raum – mit dem Unterschied, dass sie hier das Versteck mit rotem Papier kennzeichneten. Anschließend sagten die Wissenschaftler den Hundeführern, dass sich an den mit dem roten Papier markierten Stellen Drogen beziehungsweise Sprengstoffe befinden würden. Dann schickten sie die einzelnen Hund-Mensch-Teams für jeweils fünf Minuten in die Räume, wobei die Hunde die Zimmer in unterschiedlicher Reihenfolge beschnupperten.

Obwohl sich in keinem der vier Räume Rauschmittel oder Sprengstoffe befanden, schlugen die Hunde gleich mehrmals Alarm. Besonders häufig geschah das in den Zimmern mit rotem Papier. Dort gaben die Vierbeiner ihren Führern entweder durch Bellen oder durch Hinlegen zu verstehen, dass sie illegale Substanzen aufgespürt hätten. Die Wissenschaftler vermuten, dass die Fehlwarnungen der Tiere auf unbeabsichtigte subtile Hinweise der Hundeführer zurückzuführen waren – etwa starre Blicke, Nicken oder andere Kopfbewegungen.

In einer nächsten Studie planen die Forscher, die Hunde mit ihren Begleitpersonen zu filmen, um herauszufinden, ob die Hundeführer den Tieren diskrete Signale geben und wie diese jeweils darauf reagieren.*

Wenn der Hundeführer weiß, welchen Weg der Spurleger genommen hat, liegt es in der Natur der Sache, dass er entspannt oder erleichtert ist, wenn sein Hund »richtig« abbiegt, ähnlich wie der Besitzer des klugen Hans, wenn das Pferd die richtige Zahl erreichte. Diese Entspannung ist für den Hund Hilfe genug. Auch wenn wir meinen, keinerlei Reaktion zu zeigen, dieses Gefühl können wir nicht abstellen. Ebenso wenig können wir es künstlich erzeugen, um den Hund zu täuschen. Daher ist es in meiner Ausbildung eher die Ausnahme, wenn die Hundeführer die Trails kennen. Hin und wieder ist nichts dagegen einzuwenden, damit der Mensch das Verhalten des Hundes an kritischen Stellen besser beobachten kann. Wichtig ist, dass sich keine Regel-

---

* National Geographic Deutschland, http://www.nationalgeographic.de/aktuelles/herrchens-gedanken-beeinflussen-spuerhunde, abgerufen am 13.02.2012

mäßigkeit ergibt, die dem Vierbeiner ermöglicht, einen Zusammenhang zwischen den Gefühlen und Gedanken des Hundeführers und seiner Arbeit auf dem Trail herzustellen. Daher ist es besser, wenn der Hund immer dasselbe »Fragezeichen« hinter sich laufen hat.

Nochmal zum Verständnis, es geht hier weder um klitzekleine bewusste Hilfen, noch um unbewusste Signale DAMIT der Hund die richtige Richtung nimmt. Solche Hilfen sind sinnlos, weil sie den Hund unselbständig machen und im Einsatz sowieso niemand die tatsächlich gelaufene Spur kennt. Es geht vielmehr um die Entspannung NACHDEM der Hund die richtige Entscheidung getroffen hat – auch das ist nämlich ein Thema und wird viel zu wenig bedacht!

4.6.2 Was tun, wenn der Hund zum Stöbern neigt?

Solche engen Gassen eignen sich gut für Hunde, bei denen getestet werden soll, ob sie auch ohne zu stöbern ans Ziel kommen können.

Eine Vielzahl von Hunden neigt zum Stöbern. Daher wird man vor allem als Ausbilder immer wieder mit dem Thema konfrontiert sein, vor allem im Freizeitbereich. Denn hier wird weniger nach der Veranlagung des Hundes, sondern nach dem Interesse des Hundeführers entschieden. Um sicher zu gehen, dass der Hund tatsächlich trailt, sollten folgende Punkte in den Trainings beachtet werden:

- **Keine Trails gegen den Wind legen.** Den Spurleger entweder mit dem Wind gehen lassen oder bei Windstille arbeiten.
- **Kanalisierte Übungsgebiete wählen.** Das ist Gelände, auf dem viele Gebäude stehen und wenig Freiflächen zu finden sind, die dem Hund das Stöbern erleichtern können.

- **Die Trails lang genug machen oder den Spurleger ganz aus dem Übungsgebiet herausbringen.** Wie lang der Trail sein muss, damit der Hund nicht über Hochwind findet, ist natürlich abhängig von den Windverhältnissen und von der Umgebung. Die sicherste Methode, den Hund nicht über Hochwind zum Erfolg kommen zu lassen, ist, den Spurleger vollkommen aus dem Übungsgebiet herauszubringen. Dann hat der Hund zwar keine Möglichkeit, bei diesem Trail am Ende zum Erfolg zu kommen, aber es lässt sich gut beobachten, ob er versucht, nach Individualgeruch zu stöbern oder ob er das Trailverfahren favorisiert. Diese Variante wähle ich hin und wieder, um den Hund zu testen. Auf Dauer ist dies natürlich nicht das Mittel der Wahl. Eine pfiffigere Idee ist, den Spurleger am Ende »luftdicht« zu verpacken, also in einem Fahrzeug warten zu lassen oder hinter einer Automatiktür, wie zum Beispiel in einer Bankfiliale. Der Vorteil dieser Methode liegt auf der Hand: Der Hund bekommt beim Auffinden der Person seine Bestätigung.

Praxistipp

Mit Junghunden nie zwei Trails mit unterschiedlichen Läufern direkt hintereinander machen, ohne eine Pause dazwischen einzulegen. Das bedeutet: Den Hund ausschirren, ins Auto bringen, ein paar Minuten warten und dann neu starten. Erst wenn der Hund gefestigt ist, sollte man zwei unterschiedliche Gerüche unmittelbar hintereinander abarbeiten.

4.6.3. Grün oder Grau – wo starten?

Häufig beginnen Anfänger mit den ersten Trails im Grünen, also im Wald oder auf einer Wiese. Nach einiger Zeit bauen sie »vorsichtig« Schotterwege mit ein. Erst nach ein paar Monaten des Übens landen Mensch und Hund schließlich auch mal auf Asphalt. Dieser Aufbau ist zwar mehrfach so beschrieben worden, das macht ihn aber nicht richtiger. Denn viele Hunde, insbesondere diejenigen, die zur Fährtenarbeit neigen, nehmen sehr leicht die Bodenverletzung als Leitgeruch an. Leitgeruch bedeutet, dass die Hunde diesen Geruch als Hauptbestandteil bei der Suche benutzen und ohne ihn verunsichert sind bzw. überhaupt nicht wissen, was sie tun sollen. Es entstehen Missverständnisse, so genannte Fehlverknüpfungen, weil die Hunde meinen, sie müssten die Bodenverletzung suchen, oder die Bodenverletzung in Kombination mit Individualgeruch.

Fährtenarbeit funktioniert über die Düfte der mechanischen Bodenverletzung, die durch den Zersetzungsgeruch zertretener Kleinstlebewesen und Pflanzen entstehen.
Der polizeilich geführte Fährtenhund sucht nach einem komplexeren Duftbild, nämlich der mechanischen Spur, der Fährte, in Kombination mit dem Individualgeruch des Fährtenlegers, also im Einsatzfall des Täters (vgl. Seite 240 Ralf Blechschmidt).

Fehlt die Bodenverletzung, ist der Hund sich unsicher, was er machen soll. Dabei ist der ursprüngliche Gedanke, der hinter diesem Aufbau steht, es dem Vierbeiner besonders leicht zu machen, eben weil viele Hunde die Bodenverletzung sehr leicht annehmen. Aber dieser Umweg ist unnötig. Die Hunde können bereits trailen, also Individualgeruch unterscheiden und verfolgen. Man muss es ihnen nicht umständlich über die Fährte »erklären«. Das ist so ähnlich, als würde man mir schonend beibringen wollen, dass ich eigentlich nicht die Farbe Rot für Sie suchen soll, sondern Rosa. Rosa macht mir aber genauso wenige Probleme wie Rot, und Sie können mir ohne weiteres von Anfang an Rosa als Aufgabe geben. Es ist sogar schwerer, wenn ich mich zuerst auf Rot eingeschossen habe und nun mühsam begreifen muss, dass Sie eigentlich Rosa meinen.
Gehen Sie also gleich von Anfang an in die Stadt, auf Asphalt oder mindestens in Mischgebiete. Falls Sie schon im Grünen begonnen haben zu arbeiten und die Hunde nun auf Asphalt Probleme haben, dann deswegen, weil sie gelernt haben, dass eine Bodenverletzung dabei sein muss. Das ist nicht schlimm. Gehen Sie einfach nochmal ein paar Ausbildungsschritte zurück, aber bleiben Sie unbedingt auf Asphalt.

4.6.4 Alles in einem Aufwasch oder besser nur an einer Schraube drehen?

Ein Trail besteht aus drei Abschnitten: Start, Trailverlauf und Zielgebiet, einschließlich Anzeigesituation. Bei jedem Übungstrail sollte jeweils nur eine Schwierigkeit oder eine neue Erfahrung eingebaut werden, entweder am Start oder während des Trailverlaufs oder am Ende. Ist der Start schwierig, weil ein bellender Hund im Auto neben dem Ansatzpunkt sitzt oder wird mit einer neuen Art von Geruchsträger gearbeitet, sollte der anschließende Trail nicht mehr anspruchsvoll sein, und am Ende keine neue Überraschung warten. Wenn wir hin und wieder Ausdauer trainieren und der Trail mehrere Kilometer lang ist, dann sollten Start und Ziel einfach sein.

Alles in einem Aufwasch oder besser nur an einer Schraube drehen?

Bei einem anspruchsvollen Start wie diesem, reicht ein kurzer, unkomplizierter Trailverlauf.

Ist die Auffindesituation schwierig, sollten Start und Trail einfach angelegt werden.

Großer Ablenkungsfaktor: Paralleles Arbeiten von Flächensuchhund und Mantrailer muss trainiert werden. Natürlich mit sinniger Einsatztaktik. So eng wie hier wird es im Einsatzfall kaum aussehen.

II AM START

4.7 Akklimatisieren

Mal angenommen, Sie halten Montagfrüh um 9 Uhr einen Vortrag vor Mitarbeitern und Kunden im Konferenzraum eines fremden Hotels. Wenn Sie als Redner Gelegenheit haben, ein paar Minuten vor den Teilnehmern im Raum zu sein, um die Stimmung wahrzunehmen, vielleicht ein Glas Wasser zurechtzustellen und die Technik nochmal zu probieren, sind das die besten Voraussetzungen, um entspannt und sicher bei Ihrem Vortrag zu wirken. Ganz anders ist die Situation, wenn Sie abgehetzt in der letzten Minute aus der überfüllten U-Bahn kommen.

So eine Gelegenheit, nämlich den fremden Arbeitsplatz erst mal in Ruhe wahrnehmen zu können, gibt man beim Trailen gerne auch den Hunden vor dem Start. Sie bekommen ein wenig Zeit, sich zu akklimatisieren, anstatt raus aus dem Auto und sofort an die Arbeit gehen zu müssen. Dieses Zeitfenster vor dem Start ist keine Freizeit, ebenso wenig wie das Kennenlernen des Konferenzraums vor dem Vortrag. Diese Phase des sich Umschauens und Eingewöhnens ist bereits Teil der Arbeit. Unter Akklimatisieren verstehe ich daher ein seriöses Ablaufen des Startgebietes.
Das heißt, der Hund darf sich natürlich lösen, hat auf dieser Runde aber keine Freiheiten im Sinne von Pinkelflecken studieren, markieren oder Unrat aufstöbern. Es geht darum, die Umgebung in Ruhe wahrzunehmen und sich auf sie einzustimmen.

Bei der Akklimatisierungsrunde übernimmt der Mensch deutlich die Führung.

Es würde den Hund überfordern, ließe man ihn bei der Akklimatisierungsrunde einfach machen, was er will. Er begreift nicht, wenn man ihm einerseits gestattet von Laternenpfahl zu Laternenpfahl zu ziehen und ab dem Start von einer Sekunde auf die andere erwartet, dass er diese Interessen zurückstellt und arbeitet.

Die Akklimatisierungsrunde

wird vom Hundeführer geleitet. Es ist keine Gassirunde, bei der der Hund den Weg bestimmt oder entscheidet, was er tut.

Ist der Start an einer Straßenkreuzung, geht man üblicherweise einen großen Kreis. Ist der Start auf einem Parkplatz, zum Beispiel bei einem Supermarkt, geht der Hundeführer möglichst einmal außen um den Parkplatz herum. Dabei hat der Mensch die Führung inne, das heißt, er läuft nicht seinem Hund hinterher, sondern definiert ganz klar den Arbeitsplatz, bestimmt das Tempo und die Richtung.
Die Erfahrung zeigt, dass der Hund in der Lage ist, Gerüche zu speichern, die er auf dieser Akklimatisierungsrunde wahrnimmt. Bekommt er kurz darauf den Geruchsträger, erinnert er sich bei entsprechendem Training bestenfalls daran, wo dieser spezielle Geruch liegt. Dies kann wichtig sein, wenn man vor dem Start ein großes Gebäude umrundet, ein Seniorenheim oder ein Krankenhaus.

Praxistipp

Wenn das Gebäude mehrere Ausgänge hat, dann umrunden Sie es komplett, damit der Hund überall vorbeikommt.
Es ist ungünstig, unmittelbar vor einem der in Frage kommenden Ausgänge zu starten. Geschickter ist, zwischen zwei Ausgängen oder ein Stück entfernt vom Gebäude anzusetzen. Dadurch hat der Hund eine bessere Chance, sich aus der Distanz die frischeste Spur des Vermissten herauszusuchen.

Ein weiterer Vorteil dieser Akklimatisierungsphase ist, dass die Hunde schon ein wenig Energie abbauen können. Sie sind am Start dann weniger aufgeregt, konzentrieren sich besser und die Gefahr, dass sie einfach drauf losrennen, ist geringer.
Erst wenn das Team bereits einen hohen Ausbildungsstand erreicht hat, kann es durchaus auch mal ohne Akklimatisierungsrunde an den Start gehen, um die Bedingungen zu erschweren. Einem Einsatzteam macht man es in Übungen hin und wieder schwerer als nötig, damit der Einsatz tendenziell einfacher bleibt als das Training.

Als Geruchsträger eignen sich anfänglich große Dinge aus verschiedenstem Material. Sogar Metallgegenstände können ihren Dienst tun. Sie verhindern, dass der Hund den Geruchsartikel ins Maul nehmen will, was einige zum Abreagieren des Triebstaus gerne tun.

4.8 Das Anschirren

Das bewährte Prozedere sieht vor, dem Hund einige Meter vor dem am Boden liegenden Geruchsträger das Geschirr anzulegen, solange noch nicht mit der Tüte gearbeitet wird. Wird der Hund zu nahe am Geruchsträger angeschirrt, schnüffelt er gerne schon daran herum oder spielt damit. Damit macht man sich und dem Hund den Start unnötig schwer. Denn keinesfalls sollte man den Vierbeiner vom Geruchsartikel wegzerren oder ihn gar mit Kommandos wie »Nein« oder »Aus« verwirren. Die Geruchsaufnahme sollte immer konzentriert und nach einem vertrauten Ritual erfolgen. Damit der Start ruhig und klar ablaufen kann, ist es hilfreich, jeden Schritt vorab sorgfältig zu planen und zu durchdenken.

Als Geruchsträger eignen sich nicht nur Kleidungsstücke. Im Gegenteil, manche Hunde neigen dazu, insbesondere kleinere Sachen aus Stoff wie Mützen, Socken oder Handschuhe ins Maul zu nehmen und spielerisch zu schütteln. Die beste Strategie dagegen ist, sie diesen Fehler gar nicht erst machen zu lassen und Geruchsträger zu verwenden, die die Vierbeiner ungern aufnehmen oder die sie nicht zum Spielen verleiten. So wird verhindert, dass Mensch und Hund am Start unnötig diskutieren müssen. Bewährt haben sich schwere Jacken, Metallgegenstände, Holzbretter und Thermoskannen.

Das Anschirren

Ist das Team startklar, wird der Hund am Halsband zum Geruchsträger geführt. Der Fokus des Hundes sollte jetzt ganz klar vorne auf dem Geruchsträger liegen.

Beim Anriechen erfolgt das Hörzeichen »Such« oder jedes andere entsprechende Wort, das dem Hundeführer keinesfalls mehr während des Trails oder bei anderer Gelegenheit über die Lippen kommt. Dieses, nur einmal am Start gegebene Kommando, ist das »Heilige Hörzeichen«.

Manche Hunde sind anfangs noch sehr aufgeregt, vor allem, wenn sie verstanden haben, dass das Anlegen des Suchgeschirrs bedeutet, gleich arbeiten zu dürfen. Sie sind beim Anschirren derartig erregt, dass sie sich am Start nicht mehr konzentrieren können. Hier hilft als Gegenmittel nur Routine. Ein Beispiel:

Wenn Ihr Kind sehr aufgeregt ist, kann es sich vielleicht die Schuhe nicht mehr selbständig binden, obwohl es das eigentlich längst gelernt hat. Es zappelt herum und bringt einfach nicht die nötige Ruhe auf, die diese feinmotorische Arbeit anfangs erfordert. Ist das Schuhebinden aber zu einer Routine geworden, die man jederzeit blind und ohne nachzudenken ausführen kann, spielt die Aufregung keine Rolle mehr.

Diese selbstverständliche Gewandtheit ist die beste Medizin für zappelige Hunde. Damit sich diese Routine irgendwann einstellt, muss der Hundeführer zügig und planvoll agieren. Hier kommen wir wieder auf die Fertigkeiten der Komponente 1 zurück (vgl. Seite 46).

Es hat sich bewährt, den Hund am Brustkorb zwischen die Beine zu nehmen, um ihm die Tüte zu präsentieren. Sollte er den Rückwärtsgang einlegen, kann er nicht nach hinten ausweichen.

Das Anschirren

Oft beobachte ich nämlich, dass die Hundeführer mit ihren zappelnden Tieren beim Anschirren schimpfen und sich dabei selbst völlig unkoordiniert verhalten. Wenn sie den Hund maßregeln ist es wichtig, dass es danach ruck, zuck weitergeht, also nach der Ermahnung keine Pause kommt, sondern gleich der nächste Schritt. Aber die Leute sind selber angespannt, besonders dann, wenn sie von Ausbildern und Kollegen beobachtet werden. Sie verlieren die Geduld, rucken am Halsband und zischen: »Jetzt ist aber Schluss!« Ist der Hund daraufhin gesprächsbereit und sagt: »O.k., tu's«, – kommt oft nichts. Stattdessen wird das Geschirr noch ein paar Mal vor der eigenen Nase rumgedreht, vorne und hinten gesucht, überprüft, ob der Geruchsträger in der Tasche steckt, der Handschuh richtig sitzt usw. In der Zeit denkt der Hund: »Kommt ja nix« und zappelt wieder los. Und so dreht man sich im Kreis.

Wenn du nicht weißt, wohin du gehst, wirst du bestimmt woanders hinkommen.
Laurence J. Peter
kanadisch-US-amerikanischer Gefängnislehrer und Universitätsprofessor

Ein nervöser, aufgeregter Hund braucht einen klar strukturierten Hundeführer, bei dem jeder Handgriff sitzt.

Ruhe erzeugt Ruhe. Bei diesen eingespielten Teams sitzt jeder Handgriff: Start mit Anriechen aus der Tüte.

4. KOMPONENTE | Der Handwerkskoffer

Zwei bis drei Schritte vor dem Geruchsträger hängt der Hundeführer die Leine vom Halsband ins Suchgeschirr, und führt den Hund mit der Hand am Halsband zum Anriechen an den Geruchsträger. Ich lege Wert darauf, den Hund in dieser Phase kurz vor dem Start am Halsband zu dirigieren, weil er sich so viel ruhiger führen lässt, als am Geschirr von seinem Körpermittelpunkt aus. Der Hund soll, während er hingeführt wird, zu 100 Prozent auf den Geruchsträger fokussiert sein. Dies hängt vor allem vom Geschick des Hundeführers ab, denn schnell ist der Weg dorthin »verstolpert«. Am Halsband lässt sich das Tier viel besser kontrollieren, drehen oder stoppen. Und noch etwas: Ich führe den Hund auch deshalb nie am Geschirr zum Geruchsträger, denn am Geschirr führt ja der Hund.

Start mit liegendem Geruchsartikel.

Das heißt, immer wenn ich auf dem Trail etwas Konkretes vom Hund möchte, anhalten zum Beispiel, greife ich über das Halsband ein oder benutze die Stimme. Sämtliche Einwirkungen über das Brustgeschirr sollten dem Hund egal sein. Was der Hundeführer hinten auch treibt, ob er versehentlich ruckt, mal nach rechts oder links pendelt, der Hund soll lernen, konzentriert nach vorne zu arbeiten, wie er es bei der OPFERBINDUNG gelernt hat. Einwirkungen über das Halsband dagegen sind ein klares Signal: Jetzt ist die Entscheidungsgewalt wieder beim

Hundeführer. Und für diejenigen, die den Hund im Alltag am Geschirr führen und mit Halsband trailen gilt das alles umgekehrt. Hauptsache, es gibt zwei Einhängepunkte am Hund und der eine steht für: »Hier führe ich.« Der andere für: »Jetzt führst Du.«

ACHTUNG

Wer trailt, den Hund im Alltag aber am Geschirr führen möchte, sollte zum Trailen ein gut gepolstertes Halsband mit breiter Auflagefläche verwenden. Das Umhängen zwischen Geschirr und Halsband erfolgt dann immer umgekehrt wie beschrieben. Das heißt: Zum Unterbrechen der Arbeit wird die Leine vom Halsband ins Geschirr gehängt. Da, wo die Leine im Alltag hängt, führt der Mensch.

4.9 Geruchsträger

Als Geruchsträger werden sowohl bei Übungen als auch in Einsätzen gerne Kleidungsstücke verwendet, ein getragenes T-Shirt, ein Nachthemd oder Unterwäsche. Doch dahingehend bin ich inzwischen skeptisch geworden und verwende lieber Dinge, die nicht so häufig gewaschen werden, zum Beispiel ein Baseball Cap, einen Hut oder ein Haarband. Insbesondere wenn wir in einem Altersheim oder in einem Krankenhaus Geruchsartikel suchen, wähle ich nicht den Schlafanzug, den Kopfkissenbezug oder ein Wäschestück des Gesuchten. Denn diese Dinge werden an einer zentralen Stelle zusammen mit den Sachen vieler anderer Leute gewaschen und so mit deren Gerüchen vermischt. Solche Wäschestücke sind daher kontaminiert, denn selbst der Kochwaschgang vernichtet nicht den menschlichen Geruch! Die Temperaturen sind zu gering. Das haben amerikanische Ausbilder mit einem eindrucksvollen Experiment bewiesen. Sie verbrannten das getragene T-Shirt einer Person und ließen die Hunde anhand der Asche als Geruchsträger suchen. Mit Erfolg. Dieses Experiment zeigt, wie widerstandsfähig Geruch ist. Selbst an gewaschener Kleidung hängt noch der Duft des Trägers. Aber dieser Geruch vermischt sich in der Maschine mit all den anderen Gerüchen, die den fremden Wäschestücken anhaften. Insbesondere Einsatztrailern rate ich also, nicht mit solchen Textilien zu arbeiten, weil es entscheidend ist, einen eindeutigen Geruchsträger zu verwenden.

Der Geruchsträger ist die einzige Chance, dem Hund unmissverständlich zu sagen, wen er suchen soll und daher sollte man das Kontaminierungsrisiko so gering wie möglich halten. Für Einsätze empfehle ich Dinge, die man üblicherweise nicht zusammenwirft oder untereinander austauscht. Ich nehme gerne benutzte Ohrenstäbchen, Windeln, Nassrasierer, Gebisse, Zahnbürsten, abgeschnittene Nägel, eine Haarbürste oder Schuhe.

4. KOMPONENTE | Der Handwerkskoffer

Gut geeignete Geruchsträger: Eine benutzte Tasse, Schuhe, Windeln, Nassrasierer, Zahnbürste, Feuchttücher, Hörgerät, Brille, Ohrenstäbchen, Gebiss, Munition und Hülsen von Schusswaffen, Zigarettenkippen, angebissenes Essen, gekauter Kaugummi.

Doch nicht nur beim Einsatz, sondern auch zu Beginn der Ausbildung ist die Eindeutigkeit der Information auf dem Geruchsträger besonders entscheidend. Wenn der Hund unsauber eingearbeitet wird, entsteht von Anfang an eine Art »Mischkalkulation«. Ein mehrdeutiger Geruchsträger verleiht dem Vierbeiner eine gewisse Flexibilität in der Entscheidung, denn es ist unklar definiert, wonach er suchen soll, Geruch von Person A, B, C oder D?
Ist die Eindeutigkeit des Geruchsträgers gegeben, ist es für den Hund kein Problem unterschiedliche Familienmitglieder zu suchen. Selbst eineiige Zwillinge kann er unterscheiden. Um diese Eindeutigkeit zu gewährleisten, sollten keine Kleidungsstücke als Geruchsträger verwendet werden, die gemeinsam mit der Wäsche der gesamten Familie gewaschen worden sind. Besser sind in diesem Fall Tempotaschentücher, Armbanduhren, Geldbeutel oder Zahnspangen.

Und noch etwas ist wichtig: Beim Eintüten fassen viele Spurleger mit der Hand in die Tüte, um den Geruchsträger darin zu deponieren. Das ist nicht falsch, dadurch kann kein Fehler passieren. Aber so lässt sich nicht eindeutig feststellen, ob der Hund letztendlich nur anhand des Geruchsträgers gearbeitet hat, oder ob er die richtige Information bekommt, weil zusätzliche Hautzellen mit der Hand in die Tüte gelangt sind.

Eineiige Zwillinge: Die Unterscheidung ist für den Hund machbar, wenn der Geruchsträger eindeutig ist.

Wer mit der Handhabung unterschiedlicher Geruchsträger experimentieren möchte, sollte also darauf achten, dass der Läufer den Geruchsträger in die Tüte wirft, ohne diese dabei zu berühren oder eine Zange benutzen.

4.10 Der meiste oder der frischeste Geruch am Geruchsträger?

Manche Trainer meinen, über bestimmte Experimente herausfinden zu können, ob ein Hund eher den frischesten oder den meisten Geruch einer Person sucht. Nimmt man zum Beispiel die Mütze, die ein Mensch trägt, und setzt sie einer anderen Person für kurze Zeit auf, entsteht ein Geruchsträger, an dem viel Geruch der ersten Person haftet und weniger, aber frischerer Geruch von der zweiten. Dann lässt man beide Personen am Start in entgegengesetzte Richtungen gehen und schaut, welchem Geruch der Hund nachgeht. Meiner Erfahrung nach sind solche Experimente nicht mehr als eine Momentaufnahme. Manchmal entscheidet sich ein und derselbe Hund für den meisten Geruch, ein anderes Mal verfolgt er den frischesten.
Bei der Geruchsaufnahme von einem Autositz ist es gut möglich, dass die Person, die zuletzt gefahren ist, nicht der Besitzer des Fahrzeugs ist, also derjenige, der es üblicherweise fährt. In diesem Fall ist der meiste Geruch der am Sitz oder am Lenkrad haftet, der des Autobesitzers und der frischeste der des Fahrers. Derartige Geruchsträger bergen also immer einen gewissen Unsicherheitsfaktor. Denn man kann nie wissen, wie sich der Hund jeweils entscheidet.

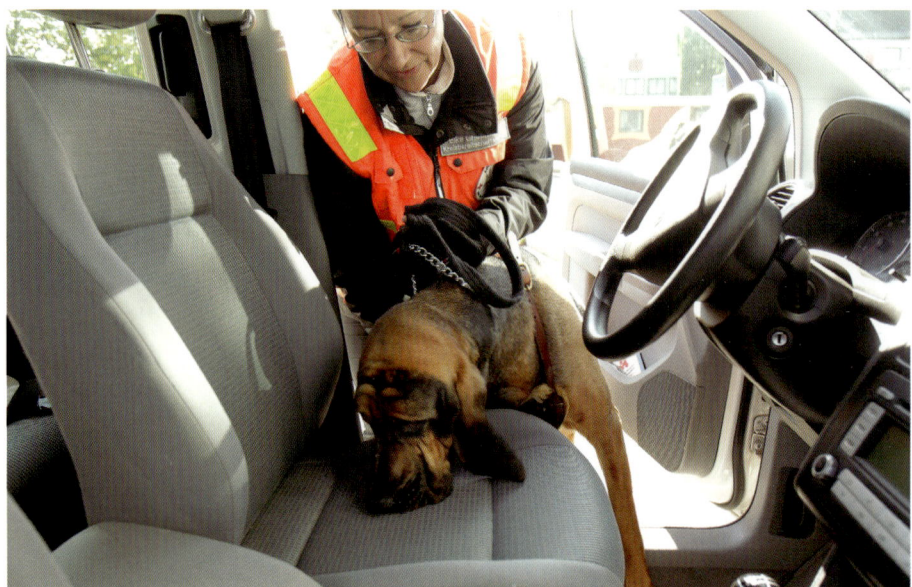

Hier ist die eindeutige Aufnahme des Fahrergeruchs wahrscheinlich, ohne allerdings zu wissen, ob es sich um den frischesten oder den meisten Geruch handelt, wenn nicht bekannt ist, wie viele Personen dieses Auto benutzen.

Die eindeutige Aufnahme des Fahrergeruchs ist unwahrscheinlich, weil evtl. noch andere Menschen in der Fahrgastzelle waren, und sich diese Gerüche auch in der Luft aufhalten. Risikobehaftetes Ansetzen bei nicht eindeutigen Geruchsträgern.

Steigt der Gesuchte aus einem Fenster, kann man den Hund auch hier ansetzen. Im Grunde geht es vor allem darum, das Anriechen in den unmöglichsten Positionen zu üben.

Geruchsaufnahmen, die nicht direkt aus der Tüte erfolgen, sind immer ein Risiko. In Übungen experimentiere ich gerne mal, in Einsätzen verwende ich aber prinzipiell nur eindeutige Geruchsträger. Eindeutig sind Geruchsträger dann, wenn definitiv bekannt ist, wessen Gerüche darauf sind und ich die Personen, die nicht gesucht werden, ausschließen kann. In einem Altersheim kann das der Geruch der Pflegerin sein, bei einem Ehepaar der Geruch des Partners. Entscheidend ist, dass die Personen, deren Geruch ebenfalls auf dem Geruchsträger haftet oder möglicherweise haften kann, anwesend sind, um sie auszuschließen, bevor ich den Hund starte. Sind Gerüche auf dem Geruchsträger, die sich nicht zuordnen lassen, ist er nichts wert.

Das Ausschließen geschieht folgendermaßen: Der Hund ist noch ohne Geschirr, hat aber die Akklimatisierungsrunde schon gemacht. Dann darf er zunächst an den Personen schnüffeln, die er ausschließen soll. Der Hundeführer sagt währenddessen einmal laut und deutlich »Nein« – oder welches Wort auch immer er dafür verwenden möchte. Die Bedeutung für den Hund: Dieser Geruch ist tabu.

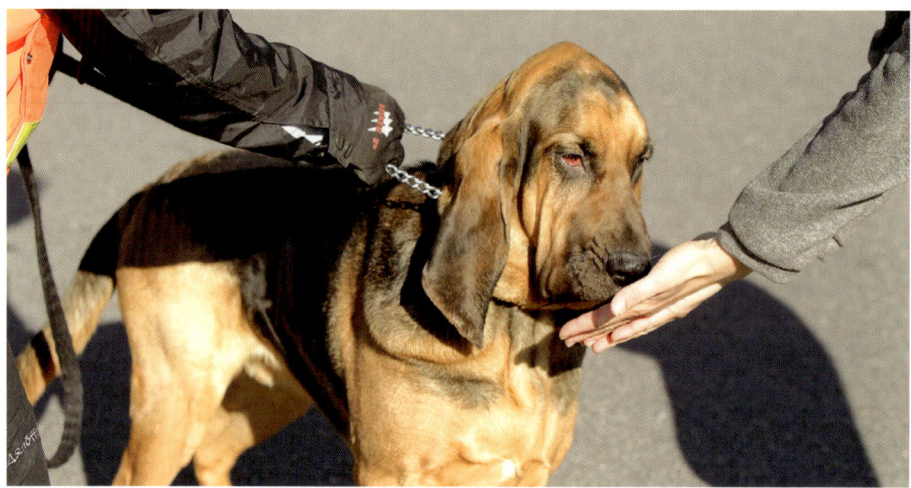

»Ausschließen« der Kontaminierungsperson.

Danach wird er ganz normal angeschirrt, bekommt den zu suchenden Geruch über die Tüte eingegeben und das Suchkommando erfolgt.

Dieser Ausschluss kann ebenso gut über einen Geruchsträger gemacht werden. Der Vorteil: Die auszuschließenden Personen müssen nicht selbst anwesend sein. Der Ablauf ist der gleiche. Dabei ist eines wichtig: Auch dieser Geruchsträger wird irgendwo konserviert, wahrscheinlich in einer Plastiktüte. Der Hund sollte nicht dabei stehen, während Sie den Geruchsträger für den Ausschluss aus der Tüte holen. Denn die Tüte wird von vielen Hunden mit dem Startsignal, also dem Anriechkommando, verknüpft. Es ist daher geschickter, den Geruchsträger für den Ausschluss zuerst aus der Tüte zu nehmen, irgendwo in der Nähe des Startpunktes zu deponieren, dann mit dem Hund hinzugehen, auszuschließen und danach ganz normal zu starten.

Zusammengefasst:
- Zu negierenden Geruchsartikel aus der Tüte nehmen und deponieren
- Hund akklimatisieren
- Zu negierenden Geruchsartikel anriechen lassen und mit »Nein« ausschließen
- Hund anschirren
- Richtigen Geruchsartikel innerhalb der Tüte anriechen lassen und das Startkommando geben

4.11 Geruchskopien herstellen

Gerade in der polizeilichen Ermittlungsarbeit ist es wichtig, im Herstellen von Geruchskopien firm zu sein. Geruchskopien sind auch dann nötig, wenn es nur einen einzigen eindeutigen Geruchsträger für mehrere Einsatzteams gibt. So kam es schon häufiger

Geruchskopien herstellen

vor, dass mein Staffelkollege Gerald und ich mangels mehrerer eindeutiger Geruchsartikel, Kopien erstellen oder Geruch von einem Autositz oder von einem Türrahmen nehmen mussten. Wann immer möglich, sollte man allerdings mit dem Original arbeiten. Als Träger für die Geruchskopien eignen sich entweder reine, unbedampfte Baumwollgaze oder schlichtweg parfümfreie Tempotaschentücher. Es gibt verschiedene Möglichkeiten, eine Geruchskopie herzustellen:

1. Durch Abrieb

Hierzu wischt man das Lenkrad oder das Glas, aus dem jemand getrunken hat, mit einem Tempotaschentuch oder der Gaze ab. Ich vereinfache das Ganze noch, indem ich beispielsweise das Lenkrad nur mit der umgestülpten Innenseite der Plastiktüte abwische. Den Umweg über das Taschentuch spare ich mir dabei. Ich trage auch keine Handschuhe, denn meinen Geruch, also den des Hundeführers, kennt der Hund, er lässt sich kaum ausschließen.

Das Herstellen einer Geruchskopie durch einfachen Abrieb. Die Handschuhe dienen eher der Hygiene und verhindern nicht, dass der Geruch des Trägers ebenfalls an der Geruchskopie haftet.

Handschuhe tragen – Ja oder nein?

Selbst wenn ich Handschuhe verwenden würde, zum Beispiel solche, die in den normalen Erste-Hilfe-Verpackungen stecken, sind sie mit meinem Geruch behaftet. Denn ich bewahre sie in meinem Rucksack, in der Hosentasche oder in der Jackentasche auf. Maximal sind die Handschuhe noch in irgendeinem Tütchen, aber das ändert auch nicht viel. Damit ist der Handschuh vor allem außen so mit meinem Geruch kontaminiert, dass ich ihn problemlos als Geruchsträger verwenden könnte, wenn ich selbst der Läufer wäre. Wenn dieser Handschuh selber ein Geruchsträger ist, dann würde ich ja mit einem Geruchsträger einen Geruchsträger sichern wollen. Das ist widersinnig.

Um eine Kontamination zu vermeiden, müsste es ein OP-Handschuh sein, der unter sterilen Bedingungen aus der Verpackung genommen und anzogen wird. Nur das würde Sinn machen. Aber das macht in der Praxis niemand. Die handelsüblichen Gefrierbeutel hingegen, die aufgerollt übereinander liegen, sind innen relativ neutral. Stülpe ich mir so einen Beutel über die Hand und stelle mit der Innenseite eine Geruchskopie her, ist diese wahrscheinlich in hohem Maße geruchsneutral. Beim normalen Einmalhandschuh ist aber genau das, was eigentlich geruchsneutral sein sollte, innen. Der handelsübliche Gummihandschuh ist innen »sauber«, aber da nützt es ja nichts. Wer Handschuhe verwenden möchte, muss also sicher stellen, dass eine Kontamination der Handschuhe im Außenbereich definitiv nicht gegeben ist. Sonst macht der Handschuh keinen Sinn. Im polizeilichen Bereich dagegen verhindert der Handschuh fremde DNA-Spuren.

Ein ganz anderer guter Grund für das Tragen von Handschuhen ist, dass man hin und wieder in recht unappetitlichen Dingen wühlen muss, wie Müllbehältern, Windeleimern, Ausscheidungen, um einen guten Geruchsträger zu bekommen. Da ist es viel angenehmer und unter hygienischen Aspekten sicherer, Einmalhandschuhe anzuziehen.

2. Durch Auflegen
Das Taschentuch bzw. die Gaze wird für ein paar Minuten auf den Autositz, das Bett oder den Mantel der gesuchten Person gelegt. Manche Hundeführer decken dabei das Taschentuch noch mit einer Folie ab.

Wer sich die Mühe macht, Strohhalme zu benutzen, sollte die Tüte vom Hundeführer halten lassen.

3. Die Kopie von der Kopie
Hier werfe ich ein oder mehrere saubere Taschentücher oder Gazestücke zu der eingetüteten Kopie dazu und warte ein paar Minuten. Immer wenn ich diesen geschützten Rahmen der Tüte öffne, um irgendwas rein oder raus zu tun, ist natürlich die Möglichkeit der Fremdkontamination wieder gegeben. Man sollte also darauf achten, dass ein eventuelles »Umtüten« nicht in einem Raum geschieht, in dem andere Menschen sind. Es sollte auch nicht hemdsärmelig draußen in der freien Natur, das Eine in das Andere geschüttet werden, wobei vielleicht noch eine Gruppe von Leuten außen rumsteht und der Wind ungünstig ist. Das alles erhöht die Gefahr, dass Fremdgerüche in die Tüte gelangen. Ebenso gut wie man zum Herstellen von Geruchskopien durch Abrieb nicht unbedingt ein Stück Stoff braucht, kann man pure Atemluft als Geruchsträger verwenden. Sie bitten einfach den Läufer in die Tüte zu pusten, so, als würde er einen Luftballon aufblasen. Die Atemluft enthält alle Informationen, die der Hund braucht, und sie ist zu 100 Prozent unkontaminiert, denn es haften garantiert keine Fremdgerüche anderer Personen daran. Um das zu überprüfen, bitten Sie jemanden mit Hilfe eines Strohhalms in die Tüte zu blasen, denn ansonsten haften daran zusätzliche Informationen durch die Berührung mit den Lippen. Was grundsätzlich nicht verkehrt ist, aber der Behauptung von »Ausatemluft allein genügt« nicht standhält.

Geruch aus der Tüte

Terry Davis, VBSAR Präsident und ICAST Gründer

Der Geruchsträger ist entweder der Schlüssel zu Deinem Erfolg oder der Grund für Dein Scheitern.

Das Kapitel »Geruchsträger« nimmt oft nur wenig Raum in der Mantrailingausbildung ein. Das Augenmerk liegt eher auf Themen wie: Wie gut war der Hund auf dem Trail? Wie hat er die Ablenkungen verkraftet? Im Training kann ich beobachten, dass einige Hundeführer ziemlich schlampig mit dem Geruchsträger umgehen, und das verursacht Probleme. Manchmal scheinen wir zu vergessen, dass kleine Unsauberkeiten im Umgang mit dem Geruchsträger den Hund vollkommen aus der Bahn werfen können. Ein Geruchsträger sollte mit derselben Umsicht behandelt werden, wie ein gerichtliches Beweisstück. Wir üben den Umgang mit kontaminierten oder schwierigen Geruchsträgern, aber im Training haben wir eine kontrollierte Situation. Im Einsatzfall kommt immer nur der bestmögliche Geruchsträger in Frage.

Was sind gute Geruchsträger? Nun, im Grunde alles, was der gesuchten Person selbst gehört. Weniger gut sind Dinge, die anderen Leuten gehören, und mit denen der Gesuchte lediglich in Kontakt gekommen ist. Gut geeignet sind neben manchen Kleidungsstücken auch Zahnbürsten, Zahnersatz, Zigarettenkippen, Autoschlüssel, Geldbörsen, Haare, Körperflüssigkeiten und Ausscheidungen aller Art, ausgespuckter Kautabak, angebissene Nahrung oder gekauter Kaugummi.
Für Einsatztrailer ist es wichtig, auch die Geruchsaufnahme von Gegenständen wie einem Lenkrad, einem Fensterrahmen oder einer Registrierkasse zu üben, um im Ernstfall vor Gericht belegen zu können, dass der Hund Trails mit solchen Geruchsträgern bereits erfolgreich absolviert hat.

4.12 Geruch aus der Tüte

Stimmt, der Hund muss nicht unbedingt in einer Tüte einatmen, um Geruch aufzunehmen. Aber, und das ist der entscheidende Punkt, es ist die einzige Möglichkeit für mich als Hundeführer, um sicherzustellen, dass der Hund genau diesen bestimmten Geruch einatmet, während ich ihm das Anriechkommando, das »heilige Hörzeichen«, gebe. Natürlich bekommt kein Hund gerne eine Plastiktüte über die Nase gestülpt. Aber das ist noch kein Argument, es nicht doch zu tun. Denn Geruchsträger sind DER GRUND überhaupt, warum Trailen funktioniert. Ohne dem Hund einen eindeutigen Geruch vorzugeben, ist Mantrailing nichts anderes als Kaffeesatzlesen.

4. KOMPONENTE | Der Handwerkskoffer

Was riecht der Hund in diesem Moment? Den Geruch in der Tüte? Den Geruch von umstehenden Leuten? Wahrscheinlich ein Potpourri, von allem ein wenig.

Fehler Nr. 1: *Der Hund wird am Geschirr festgehalten und nicht am Halsband. Es gibt also keine klare Unterscheidung zwischen: Jetzt bestimme ich und jetzt bestimmst Du.*
Fehler Nr. 2: *Der Hund nimmt hier bereits Geruch auf, obwohl der Hundeführer noch mit ganz anderen Dingen beschäftigt ist. Es ist besser, die Tüte einzustecken oder in einiger Entfernung auf den Boden zu legen, anstatt damit dem Hund so nebenbei vor der Nase herumzuwedeln.*

Geruch aus der Tüte

Für den Hund unangenehm und daher ebenfalls ein Fehler: Die Tüte an den Nasenspiegel pressen oder bis über die Augen ziehen.

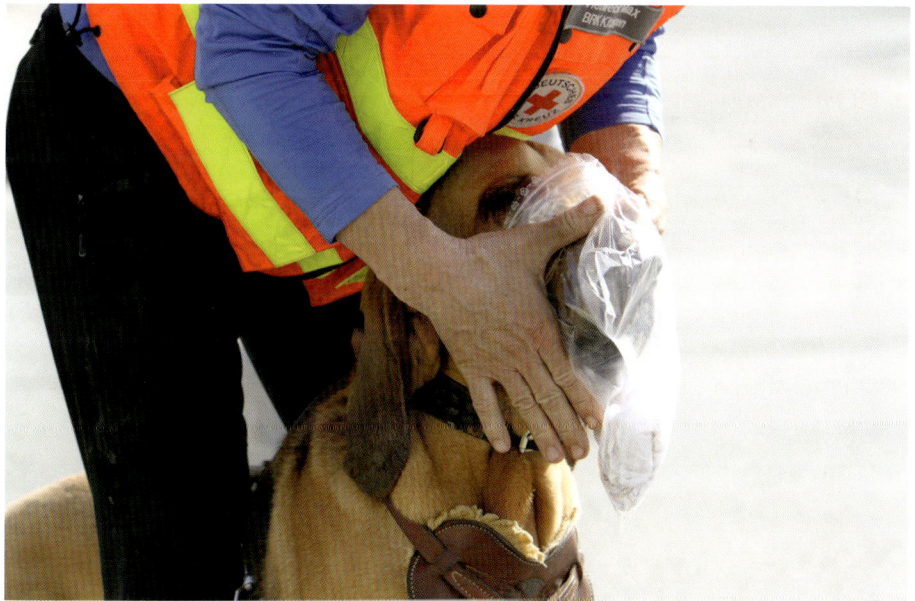

Hier dagegen eine eindeutige Geruchsaufnahme. Ohne Zweifel saugt der Hund in dem Moment den Duft des Geruchsträgers ein, wo sich die Tüte beim Einatmen zusammenzieht. Und genau dann erfolgt das »heilige Hörzeichen«: »Such«, »Cerca«, »Cherche«, »Go find« oder »Wo ist der Lump!«.

Die Gewöhnung an die Tüte erfolgt üblicherweise gleich zu Anfang der Ausbildung, parallel zur OPFERBINDUNG. Ich empfehle, die Futterschüssel probeweise zu verbannen und dem Hund stattdessen seine Mahlzeiten zu Hause aus dem Beutel zu servieren. Es ist ein großer Unterschied, ob der Hund lediglich nach Leckerlis taucht, oder ob er ganze Mahlzeiten mit dem Kopf in der Tüte frisst. Beim »Leckerlitauchen« holt er sich das Futterstück schnell heraus und frisst es außerhalb des Beutels. Besser ist, den Hund wirklich mit dem Kopf in der Tüte fressen zu lassen, auch wenn das bei langohrigen Tieren in Verbindung mit Nassfutter eine ziemlich schmierige Angelegenheit sein kann. Mit etwas Geschick lässt sich ein Ritual daraus machen, so dass der Hund mit der Tüte eine freudige Erwartungshaltung verknüpft, ähnlich wie das Ergreifen der Leine die meisten Vierbeiner bereits in Hochstimmung versetzt.

Steckt er den Kopf problemlos hinein, um daraus zu fressen, kann man davon ausgehen, dass er mit der Tüte an sich keine Probleme hat.

Schwierig ist es mit Hunden, die nicht bereit sind, selbst feinste Leckerbissen aus der Tüte zu holen. Solche Hunde sind entweder sehr ängstlich, oder der Hundeführer hat bei der Tütengewöhnung bereits so viele Fehler gemacht, dass negative Verknüpfungen entstanden sind. Die meisten Hunde, die die Tüte meiden, haben allerdings keine derart dramatische Vorgeschichte.

Ihr Futter aus einer Tüte zu fressen statt aus dem Napf ist für die meisten Hunde kein Problem.

Geruch aus der Tüte

Sie manipulieren schlichtweg und kommen damit durch. Ist Futter im Beutel, stecken sie den Kopf ohne Zögern bis hinter beide Ohren hinein. Ist keines drin, verweigern sie die Mitarbeit. Der Hund entscheidet, dass er nicht möchte, allenfalls gegen Bestechung. Das heißt, hier besteht kein Problem mit der Tüte an sich, sondern ein viel grundlegenderes, nämlich ein Problem mit der Waage aus Respekt und Vertrauen. (vgl. Seite 30 und Seite 105). Ich empfehle, nicht nachzugeben, sondern den Konflikt anzunehmen und zu klären. Je selbstverständlicher, desto schneller ist das Thema vom Tisch. Vielleicht hilft folgender Vergleich:

Eltern kennen das: Ausgerechnet wenn's schnell gehen muss, möchte der Sohn oder die Tochter morgens die Schuhe nicht anziehen, um in den Kindergarten zu gehen. Wenn ich mir sicher bin, dass hinter diesem Verhalten kein generelles Problem mit dem Thema Kindergarten steht, sondern der kleine Mensch probiert, ob er seine Eltern manipulieren kann und wie viel Entscheidungsspielraum er hat, gehe ich darauf gar nicht erst ein. Ich ziehe ihm einfach die Schuhe an und los geht's. Verhalte ich mich unsicher oder versuche, den Dreikäsehoch mit Gummibärchen zum Anziehen zu bewegen, kostet mich das als Erzieher Autorität und Zutrauen.

Wer eine andere Erziehungsphilosophie hat, bezüglich der Tütengewöhnung unsicher ist, kann eine Ungenauigkeit bei der Geruchsaufnahme in Kauf nehmen, vorausgesetzt, er trailt nur im Freizeitbereich. Allerdings sollte man sich ehrlich fragen: Wo gebe ich denn noch nach? Immer wenn's mal konfliktträchtig wird? Bei der Gittertreppe, die der Hund nicht hochsteigt, bei der Engstelle, die er nicht passieren möchte, bei dem Opfer, das er »links liegen lässt«, weil es ihn nicht genügend bespaßt?

So locker klappt das nicht immer.

Meidet der Hund die Treppe, obwohl die Nase sagt: »Es geht da rauf«, empfehle ich, ihn einfach kommentarlos hochzunehmen, raufzutragen und sofort weiterarbeiten zu lassen, ohne großes »Gedöns«.

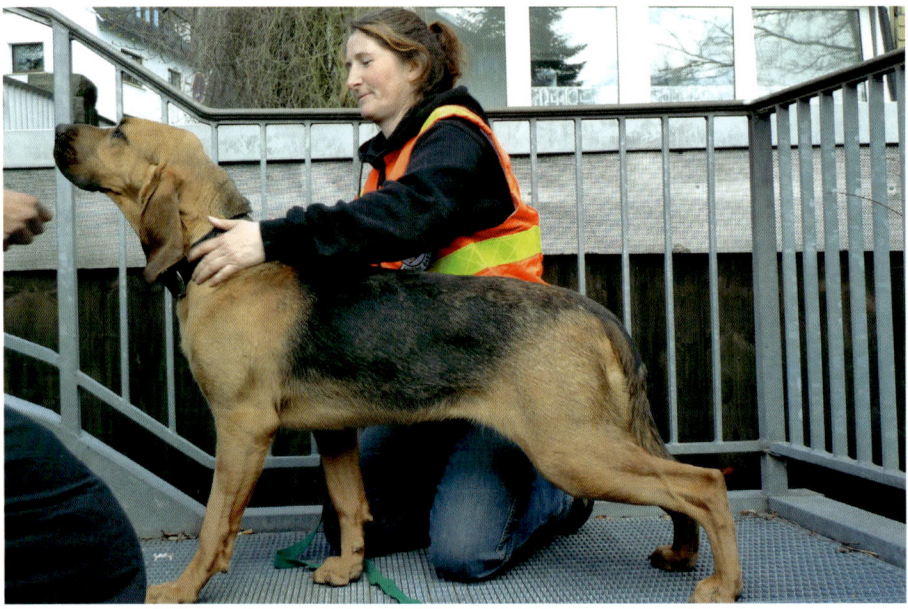

Dann das Thema außerhalb des Trails, am besten im Zusammenhang mit der OPFER-BINDUNG bearbeiten.

Tastmemory

4.12.1 Warum Futter das Anriechen erschwert

Viele Hundeführer gehen den einfachen Weg und werfen ein Stück Futter zum Geruchsträger in die Tüte, damit der Hund problemlos den Kopf hineinsteckt. Mal abgesehen von den Konsequenzen für die Beziehung zwischen Hund und Halter, möchte ich Sie zu einem kleinen Experiment einladen, einer Art Tastmemory:
Sie sehen auf dem folgenden Bild sieben verschiedene Holzstöckchen. Alle sind unterschiedlich geformt und haben eine andere Oberfläche. Ich packe diese Stöckchen nun in eine Tüte, verbinde Ihnen die Augen und gebe Ihnen ein weiteres Stöckchen in die Hand, dessen Rinde genau so ist, wie die Rinde eines der eingetüteten Stöckchen. Nun sollen Sie zuerst ertasten, wie sich die Oberfläche des Stöckchens in Ihrer Hand anfühlt und dann in die Tüte fassen und spüren, welches Stöckchen das Gegenstück ist. Und damit Sie »richtig« motiviert sind und bereit, Ihre Hand in die Tüte zu stecken, werfe ich noch einen 50 Euroschein in den Beutel. Nach was werden Sie jetzt wohl tasten? Wie gut können Sie sich dabei noch auf die Stöckchen konzentrieren?
Bei der Geruchsaufnahme bekommt der Hund die alles entscheidende Information. Und währenddessen wird er mit Würstchen abgelenkt. Ich empfinde das als widersinnig. Sie auch?

4.13 Typisches Missverständnis am Start

Für uns Menschen ist es offensichtlich, dass zwischen dem Geruch in der Tüte und dem Geruch, den der Hund am Startpunkt vorfindet, ein Zusammenhang besteht, weil beide gleich riechen. Da liegt der Schluss nahe, dass sich dahinter die Aufforderung verbirgt, diesen speziellen Duft zu verfolgen. Aber ein Hund denkt nicht in Kausalzusammenhängen, zumindest nicht nach unseren menschlichen Maßstäben. Für ihn ist eine Verbindung zwischen dem Geruchsträger und dem gelegten Trail nicht zwingend dadurch gegeben, dass er in der Tüte einen speziellen Duft vorfindet und derselbe Geruch auch am Ansatzpunkt ist. Er nimmt zwar den Geruch aus der Tüte auf, aber gleichzeitig gibt es auch eine frische Spur. Für uns Menschen ist die Assoziation klar, aber für den Hund noch lange nicht. Denn er begreift nicht zwangsläufig, dass er aufgefordert ist, den »eingetüteten« Geruch zu suchen, sondern meint vielleicht, seine Aufgabe sei, immer dem frischesten Geruch vom Startpunkt aus nachzugehen. Denn in Übungssituationen begehen wir gerade zu Anfang der Ausbildung leicht den Fehler, dass der gesuchte Geruch immer der frischeste am Ansatzpunkt ist. Dadurch kann das Missverständnis entstehen, die Geruchsaufnahme sei nur ein Teil des Startrituals und ansonsten ohne Bedeutung. Die Botschaft, dass er die erhaltene Information aufgreifen soll, kommt beim Hund unter Umständen gar nicht an. Und solange der gesuchte Geruch immer der frischeste ist, merkt das auch keiner.

Achtung

Vermeiden Sie in der Ausbildung von Anfang an den Fehler, dass der gesuchte Geruch immer der frischeste vom Startpunkt aus ist. Wenn mit frischem Geruch gearbeitet wird, sollten mindestens zwei Läufer zugleich weggehen, damit der Hund sofort eine Entscheidung treffen muss.

Damit der Hund lernt, dass er den Duft auf dem Geruchsträger den vorhandenen Spuren richtig zuordnen soll, ist es nötig, dass am Start von Anfang an mehrere Spuren gleichen Alters abgehen oder sogar frischere Spuren über den zu suchenden Geruch angelegt werden. Um zu testen, ob der Hund tatsächlich verstanden hat, dass er dem Geruch folgen soll, der in der Tüte ist, können Sie folgenden Versuch machen.

Der Maria-Claus-Test
Eingetütet ist der Geruch einer Person, sagen wir Maria. Eine andere Person, Claus, legt einen Trail. Maria steht während der Geruchsaufnahme am Start irgendwo im Hintergrund. Diejenigen Hunde, die meinen, dass sie den frischesten Geruch suchen sollen, holen sich zwar Marias Geruch aus der Tüte, nehmen aber dann das, was sie in der Übung immer wieder vorfinden: Einen frischen Trail – und starten. Richtig wäre,

Typisches Missverständnis am Start

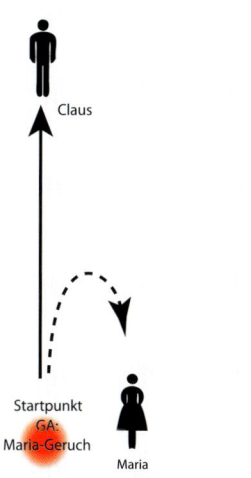 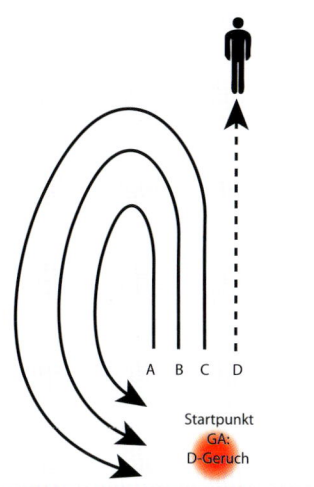

den Startbereich nicht zu verlassen, sondern dort zu kreisen und Maria anzuzeigen. Um diesen Ausbildungsfehler zu vermeiden, lasse ich von Anfang an mindestens zwei Spurleger am Startpunkt in entgegengesetzter Richtung fortgehen. So lässt sich eindeutig feststellen, ob der Hund dem richtigen Geruch folgt.

Das Wichtigste beim ersten Schritt ist nicht die Weite, sondern die Richtung.
Unbekannter Verfasser

Ist das Team schon fortgeschritten, kann auch ein ganzer Pulk in dieselbe Richtung gehen. Die einzelnen Läufer biegen auf dem Trail nach und nach an unterschiedlichen Stellen ab und kommen in einem großen Bogen zum Startpunkt zurück. Nur der Spurleger, dessen Geruch in der Tüte ist, geht bis zum Ende weiter. Durch diesen Aufbau kann ich überprüfen, ob der Hund verstanden hat, dass er dem Geruch folgen soll, der ihm per Geruchsträger vorgegeben wird. Denn sonst ist die Tüte nichts anderes, als ein nichtssagendes Ritual am Start, ohne dass der Hund die beabsichtigte Information daraus zieht.

Wichtig

Mindestens zwei Personen in entgegengesetzte Richtungen laufen lassen, besser noch drei oder vier. Hat der Hund verstanden, dass er nicht einfach irgendeinen frischen Geruch suchen soll, sondern den, der in der Tüte ist, können mehrere Personen fächermäßig weggehen. Wer die Möglichkeit hat, kann sogar eine ganze Gruppe in dieselbe Richtung gehen lassen. Der Hund muss so ständig zwischen dem richtigen und dem falschen Geruch unterscheiden und kann sich nicht an der frischesten Spur »festhalten«.

4.14 Split Trail

Durch diese Art des Starts erübrigen sich die allseits beliebten Splittings. Bei einem Splitting soll der Hund aus zwei oder mehr gleich alten Spuren die zum Geruchsartikel passende Spur heraussuchen. Nichts anderes mache ich gleich von Anfang an. Außerdem üben wir vorwiegend in der Stadt, wo sich permanent fremde Leute bewegen, sich bewegt haben oder sich nach dem Legen des Trails noch bewegen werden. Das erscheint uns so selbstverständlich, dass wir diesen Umstand beim Training oft nicht würdigen und anstatt dessen künstlich »Splittings« kreieren. Ein Opfer in kontaminiertem Gebiet ist besser als irgendwelche Splittings im Wald, bei denen der Mensch eine feste Vorstellung entwickelt, wie der Hund laufen soll, obwohl er keine Ahnung hat, wie der Geruch sich verteilt und welche Bestandteile des Geruchs sein Hund überhaupt sucht.

Bei den Splittings denken viele Ausbilder selbst in bebauten Gefilden zu sehr an Fährtenarbeit. Sie lassen eine Person rechts um ein Gebäude herumgehen und eine andere links und wollen sehen, ob der Hund anschließend »richtig« geht, wobei »richtig« in den Köpfen vieler Leute dort ist, wo die gelaufene Spur ist. Das ist Fährtenarbeit und kein Mantrailing. Wenn der Hund verstanden hat, um was es geht, ist der Split, also die Geruchsunterscheidung, kein Problem.

Übersprungshandlungen: Interessant ist zu beobachten, wenn zwei dem Hund bekannte Personen weggehen und sich trennen. Häufig zeigen die Hunde in solchen Situationen irgendwelche Übersprungshandlungen. Sie schütteln sich zum Beispiel, wie wir das auch sonst beobachten können. Mein Bluthund JoJo schüttelt sich grundsätzlich nach jeder Geruchsaufnahme. Über den Grund können wir nur spekulieren. Vielleicht ist es das Abschütteln der Anspannung und punktgenauen Konzentration beim Anriechen. Oder aber das Schütteln ist verbunden mit dem Verarbeiten oder Speichern des Geruchs. Wir wissen es nicht, aber wir erkennen, dass Übersprungshandlungen immer wieder an relevanten Stellen der Suche auftreten.

4.15 Line Up

Was ist das? Line ups kennen wir alle aus dem Krimi: Hinter einer Glasscheibe stehen mehrere Personen, darunter der mutmaßliche Täter, der durch einen Augenzeugen identifiziert werden soll. Wir bezeichnen diese Art der polizeilichen Ermittlungsarbeit als »Gegenüberstellung«. Diese optische Identifikation wurde eins zu eins auf die Arbeit von »Kommissar Rex« übertragen – ich behaupte mal, ohne recht zu bedenken, dass gerade die Optik für den Hund eine große Ablenkung bedeutet. Doch man kann aus der Not auch eine Tugend machen, und Line ups gezielt dazu einsetzen, dem Hund beizubringen, »bei der Nase zu bleiben« und nicht auf Optik zu gehen.
Aufbau: Mehrere Personen laufen im Gänsemarsch auf ein frisches Gebiet, wie einen Fußballplatz oder einen Asphaltplatz. Frisch bedeutet, dass keine der am Line up be-

Line Up

teiligten Personen sich vorher dort aufgehalten hat. Sie teilen sich an einem Punkt fächerförmig auf und stehen schlussendlich mit drei bis vier Metern Abstand aufgereiht nebeneinander. Der Hund wird einige Meter vor dem Fächerteilungspunkt gestartet und soll die richtige Person am Geruch erkennen – trotz der Ablenkung durch das optisch aufgereihte Bild. Das ist definitiv eine Übung für Fortgeschrittene, denn der Hund darf keinen Trail laufen, was für die meisten ziemlich frustrierend ist, denn sie wollen lieber laufen und suchen, anstatt sich zu konzentrieren und anzuzeigen.

Wozu dienen sie? Line Ups können ein gutes Werkzeug im Training sein, um dem Hund zu erklären, nicht mit den Augen, sondern nur mit der Nase zu suchen. Der Hund wird beim Line Up aller Wahrscheinlichkeit nach von Nase auf Auge umschalten, und der Hundeführer hat die Möglichkeit, ihn dabei zu korrigieren. Das Line Up bietet also in erster Linie eine Gelegenheit, dem Hund zu erklären: »Schalte nicht um, wechsele nicht den Sinn. Nimm nicht das Auge, sondern konzentriere Dich auf Deine Nase.« Viele Hundeführer mögen den Line Up nicht, weil der Lerneffekt beim Hund nach einem Durchgang nicht gleich da ist. Man braucht Ruhe und

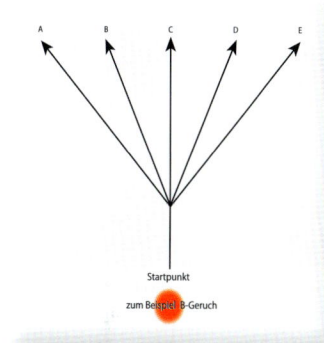

Geduld für einige Wiederholungen. Einfacher ist der Line Up, wenn man nur mit zwei Personen arbeitet. Die optisch sichtbare Person ist die Verleitung, diejenige, die gesucht werden soll, versteckt sich. Dann können wir den Hund anhalten, wenn er das Auge benutzt und weiterarbeiten lassen, wenn er die Nase einsetzt. Damit diese hochkarätige Übung gelingt, braucht es einen Ausbilder, der das Training anleiten und die Hundeführer richtig anweisen kann. Line Ups sind nichts für Anfänger! Können weder der Ausbilder noch der Hundeführer unterscheiden, wann der Hund das Auge und wann er die Nase benutzt, korrigieren sie zum falschen Zeitpunkt, und diese Übung verkommt zu einer reinen Manipulation. Nämlich dann, wenn der Hundeführer einfach nur jedes Mal stehen bleibt und den Hund zurückhält, wenn er auf die falsche Person zuläuft, ohne dass der Hund dabei versteht, was er falsch macht. Diese Übung kann leicht dazu führen, dass der Vierbeiner einfach ausprobiert, auf welche Person er ungehindert zulaufen kann, ohne dass er die entscheidende Botschaft erhält. Das muss ein guter Ausbilder erkennen. Es gibt Hunde, die sind von Anfang an konzentriert und arbeiten nur mit der Nase. Aber der Großteil der Hunde startet noch gut, schaltet dann aufs Auge um, sieht vielleicht sechs Personen im Zielgebiet, darunter sind noch ein oder zwei bekannte, dann geht das Rodeoreiten los.

Gerald Schaller

Ich kann Trails legen, die jeden zufrieden machen. Oder ich kann Trails legen, aus denen der Hund und der Hundeführer etwas lernen.

III AUF DEM TRAIL

4.16 Den Hund »lesen«

Ein Schlagwort bei vielen Ausbildungen ist, den Hund »lesen« lernen. Damit ist gemeint, aufgrund der Körpersprache und des Suchverhaltens Rückschlüsse darauf zu ziehen, wo Geruch liegt. Wie sieht mein Hund aus, wenn er sich sicher oder unsicher ist, wie sieht er aus, wenn er umdrehen möchte oder wenn er sich kurz vor dem Opfer befindet? Natürlich ist es gut, das Verhalten seines vierbeinigen Partners möglichst genau zu kennen. Aber kann man sich auf diese Deutungen wirklich verlassen? Nicht alle Hunde kann man gut »lesen«. Manche sind sehr schnell, andere sehr sparsam mit den Signalen.

Hinzu kommt: Wer als Hundeführer weiß, wo der Trail liegt, ist leicht geneigt, in jede Bewegung des Vierbeiners etwas hineinzudeuten. Schaut der Hund an einer Kreuzung dorthin, wo der Läufer vorher abgebogen ist, geht dann aber in einer anderen Richtung weiter, spricht man von sogenannten Head Turns. Diese werden oft so interpretiert, dass der Hund erst dorthin guckt, wo der frischeste Geruch liegt, dann aber anders läuft, weil er vielleicht die »falschen« Richtungen erst überprüfen möchte, um »sicher zu gehen«. Ein weiterer möglicher Grund für dieses Verhalten wäre, dass an anderer Stelle mehr Geruch liegt als dort, wo die gelaufene Spur ist. Bemerke ich als Hundeführer diesen Head Turn, kann er mir als Hinweis dienen, wo der gelaufene Trail liegt. Und dann? Soll ich den Hund korrigieren, weil er nicht gleich »richtig« abbiegt? Wie mache ich das? Und wie weit lasse ich ihn in die »falsche« Richtung laufen? Sie sehen, wenn man nach dieser Theorie verfährt, tauchen mehr Fragen als Antworten auf.

Falls Sie bereits Trailerfahrung haben, wissen Sie außerdem, dass beim Laufen kaum Zeit ist, in Ruhe die Körpersprache des Hundes zu deuten. Dazu geht das Ganze viel zu schnell. Gerade Anfänger sind vor allem damit beschäftigt, die Leinenspannung aufrechtzuerhalten und auf den Verkehr und auf die Umgebung zu achten. Die Situation ist vergleichbar mit anderen Fertigkeiten, die zu Beginn ungeheuer komplex sind, Autofahren oder Reiten zum Beispiel. Beim Reiten hat der Anfänger ganz profan damit zu tun, oben zu bleiben, im eigenen Gleichgewicht zu sitzen und die richtigen Hilfen zu lernen. Er kann das Verhalten des Pferdes noch nicht richtig deuten und entsprechend fein abgestimmt reagieren. Im Gegenteil, das Pferd ist sein Lehrmeister und der Mensch ist mit sich selbst beschäftigt. Genauso geht es Trailanfängern auch. Bloß arbeiten Trailanfänger fast immer mit Hunden, die selbst noch nicht ausgebildet sind. Das macht es beiden Seiten besonders schwer, weil man sich leicht gegenseitig im Weg steht. Ein fertig ausgebildeter Hund nimmt Fehler auch mal hin, genauso wie ein ausgebildetes Pferd. Im Reitsport käme allerdings niemand auf die Idee, einen Neuling auf ein rohes Pferd zu setzen.

Den Hund »lesen«

Solange Sie keine Routine haben, vergessen Sie mal Head Turns oder ob Ihr Hund mit dem linken Ohr wackelt, wenn er unsicher wird. Denn meiner Ansicht nach ist es Blödsinn zu sagen, der Hund biegt rechts ab, aber das ist falsch, weil es eigentlich nach links geht. Und ich frage mich nicht: Wie kriege ich denn den Hund dazu, dass er nach links läuft? Viel wichtiger ist: Warum läuft er überhaupt nach rechts? Ist rechts Geruch oder war der Hund zu dem Zeitpunkt, in dem er diese Entscheidung getroffen hat, nicht richtig bei der Sache? Nur das ist von Interesse. Und woran erkenne ich das? Keinesfalls an den sogenannten Head Turns, die anderenorts beschrieben werden. Das lesen die Leute und damit warten Generationen von Hundeführern auf diese Kopfdrehung. Ich sage dazu ganz einfach: Ja, der Hund dreht seinen Kopf. Es kann sein, dass der Spurleger dort entlanggegangen ist. Es kann aber genausogut einen anderen Grund haben, warum der Hund dahin geguckt hat. Das ist nur eine Frage der Interpretation.

Wir wissen nur sehr wenig über Geruch und was unsere Hunde überhaupt suchen. Wie kann ich daher sagen, rechts ist falsch und links ist richtig? Geruch liegt ja nicht nur auf dem tatsächlich gelaufenen Weg. Was also will ich ausbilden? Ich kann nur beobachten: Wie arbeitet der einzelne Hund? Wie geht er vor? Wie sieht er dabei aus? Eine Möglichkeit, das herauszufinden, ist, jemanden zu verstecken, den der Hund unbedingt finden möchte, zum Beispiel den Besitzer. Dann beobachte ich, ob das Tier genau weiß, wie es zum Erfolg kommt. Falls ja, kommt dieser Hund für die Personensuche in Frage. Jetzt bleibt mir rein ausbildungstechnisch nur die Möglichkeit zu kontrollieren, wann der Hund arbeitet, denn er weiß ja genau, wie er zum Erfolg kommen kann, und wann er andere Dinge macht. Falls er andere Dinge macht, unterbreche ich ihn. Damit das möglichst wenig zu geschehen braucht und er motiviert ist, auch Fremde zu suchen, bilde ich ihn vorab an den Komponenten eins, zwei und drei aus. Das ist die ganze Kunst.

Insofern spielt es auch in meiner Ausbildung eine Rolle, die Körpersprache des Hundes richtig zu deuten. Dabei geht es aber einzig und allein darum zu unterscheiden, ob mein Hund arbeitet oder Blödsinn macht. Ich achte sehr genau darauf, welche Körperhaltung ein Hund hat, wenn er konzentriert arbeitet. Jeder sieht dabei anders aus. Vor allem am Anfang der Ausbildung ist es immens wichtig, dieses Bild im Kopf abzuspeichern.

Das Zielbild: Der Körperausdruck, den mein Hund zeigt, wenn er konzentriert arbeitet.
Abweichen vom Zielbild: Der veränderte Körperausdruck, wenn mein Hund nicht mehr bei der Sache ist.
Was ist zu tun? Ich fordere meinen Hund sofort zum Weiterarbeiten auf.

Dieser spezielle Körperausdruck ist das Zielbild. Ähnlich wie beim Memoryspielen präge ich mir dieses Bild für jeden Hund ein, den ich ausbilde. Ich gleiche ständig ab, ob das Bild, das ich gerade vor Augen habe, dazu passt oder nicht. Ändert sich dieses Zielbild, werte ich das als Hinweis darauf, dass der Hund im Begriff ist, neben seiner Arbeit noch eigenen Interessen nachzugehen und greife sofort korrigierend ein (vgl. Seite 187).

Gedanken, die Hundeführer von der Korrektur abhalten und dadurch hinderlich sind:
- Noch macht er ja nicht wirklich etwas falsch.
- Wenn ich jetzt eingreife, tue ich ihm vielleicht Unrecht.
- Vielleicht guckt er nur mal kurz und arbeitet dann weiter.
- Wer weiß, vielleicht liegt da ja Geruch.
- Hunde haben immer Recht.
- Hunde können nicht lügen.
- Ich rieche nichts, also lasse ich den Hund laufen.
- Da kann ja nichts passieren, denn er ist an der Leine.
- Ich darf den Hund nicht in der Suche stören.
- Er bekommt schon noch die Kurve. Ich warte noch ein bisschen.

4.17 Hilfen und Korrekturen

Es gibt zwei unterschiedliche Situationen, die ein Eingreifen auf dem Trail notwendig machen. Die erste: Der Hund arbeitet am Geruch, macht also im Prinzip alles richtig. Trotzdem muss man einem Junghund auch dann hin und wieder helfen. Und zwar, wenn er in Situationen gerät, mit denen er noch nicht umgehen kann oder die dazu führen können, dass er anfängt, Fehler zu machen. Wenn er zum Beispiel in einen Hinterhof läuft, weil seine Nase ihn dort hineinzieht, kann es sein, dass dort ein Geruchspool liegt. Der Hund fängt an zu kreisen und findet nicht mehr hinaus. Oder er überläuft eine Abzweigung, weil er noch unerfahren ist und plötzlich feststellt »uuups, jetzt passt was nicht«, aber nicht zurückfindet. Oder er ist noch nicht erfahren genug, um mit bestimmten Situationen wie Katzen, fremden Hunden, lauten Geräuschen, Menschenmengen usw. souverän umzugehen.

Dies alles lässt sich zusammenfassen unter: Der Hund kann (noch) nicht. In diesem Fall hänge ich die Leine vom Geschirr ins Halsband um, oder, falls es sich nur um ein paar Meter handelt, greife ich kurz ins Halsband und führe ihn aus der Situation heraus oder daran vorbei. Danach wird ohne weitere Verzögerung ins Geschirr umgehängt und weiter gearbeitet. Das Umhängen ins Halsband ist keine Korrektur im Sinne von Bestrafung. Ich kann den Hund auch durchaus mal umhängen, ein Stück zurückführen und weiter arbeiten lassen, wenn gar keine

Veranlassung dazu besteht. Umhängen bedeutet nur: Ich übernehme kurz mal die Führung. Und sobald die Leine wieder am Geschirr einhakt, arbeitet der Hund von diesem Punkt aus weiter.

Tanja Schweda

Ein guter Hundeführer kann den Hund zwar unterbrechen, aber danach noch nicht in die Pflicht nehmen weiterzuarbeiten.
Die besseren Hundeführer können unterbrechen und sogleich in die Pflicht nehmen, um weiterzuarbeiten.
Die ganz hervorragenden Hundeführer unterbrechen, nehmen in die Pflicht und schalten um. Das heißt, die Emotion ändert sich und es macht wieder Freude, weiterzuarbeiten. (vgl. Seite Kiste mit Würstchen Seite 40)

Es gibt aber auch Situationen, da kann der Hund arbeiten, will es aber nicht. Er geht lieber seinen eigenen Interessen nach. In diesem Fall ermahne ich verbal. Ich persönlich verwende dazu das Wort »arbeiten« mit verbindlich aufforderndem Tonfall, denn andere Wörter aus dem Alltag sind oft mit irgendwelchen Bedeutungen belegt. »Weiter« zum Beispiel impliziert, dass es nach vorne weiter geht, gibt also eine Richtung vor. Das Ermahnsignal hingegen sagt lediglich: Hör auf mit dem, was Du da tust und arbeite unverzüglich weiter. Wie schon in Komponente zwei beschrieben (vgl. Seite 61 f), wird dieser Respekt im Alltag erarbeitet. Das bedeutet, unterbricht der Hund sein Tun nicht auf ein kurzes, verbales Signal hin, sollte dieser Konflikt nicht dauerhaft auf dem Trail ausgetragen, sondern zuhause gelöst werden.

Um in der Situation handlungsfähig zu sein empfehle ich, den Hund zum Beispiel einfach hochzuheben, wenn er das Schnüffeln nicht sein lassen will, ein paar Meter weiter wieder abzusetzen und zum Weiterarbeiten aufzufordern. Ich hebe ihn quasi aus dem Konflikt heraus. Gelöst wird das Thema später, außerhalb des Trailens. Eine andere Möglichkeit ist, ihn von einer Stelle, wo er sich »festsaugt«, wegzudrängen. Das Prinzip lautet: Reagiert der Hund nicht auf das sprachliche Signal, wird sofort gehandelt, nicht debattiert. Ungern korrigiere ich über die Leine durch Rucke am Geschirr. Erstens machen wir gerade zu Beginn noch Fehler und ruckeln unbeabsichtigt, weil das Leinenhandling noch nicht klappt. Der Hund soll ja lernen, das zu ignorieren, also auf Rucke nicht zu reagieren. Zweitens geben ungenaue Rucke schnell mal eine Richtung vor, weil die Impulse nicht gerade nach oben, sondern nach hinten, nach rechts oder links gegeben werden.

Wenn überhaupt, dann einen Impuls mit der Leine nur gerade nach oben geben, um den Hund zu korrigieren.

4.18 Die Sache mit der strafenden »Auszeit«

»Mein Hund hat nicht gearbeitet, sondern hat nur rumgeschnüffelt. Da habe ich ihn ins Auto gebracht. Weil er nicht mehr arbeiten durfte, war er wirklich frustriert. Das nächste Mal wird er sich daran erinnern und mitarbeiten.« So oder ähnlich glauben viele, ihren Hund gewaltfrei und daher politisch korrekt »bestrafen« zu können. Die Strafe ist der angebliche Frust, den der Hund aushalten muss, wenn »das schöne Spiel« abgebrochen wird und er zurück ins Auto gebracht wird.
Ich meine, man kann sich und dem Hund diese Art der »Bestrafung« ersparen. Denn wie schon an anderer Stelle beschrieben, können Hunde Kausalzusammenhänge in

dieser Form nicht begreifen. Falls bei der geschilderten Situation überhaupt eine Verknüpfung stattfindet, dann wohl eher diese: Ich bin frustriert, weil ich nicht weiter Gassi gehen darf. Ich bezweifle allerdings, dass in diesem Fall überhaupt irgendein Lernprozess stattfindet. Meiner Erfahrung nach bringen Hunde das Schnüffeln am Laternenpfahl und das anschließende Warten im Auto nicht in einen Zusammenhang aus Ursache und Wirkung. Rumschnüffeln und ins Auto gebracht werden sind nur zwei aufeinander folgende Ereignisse. Außerdem bekommt der Hund durch solche »Strafen« nicht die Chance, es richtig zu machen.

4.19 Stehen bleiben und eine Pause machen

Es gibt sehr viele Gründe, auf dem Trail hin und wieder anzuhalten. Das Anhalten geschieht immer dadurch, dass die Leine vom Geschirr ins Halsband gehängt wird. Damit ist für den Hund klar, der Mensch übernimmt kurz die Führung. Man kann anhalten, um zu überlegen, um sich und dem Hund eine Verschnaufpause zu gönnen, um sich zu besprechen, um nach einer schwierigen Situation emotional wieder ins Gleichgewicht zu kommen oder einfach nur, um sich die Schnürsenkel zu binden. In Einsatzsituationen ist es sogar unumgänglich ab und an zu stoppen. Deshalb ist es wichtig, auch im Training Pausen immer wieder einzubauen. Nur so bekommt der Hundeführer die Sicherheit, dass der Hund selbst nach einer 10- oder 15-minütigen Unterbrechung weiter arbeitet. Während der Pause bleibt der Hund im Geschirr, denn den Geruch soll er ja weiterhin abgespeichert und im Kopf behalten. Dass heißt, er soll während der Pause nicht herumschnüffeln oder gar ins OFF gehen (vgl. Seite 80), sondern seine Aufgabe nicht aus den Augen, besser gesagt, aus der Nase verlieren.

Das Anhalten sollte anfänglich nicht in delikaten Entscheidungssituationen oder Konflikten passieren. Das kann man sich für den fortgeschrittenen Hund aufheben.

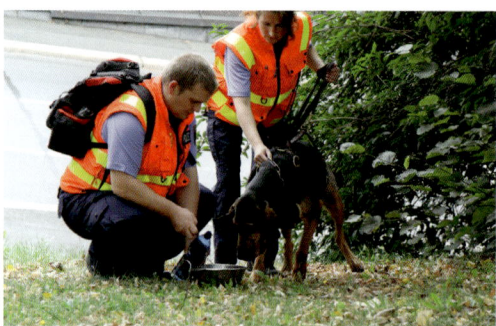

Kurz anhalten, prüfen, ob der Hund Wasser möchte, und sich absprechen. Prüfung Polizei Sachsen.

4.20 Erneutes Anriechen auf dem Trail

»Was ist falsch daran, dem Hund ein und denselben Geruchsartikel auf dem Trail mehrmals zu präsentieren?«, werde ich oft gefragt. Zwei Gründe sprechen dagegen: Wenn der Hund schon fortgeschritten ist und verstanden hat, was er tun soll, wird ihn das mehrmalige Anriechen-Müssen entweder nerven oder verunsichern, weil er nicht versteht, warum er das machen soll.

Der zweite Grund ist, dass das mehrmalige Anriechen-Lassen immer dann erfolgt, wenn der Hundeführer sich nicht mehr sicher ist, ob der Hund überhaupt noch weiß, wen er suchen soll. Dem Hund wird die Tüte schnell noch mal angeboten, in der Hoffnung, dass er sich erinnert. In dieser Anspannung sind Unsauberkeiten vorprogrammiert. Die Tüte wird hektisch aus der Tasche gekramt und dem Hund irgendwie unter die Nase gehalten. Die Gefahr einer Fremdkontamination ist dabei hoch und öffnet dem Hund Tür und Tor, quasi auf Befehl zu »switchen«, also die Aufgabe zu wechseln.

4.21 Straßenverkehr

Fahrzeuge anzuhalten oder auch nur zu verlangsamen, um dem Hund zu ermöglichen, ungehindert eine Straße zu überqueren, ist ein unerlaubter Eingriff in den Straßenverkehr. Das darf nur die Polizei. Wer keine Berechtigung hat, sollte sich im Klaren darüber sein, dass er Probleme bekommen kann, wenn er

Straßenverkehr

So darf nur die Polizei in den Verkehr eingreifen.

sich in den Straßenverkehr einmischt, und überquert daher die Straße,

indem er erst die Leine verkürzt, dann ins Halsband fasst, und den Hund in dieser Position so lange »einfriert«, bis die Straße frei ist

und gefahrlos überquert werden kann. Das »Einfrieren« am Halsband sagt dem Hund: Stehen bleiben, den Fokus beibehalten, gleich geht's weiter.

Falls, wie hier, der Autofahrer von sich aus anhält, kann gefahrlos weitergearbeitet werden. Der Hund bleibt die ganze Zeit über nach vorne orientiert.

4.22 Anzeigearten

Kommt der Hund am Ende des Trails zum Opfer, sollte er es eindeutig identifizieren. Auf welche Weise er das macht, ist egal, so lange zwei Dinge erfüllt sind: Die Anzeigeart muss eindeutig und stets dieselbe sein. Was nicht geht ist: heute wedelt er, morgen bellt er und übermorgen kratzt er sich am Ohr. Der Hund tut sich außerdem wesentlich leichter, wenn man ein Verhalten wählt, das er spontan anbietet. Die Freude am Opfer wird sonst getrübt, wenn der Vierbeiner zum Ziel kommt und erst »nachdenken« muss oder in einen Unterordnungsmodus gerät, weil ein bestimmter Habitus eingefordert wird.

Die häufigsten Anzeigearten beim Mantrailing sind Vorsitzen und Anspringen. Das in der Flächensuche gängige Verbellen ist beim Mantrailing nur dann üblich, wenn der Hund es von sich aus anbietet. Denn die Information »Ich habe das Opfer gefunden« muss nicht über eine weite Distanz transportiert werden.

Das **Vorsitzen** eignet sich für Hunde, die nicht springen wollen oder Schmerzen dabei haben. Für den Familienhund hat diese Anzeigeart den Vorteil, dass er das Anspringen nicht lernt und vielleicht unaufgefordert im Alltag benutzt oder bei Konflikten einsetzt. JoJo springt zum Beispiel an uns hoch, wenn er uns beschwichtigen will.

Das **Anspringen** ist für den aufgeschlossenen Hund aus einer Suche heraus das einfachste, weil er sich ja im Erregungszustand befindet. Anspringen fällt dann leichter, als in ein ruhiges Sitzen zu kommen.

Aber jeder Hund ist anders!

4.23 Worauf es wirklich ankommt

Ein genereller Hinweis für das Training ist folgender: Es kommt nicht so sehr darauf an, möglichst lange Trails zu üben oder das Spuralter sukzessive zu steigern. Das Wichtigste ist vielmehr, variantenreich zu üben, Details zu trainieren statt Strecken. Wer sich durch die folgende Liste arbeitet, kann sich allen Herausforderungen stellen:

- Der Läufer ist von einem Fahrzeug abgeholt worden.
- Der Läufer steht am Trailende in einer Gruppe.
- Der Läufer ist in ein Gebäude gegangen.
- Die Person sitzt am Trailende in einem Fahrzeug.

- Der Trailstart ist innerhalb eines Gebäudes.
- Line Ups (Nase statt Auge)
- Negativ: Am Start ist der gesuchte Geruch nicht vorhanden.
- Der Läufer steht am Trailstart, so dass der Hund anzeigen muss, ohne einen Trail laufen zu dürfen.
- Der Läufer wird streckenweise gefahren.
- Der Läufer liegt an einer erhöhten Stelle, zum Beispiel auf einem Garagendach.
- Der Läufer ist im Untergrund, also zum Beispiel in einem Schacht.
- Backtrail, das ist ein Sackgassentrail, bei dem der Läufer hin- und zurückgeht.
- Mehrere Personen »flüchten« am Start aus einem Auto.
- Geruchspools (siehe Seite 216 ff).
- Anhalten auf dem Trail und eine längere Pause machen.
- Ausschluss von Fremdgerüchen.
- Geruchsaufnahme an Objekten wie Türklinken oder Fensterrahmen.

Zusatzübungen:
- Das Sichern von Geruchsartikeln.
- Alle möglichen Arten von Geruchsartikeln abarbeiten wie:
  - Ausscheidungen und Körperflüssigkeiten
  - angebissene Nahrung
  - Zigarettenkippen oder gekauter Kautabak
  - Munition, Asche

Dadurch, dass prinzipiell jeder eindeutige Geruchsträger verwendbar ist, kann man seiner Fantasie freien Lauf lassen …

4.24 Wo will ich hin? Welche Ziele möchte ich bzw. kann ich erreichen?

Höchster Anspruch – Die gesamte Bandbreite des Trailens wird abgedeckt:
- Spuralter bis zu zwei/drei Wochen, je nach Umweltbedingungen
- Suchzeit von mindestens drei Stunden

Mein härtester diesbezüglicher Einsatz mit meinem Hund JoJo dauerte zweimal 3,5 Stunden mit nur 10 minütiger Pause dazwischen. Dazu herrschte eine Temperatur von 35° Celsius und extrem hohe Luftfeuchtigkeit. Ein erfahrener Ausbilder von Trümmerhunden hat mir einmal gesagt: »Es ist leichter für den Hund, sechs verschiedene Personen in einem Trümmerkegel zu suchen, als eine Person eine Stunde lang auszuarbeiten.« Dasselbe gilt analog für den Mantrailer: Es ist leichter, 30 kurze Trails an zwei Tagen zu machen, als einen Trail, der drei Stunden dauert.
- Ablenkungen aller Art
- Stark kontaminiertes Suchgebiet, das bedeutet

1. Viele frische Spuren liegen über dem zu suchenden Geruch. Ein Beispiel: Sie suchen jemanden, der tags zuvor auf dem Oktoberfest war. Falls Sie dagegen eine Person am frühen Morgen über das Oktoberfestgelände laufen lassen würden, wäre das immens leichter. Dann würde nämlich die frischeste Spur die richtige sein, was viel einfacher ist, da Hunde die genetische Disposition haben, frischen Geruch zu suchen.
2. Würden Sie dagegen am Abend jemanden suchen, der sich schon längere Zeit auf dem Gelände aufhält, müsste der Hund ständig unterscheiden zwischen älter, frischer, mehr, weniger, was ebenfalls sehr anspruchsvoll ist.

- Geruchspools
- Negativ
- Line Up
- Eliminieren von Fremdgerüchen bei mehrfach kontaminierten Geruchsartikeln durch Ausschlussverfahren
- Alle Arten von Auffindesituationen also in der Höhe, zum Beispiel auf einer Feuertreppe, in der Tiefe, zum Beispiel in einem Schacht
- Zielpersonen, die sich bewegen, anstatt still zu verweilen
- Spurleger im geschlossenen Fahrzeug oder Gebäude am Ende der Spur, in diesem Bereich sollte der Hund zum Stillstand kommen, er muss nicht das Auto oder die Eingangstüre anzeigen
- Alle Arten von Spuren, die mit Fahrzeugen gelegt wurden wie Fahrrad, Motorrad, Cabriolet usw. vorausgesetzt, ein freier Luftaustausch zwischen dem Läufer und seiner Umwelt kann stattfinden. Das heißt, beim Auto das Fenster ein Stück weit offen lassen, Klimaanlage einschalten reicht nicht.
- Parallelstarts: Zwei Hunde starten gleichzeitig an zwei unterschiedlichen parallel laufenden Spuren, die sich ab und an kreuzen. Im Zielgebiet sind beide Spurleger in Bewegung
- Zielpersonen, die sich permanent im Suchgebiet bewegen oder dort sogar leben

Mittleres Ziel – Trailen ist möglich in minderkontaminierten Gebieten mit wenig Ablenkung
- Spuralter bis 48 Stunden
- Suchzeit 1–1,5 Stunden
- Moderate Alltagsablenkungen, wie andere Hunde, Katzen, Wildspuren, Straßenverkehr
- Zielperson zeitweise im Suchgebiet bzw. auch Wohnumfeld des Gesuchten als Suchgebiet
Geeignet sind Hunde, die keine Veranlagung zum Stöbern mitbringen. Die vier genannten Punkte stellen die Mindestanforderungen dar, falls das Team eine Prüfung ablegen möchte.

Für den Freizeitbereich – Hier richten sich die Ziele nach den individuellen Fähigkeiten des Hundes und des Hundeführers. Voraussetzung ist, dass der Hund eine Grundveranlagung zum Trailen mitbringt, die individuell gefördert und gefordert wird. Meistens arbeitet man auf diesem Niveau mit einem

- Spuralter von bis zu 24 Stunden
- die Trails sind bis zu einem Kilometer lang, die Suchzeit beträgt höchstens etwa eine Stunde, falls es nicht zu heiß ist.
- Das Maß der Ablenkung hängt von der Konzentrationsfähigkeit des Hundes ab und davon, wie viel Stadtgewöhnung das Tier hat.

Grundvoraussetzung: Der Hund arbeitet konzentriert am zu suchenden Geruch und geht nicht seinen eigenen Interessen nach!

4.25 Frage & Antwort

Warum beginnt Dein Buch erst im vierten Kapitel mit typischen Mantrailingthemen wie Geruchsartikel, Leinenlängen oder Startritual?
ARMIN SCHWEDA: Weil ich ansonsten mit Schritt zwei beginnen würde, statt zuerst Schritt eins zu machen. Das wäre in etwa vergleichbar mit einem Fahrschüler, der noch nicht kuppeln und schalten kann, aber sich in der zweiten Fahrstunde schon Gedanken darüber macht, wie er ein Formel-1-Rennen gewinnen kann. Der tiefere Hintergrund ist: Wenn der Hund verstanden hat, um was es geht und auch die Fähigkeit mitbringt, sich auf das, worum es geht, zu konzentrieren, dann muss ich mir um den Rest nicht mehr so viele Gedanken machen. Denn dann ist der Hund bemüht, das zu tun, was wir von ihm verlangen.

Wie ist das zu verstehen?
ARMIN SCHWEDA: Wir wissen nur sehr wenig über Geruch und wie er sich verhält. Da kann ich wenig ausbilden. Was wir hingegen ausbilden können, ist Zuverlässigkeit, Beharrlichkeit und Findewillen. Diese drei Aspekte bezeichne ich gerne als die »Arbeitseinstellung« des Hundes. Das bedeutet, vor jeder Spezialisierung, egal ob zum Mantrailer oder zu einer anderen Art Rettungshund, stehen Beziehungs- und Erziehungsarbeit als Basis. Mit Erziehungsarbeit ist hier allerdings keine klassische Unterordnung (Sitz-Platz-Steh) gemeint, sondern Höflichkeitsregeln wie Gesprächsbereitschaft und das Akzeptieren von Grenzen.

Obschon der Bluthund einerseits ideale Voraussetzungen zum Mantrailing mitbringt, raten manche Fachleute von dieser Rasse ab, weil sie so schwer zu halten und auszubilden ist. Wie stehst Du dazu?
ARMIN SCHWEDA: Es kommt natürlich immer darauf an, wer so einen Bluthund führt.

Wenn ein Fahranfänger, um nochmals diesen Vergleich zu bemühen, aus einem Ferrari steigt und meint, das sei aber eine »blöde Kiste«, weil er mit diesem Auto nicht zurechtkommt, wie viel Wert misst man dieser Aussage dann bei? Und weil der Bluthund nichts für Anfänger ist, ist es in Amerika Usus, dass im Diensthundewesen nur die Ausbilder die Ehre haben, einen Bluthund führen zu dürfen.

Ist es gut, möglichst viele Seminare zu besuchen, um Mantrailing zu lernen?
ARMIN SCHWEDA: Nein, oft sind unterschiedliche Seminarbesuche eher kontraproduktiv. Denn viele Seminarteilnehmer haben keine konkreten Fragen, sondern wollen einfach mal sehen, wie der betreffende Ausbilder ans Thema herangeht. Sie meinen, sich aus den jeweiligen Methoden, das Beste herauspicken zu können, und stellen alles Mögliche zusammen. Aber wenn wir ohne Plan durch einen Supermarkt gehen, einfach nach Sachen greifen, die uns gefallen oder neugierig machen, werden wir tausend Dinge an der Kasse bezahlen müssen und das Wesentliche am Ende doch vergessen haben. Denn das, was wir eigentlich brauchen, haben wir gar nicht bedacht. Es gibt viele Leute, die mit dieser Haltung auf Seminare fahren, so nach dem Motto: »Mal gucken kann ja nichts schaden, ich will mich ja nur mal inspirieren lassen.« Damit gehen sie in den Supermarkt, haben keinen Einkaufszettel dabei, sondern schauen einfach, was sich am Schluss im Einkaufskorb so alles angesammelt hat. Besser ist, sich ganz konkret Gedanken zu machen, Fragen zu stellen und sich für eine Linie zu entscheiden, anstatt zwischen zig Ausbildungsmethoden und Meinungen hin- und herzuspringen.

Deine Philosophie baut auf den fünf Komponenten KONZENTRATION & FOKUS, ALLTAGSNEUTRALITÄT, OPFERBINDUNG, HANDWERKSKOFFER und ARBEIT AM GERUCH auf. Wenn man sich diese Komponenten als Säulendiagramm vorstellt, müssen dann alle Säulen gleich hoch sein? Was ist, wenn eine dieser Komponenten fehlt oder nur wenig ausgeprägt ist?
ARMIN SCHWEDA: Sollte eine dieser Säulen tatsächlich komplett fehlen, muss ich mich fragen, wie weit ich mit dem Thema Mantrailing überhaupt komme. Wenn mein Hund keinerlei Interesse daran hat, Menschen zu finden, und ich die Säule OPFERBINDUNG nicht auf ein Mindestmaß hochziehen kann, was sucht dieser Hund denn dann? Wäre es in diesem Fall nicht besser, gleich einen Futterbeutel zu verstecken? Wie gesagt, eine gewisse Mindesthöhe sollte jede dieser Säulen haben. Ist eine Säule etwas kleiner als die andere, ist das nicht so schlimm. Niemand ist überall gleich gut, aber ein gewisses Niveau sollte bei allen fünf Komponenten erreicht werden.

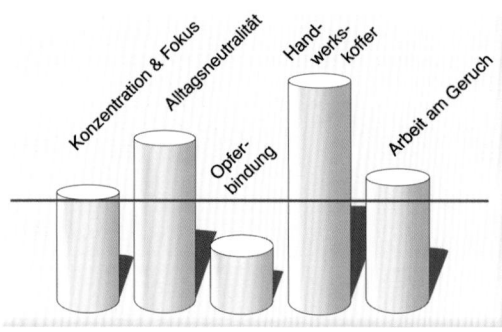

Fehlt diese Basis in der ersten Komponente, reicht die Konzentration für einen anspruchsvolleren Trail nicht mehr aus. Dann ist ganz früh schon Schluss. Und die Messlatte im Training muss immer ziemlich niedrig liegen, damit der Hund den Trail überhaupt vollständig abarbeiten kann.

Mangelt es an sozialer oder Umweltsicherheit, können banale Alltagsdinge den Hund derart aus der Bahn werfen, dass er die Arbeit einstellt. Er schafft es dann einfach nicht, durch eine Drehtür zu gehen oder durch eine größere Menschenmenge, obwohl er merkt, dass der Geruch dort liegt.

Hat der Hund zu wenig Opferbindung, geht er zwar frischen Geruchsspuren nach, aber nicht derjenigen, der er folgen soll. Denn er hat kein Interesse am Finden, höchstens an der Suche.

Ein ungeschickter und unkoordinierter Hundeführer kann derart zum Störfaktor werden, dass der Hund einfach nicht zum Erfolg kommen kann. Bestes Beispiel ist das falsche Leinenhandling oder ständiges Hinterfragen des Hundes.

Und schließlich, wenn der Mensch dem Hund andauernd erklären möchte, wo Geruch liegt und wo er zu laufen hat, wird er den besten Hund ruinieren. Dann wird er mitsamt seinen Fähnchen oder seiner Sprühkreide untergehen.

Wenn der Hund an einer Kreuzung »falsch« abbiegt, wie weit lasse ich ihn gehen?

ARMIN SCHWEDA: Einfache Aussage: Wenn es im Sinne des menschlichen Geruchs ist den er sucht, darf der Hund so weit rausgehen, wie er möchte. Da habe ich kein Problem. Aber der Grund, warum die meisten Hunde rauslaufen, ist nicht, weil der Geruch sie dort hinzieht. Nein, die Hunde laufen quasi in diesem Geruchscanyon, dann kommt ein anderer Geruch oder eine optische Ablenkung und der Hund sagt: »Vergiss mal denjenigen, den ich suchen soll, ich suche jetzt was anderes.« In diesem Fall gebe ich ihm keinen Zentimeter.

Und warum ist es falsch, den Hund dann ins Leere laufen zu lassen? Dann macht er doch die Erfahrung, dass er keinen Erfolg hat.

ARMIN SCHWEDA: Die Methode, den Hund ins Leere laufen zu lassen, führt definitiv ins Nirwana. »Ins Leere laufen lassen« heißt, wir wissen, es ist falsch und lassen den Hund ewig weiterlaufen in der Hoffnung, er erkennt irgendwann irgendwas und dreht selbständig um. Warum führt das ins Nirwana? Weil der Hund sich in dem Moment mit etwas anderem beschäftigt. Im besten Fall stöbert er nach dem zu suchenden Geruch, weil er ihn verloren hat. Im schlechtesten Fall geht er der Katze nach. Im ersten Fall liegt ein Ausbildungsfehler vor, weil der Hund nicht verstanden hat, dass er nicht nach Geruch suchen, sondern permanent am Geruch arbeiten soll. Im zweiten Fall quittiert er den Dienst und geht seinen eigenen Interessen nach. Ich lasse aber nicht zu, dass mein Hund sich auf dem Trail mit etwas anderem beschäftigt als mit dem vorgegebenen Geruch, denn dann verlässt er ja das Zielbild. Und dann greife ich ein, um ihm zu sagen: »Hey, das ist nicht o.k.« Der Hund hat alles an Bord, um diesem vorgegebenen Geruch zu folgen. Wenn er aber für sich entscheidet, irgendein beliebiger Geruch ist interessanter, dann ist das falsch. Diese Entscheidung darf er nicht treffen, er muss andere Gerüche ignorieren. Natürlich kommt der Hund nicht weiter, wenn er in einem Eingangsbereich, wo eben jemand reingegangen ist, rumschnüffelt. Du kannst Dich auf den Standpunkt stellen, das kann ich aushalten, weil er keinen Erfolg haben wird. Er wird niemanden finden. Aber schon die Tatsache, dass er es sich herausnimmt, sich für einen anderen Geruch zu interessieren heißt: Er quittiert Dir in dieser Zeit seinen Job. Das ist vergleichbar mit einem Mitarbeiter, der im Büro statt zu arbeiten mit Freunden telefoniert. Und meine Trailregel lautet: Keine Privatgespräche während der Arbeitszeit!

Ist das nicht etwas zu streng?
ARMIN SCHWEDA: Nein, ich erkläre es an einem anderen Beispiel: Stell Dir vor, Du trailst in der Stadt über einen Kanaldeckel und da liegt eine leckere Bratwurst drin, die vorhin jemandem hineingefallen ist. Der Hund kreist über diesem Kanaldeckel. Weil ich weiß, er kommt da nicht ran, lasse ich ihn gewähren, bis er aufgibt und weitergeht. Aber das tun wir nicht, da sagen wir sofort: »Nein, Pfui, weiter jetzt«, oder sonst was. Bloß, und das ist der Unterschied, beim Geruch sehen wir die Ablenkung nicht. Aber es ist nichts anderes als die Bratwurst im Kanal. Beim Training zur Begleithundeprüfung lassen wir den Hund ja auch nicht kurz mal mit einem anderen Hund spielen oder markieren, weil er ja wieder ins »Fuß« zurückkommt. Das könnte ich ja auch aushalten. Da sagen wir auch: »Nein, falsch, bleib bei Fuß«. Und beim Trailen sagen wir: »Du arbeitest den Job, den ich dir vorgebe, sonst nichts.«

Was mache ich kaputt, wenn ich zu früh korrigiere?
ARMIN SCHWEDA: Gar nichts. Denn wenn ich den Hund verbal korrigiere und nicht mit der Leine einwirke, also nicht in eine bestimmte Richtung ziehe, wird er trotzdem richtig weiterlaufen. Ihr müsst Euch das so vorstellen: Wenn Ihr mit dem Hund Begleithundeprüfung lauft, dann sagt Ihr zum Beispiel »Fuß« und die Hunde wissen, was gemeint ist. Wenn Ihr weiterhin das Kommando »Fuß« sagt, obwohl der Hund korrekt geht, passiert ja auch nichts. Und irgendwann fällt er ein bisschen zurück oder ist mal ein paar Zentimeter zu weit vorne. Was machen dann die meisten? Sie räuspern sich oder geben ein anderes kleines Signal, damit der Hund spürt: Oh, Frauchen hat's gemerkt, sich wieder konzentriert und wieder korrekt geht. Dasselbe passiert beim Suchen. Jungen Hunden sieht man noch sehr gut an, wenn sie sich ablenken lassen, weil sie unbefangen auf die Ablenkung zugehen. Der Hund biegt in eine andere Richtung ab, weil dort ein anderer Geruch ist, und ich sage nur »Hey!« Wenn es tatsächlich das Switchen, also das Umsetzen auf einen anderen Geruch war, spürt der Hund: »Mist, der hat es gemerkt«, und schon ist er wieder konzentriert dabei.

Und das klappt bei allen Hunden?
ARMIN SCHWEDA: Nicht bei allen. Hunde, die zum Stöbern neigen und das Trailen für sich nicht verinnerlicht haben, tun in ihrer Welt nichts Falsches, wenn sie auf einen frischeren menschlichen Geruch umsetzen. Wir müssen daher unterscheiden zwischen absichtlichem Switchen, also er kann zwar, will aber nicht, und Hunden, in deren Natur es liegt, frischen Geruch zu suchen. Dieser Hund will, kann aber nicht. Darum sage ich ja, quäle nicht einen Hund, der kein Trailer ist, in das Trailen rein. Denn der Hund wird ständig korrigiert und versteht nicht, was er Falsches tut. Stöberhunde sind nun mal Quellensucher. Die interessieren sich für frischen Geruch. Das ist abhängig vom Typus und keine Frage von Konzentration und Fokus. Wenn dagegen Hunde mit einer ausgesprochenen Trailveranlagung im Training zu viel Switchen, dann ist es ein bewusstes Umsetzen. Möglicherweise haben sie schon durch den Spielkreis gelernt, sich unter den verschiedenen Opfern das lustigste Opfer auszusuchen.

Gibt es Geruchsartikel, die nicht geeignet sind?
ARMIN SCHWEDA: Nein, solange die geruchliche Eindeutigkeit gegeben ist.

Wie würdest Du einen guten Hundeführer beschreiben?
ARMIN SCHWEDA: Ein guter Hundeführer hat wenig Selbstzweifel, ist aber willens und in der Lage, sich selbst zu reflektieren. Außerdem ist er ruhig, konsequent, direkt, reaktionsschnell und freundlich, ein guter Chef eben. Aber jeder Topf hat seinen Deckel. Es kommt auf die richtige Passung zwischen Mensch und Hund an. Das ist ein bisschen wie mit dem Autofahren. Ein Fahranfänger mit einem Ferrari schneidet schlechter ab, als ein guter Fahrer mit einem A8. In manchen Situationen muss man den Motor untertourig fahren, in manchen übertourig. Der Fahranfänger wird dieses Feeling aber noch nicht haben. Das soll heißen, ein guter Hund kann einen schlechten Hundeführer beim Trailen nicht rausreißen. Dazu ist das Team durch die Leine zu eng verbunden. Allerdings kann ein guter Hundeführer mit einem einigermaßen ausgebildeten Hund sehr weit kommen. Es reicht nicht, sich einen Ferrari, also einen Bluthund, zu kaufen. Ein guter Hundeführer kann mit einem solide ausgebildeten Schäferhund weiterkommen, als ein Anfänger mit einem Bluthund.

Ach ja, und noch etwas fällt mir ein: Beim Mantrailing braucht man Widerstandskraft gegen Rückschläge, gegen sogenannte »Fachleute« und gegen die gängige Praxis. Krisen kann man durch den Rückgriff auf persönliche Ressourcen und den Glauben an sich selbst meistern. Das klingt pathetisch, aber fragen Sie mal Einsatzteams, durch welche tiefen Täler sie während ihrer Ausbildung gegangen sind.

4.26 Nochmal zusammengefasst: Der Einstieg ins Trailen

Ohne Opferbindung hat der Hund keine Motivation, fremde Menschen finden zu wollen. Er sucht nach Futter oder Spielzeug. Bevor es gleich an den Trailstart geht, nochmal die wichtigsten Schritte in »Zeitlupe«:

1. Erst allein zu zweit ...

2. ... und dann mit viel Ablenkung.

3. Lernen, nach vorne orientiert zu arbeiten,

4. auch wenn der Hundeführer hinten dranhängt und dagegenhält. Vorne beim Hund soll aber immer ein wenig mehr Druck sein, als hinten beim Hundeführer.

5. Der Hundeführer hält den Hund mitten im Spiel mit dem Helfer am Halsband fest, »friert ihn ein« und lässt ihn wieder nachgehen. Der Hund verliert dabei nie den Fokus und bleibt immer zum Helfer orientiert. Ansonsten nochmal ein oder zwei Ausbildungsschritte zurückgehen.

6. Der Geruchsartikel kommt ins Spiel. Der Hund wird am Halsband hingeführt ...

8. Von Anfang an optische Hilfen vermeiden ...

7. ... und dann kommt das »heilige Hörzeichen«: Such, Cerca, Cherche, Go find, ...

9. ... indem der Läufer möglichst bald um eine Ecke herum aus dem Blickfeld gerät und der Hund lernt, seine Nase zu benutzen.

10. Gefunden!

11. Hat der Hund gefunden, beschäftigt sich das »Opfer« lange und ausführlich mit ihm. Aus diesem Spiel heraus kann es erneut losgehen mit »Einfrieren«, Helfer geht weg, suchen, finden, freuen.

Kaltstart ohne vorheriges Spielen mit dem Helfer

Geruchsaufnahme aus der Tüte

Der Hund darf eine Akklimatisierungsrunde machen, wird angeschirrt, am Halsband zum Geruchsträger gebracht, ohne vorher mit dem »Opfer« Bekanntschaft zu schließen, und gestartet.

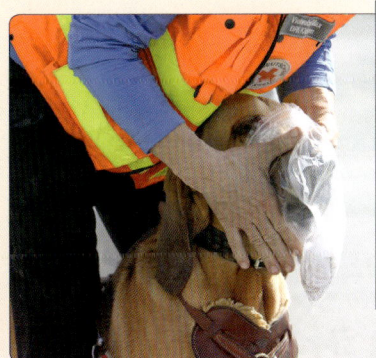

In dem Moment, in dem die Tüte sich beim Einatmen zusammenzieht, bekommt der Hund das »heilige Hörzeichen«.

Das Notstromaggregat brummt unangenehm laut im Hintergrund. Flutlicht bestrahlt das aufgebaute Universalzelt SG50, daneben sind Blaulichtfahrzeuge aufgereiht. Noch bis vor einer Viertelstunde herrschte reges Kommen und Gehen auf dem Parkplatz des örtlichen Fußballvereins, wo die Einsatzleitung ihr Quartier aufgeschlagen hat. Suchmannschaften und einzelne Teams schwärmten aus und kamen nach

abgearbeitetem Suchgebiet zur Einsatzleitung zurück. Nun stehen sie alle andächtig aufgereiht im engen Einsatzzelt, die nächsten Anweisungen erwartend. Es riecht nach Pfefferminztee und die feuchte Kleidung macht die Luft im Zelt dampfig. Der 48-jährige Polizeihauptkommissar steht vor versammelter Mannschaft und blickt in die müden Gesichter der Beamten der Bereitschaftspolizei und der ehrenamtlichen Mitglieder von örtlicher Feuerwehr, Rettungshundestaffel, Wasserwacht und Betreuungszug des Roten Kreuzes. Doch seine Stimme klingt entschlossen, als er um 1:05 Uhr den 63 Einsatzkräften erklärt, dass die Suche die Nacht über fortgesetzt wird: »Sehr geehrte Kameradinnen und

Kameraden, die Einsatztaktik ist klar: Nach dem Absuchen aller Gebiete im Einkilometerradius, wird nun die Suche auf die Gebiete im Dreikilometerradius um den Verschwindepunkt des vermissten Jugendlichen ausgeweitet. Die neuesten Ermittlungen nach Auffinden eines Abschiedsbriefes des 16-jährigen Markus X im Briefkasten eines Freundes lassen befürchten, dass er versucht, seinem Leben ein Ende zu setzen. Die Zeit drängt, deshalb suchen Sie mit Hochdruck und Genauigkeit die Ihnen zugewiesenen Gebiete ab. Nächste Einsatzbesprechung um 3:00 Uhr, falls es zu keinen Neuigkeiten vorher kommen sollte. Ich bedanke mich jetzt schon für Ihre Einsatzbereitschaft und das gezeigte Engagement und wünsche Ihnen viel Erfolg ...«

Abschlussbericht: 2:50 Uhr Mantrailer Spur endet in Wohngebiet in benachbarter Ortschaft, zeitgleich recherchieren polizeiliche Ermittler dort die Adresse der Freundin des Vermissten. Markus X wird gegen 2:55 Uhr stark alkoholisiert in der Wohnung der Freundin aufgefunden.

5. KOMPONENTE

Arbeit am Geruch

---

*Jeder Narr
hat seine eigene Theorie über Geruch.
　　　　　　　　　　　　Ich auch.*

　　　　　　　　　　　　　　　Armin Schweda

5.1 Eine Welt voller Gerüche

Verglichen mit der Flut an visuellen Eindrücken, die täglich auf uns einströmen, spielen Gerüche in unserem bewussten Denken keine große Rolle. Wenn wir ein Zimmer betreten, sehen wir Farben, Umrisse, Oberflächen, Licht und Schatten. Gerüche hingegen dringen erst dann in unser Bewusstsein, wenn sie besonders gut oder besonders abstoßend sind. Wollen wir Menschen ein Ding genau erkunden, nehmen wir es in die Hand, befühlen und betrachten es von allen Seiten. Hunde strecken ihre Nase vor und riechen daran. Und dabei nehmen sie ganz andere Dinge wahr als Formen, Farben und Funktionen. So, wie für uns Augen und Hände das Tor zur Welt sind, erschließt sich die Welt des Hundes durch die Nase. Und seine Geruchswelt ist mindestens ebenso facettenreich, wie unsere Welt der Bilder.

Menschliche Nasen besitzen zwischen 10 und 30 Millionen Riechsinneszellen[*], ein Beagle ca. 300 Millionen. Je nachdem, welche Literatur man zurate zieht, weichen diese Zahlen etwas ab. Fest steht jedoch, im Vergleich zum Hund sind wir

[*] http://de.wikipedia.org/wiki/Riechschleimhaut, abgerufen am 02.01.2012

Menschen quasi geruchsblind. Wie sich so eine komplexe Geruchswelt anfühlt, können wir nur erahnen. Riecht ein Hund an einer benutzten Tasse, weiß er nicht nur, welches Getränk sie enthalten hat, ob es gesüßt war oder nicht, er weiß auch, wer diese Tasse vorhin in der Hand hatte, wie lange das her ist, ob es ein Mann war oder eine Frau, und wahrscheinlich weiß er auch, wie dieser Mensch sich gefühlt hat, während er aus besagter Tasse trank: Ob er ängstlich war, gestresst oder krank. Dazu braucht es nicht mal viele Duftmoleküle, ein Fingerabdruck reicht. Denn wenn wir einen Gegenstand berühren, hinterlassen wir etwas von uns darauf: Abrieb von unserer Haut mitsamt ihren Bakterien, die permanent fressen und ausscheiden. Das ist unsere Duftsignatur.

Bakterielle Fingerabdrücke[*]

Washington – Hinterlassene Hautbakterien sollen künftig zum Täter führen: Dieser bakterielle Fingerabdruck kann dort ansetzen, wo keine genetischen Fingerabdrücke gefunden werden.

Bakterien der Haut seien weitaus vielfältiger als bisher angenommen, erklären Noah Fierer und seine Kollegen von der University of Colorado. Sie nahmen Bakterienproben von neun privaten Rechnertastaturen und den Handflächen ihrer Besitzer. Daraus extrahierten sie das Erbgut der Bakterien. Für die Studie entnahmen sie noch das Erbgut aus Kulturen öffentlicher Computeroberflächen und nutzten die Daten von 270 Handproben. Ergebnis: In allen neun Fällen konnten die Forscher den individuellen Bakterienmix zum jeweiligen Besitzer zuordnen. Bei normaler Raumtemperatur blieben die Hautbakterien bis zu zwei Wochen unverändert an Gegenständen haften, erläutern die Wissenschaftler. Deshalb eigne sich die Methode zur gerichtsmedizinischen Identifikation.

Aber wir müssen Dinge nicht einmal berühren, damit Hunde uns riechen können. Denn während wir gehen, stehen und laufen, verlieren wir einen Cocktail bestehend aus Hautschuppen, Körperzellen, Ausatemluft, Schweiß, und Haaren. Schweiß können Hunde besonders gut riechen, denn er enthält sogenannte flüchtige Fettsäuren, wie Ameisen-, Essig- oder Buttersäure und zwar bei jedem Menschen in einer persönlichen Mischung. Tatsächlich haben Forscher herausgefunden, dass jeder Mensch pro Tag 1,5 Gramm Hautschuppen verliert. Das reicht aus, um eine Million Milben einen Tag lang satt zu bekommen.[**] Und dieses Aroma aus Informationen über uns, liegt selbst noch dann in der Luft, wenn wir uns schon lange aus dem Staub gemacht haben. Wie lange? Das ist schwer zu sagen, denn einzelne Zellarten haben eine unterschiedliche Lebensdauer. Hautzellen zum Beispiel sind bereits nach ca. 36 Stunden von Bakterien zersetzt. Eine Darmzelle lebt etwas länger. Bestimmte Blutzellen können sogar noch nach 120 Tagen nachgewiesen werden.[***]

---

[*] Holzkirchner Merkur 15.03.2010
[**] Axel Bojanowski: »Am Staube hängt doch alles«, in der Süddeutschen Zeitung Nr. 58 2002
[***] vgl.: Nasenarbeit, unter: http://www.nasenarbeit.de/html/individualgeruch.html (abgerufen am 14.12.2011)

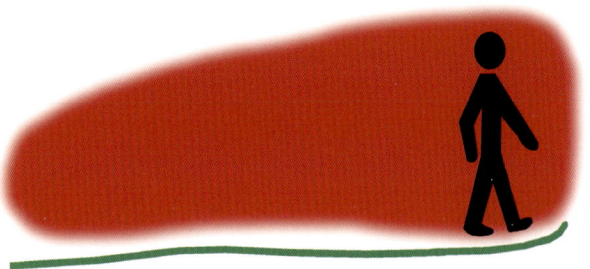

Geruchswolke eines sich bewegenden Menschen.

Geruch verhält sich ganz anders als die Welt der festen Materie, die wir mit den Augen wahrnehmen. Er tanzt in der Luft, er bewegt sich, wabert und flimmert. Er liegt in Schichten übereinander und ist nie plötzlich weg. Gerüche haben eine Lebensdauer. Je intensiver der Duft, desto niedriger das Alter. Und das ist schon beinahe alles, was wir über Geruch wissen. Hunde sind zwar nicht die einzige Tierart, die so gut mit der Nase »sehen« kann. Haie zum Beispiel können auch sehr gut riechen. Aber Hunde sind insofern einzigartig, weil sie sich als einzige Spezies derart für den Menschen begeistern, dass sie bereit sind, eng mit ihm zusammenzuarbeiten. Diese Zusammenarbeit geht so weit, dass sie sich dazu animieren lassen, dem Duft einer fremden Person zu folgen. Doch wie machen Hunde das? Sie nehmen nicht nur feinste Gerüche wahr, sie registrieren auch kleinste Veränderungen im Zersetzungsprozess dieser Düfte. So können sie eine Laufrichtung bestimmen. Denn die Frische eines Duftes wie Individualgeruch nimmt in der Richtung zu, in die eine Person gegangen ist. Und diese Fähigkeit, die Bewegungsrichtung eines Geruchs zu bestimmen, kann durch kein technisches Gerät dieser Welt ersetzt werden. So funktioniert Mantrailing.

Praxistipp

Spuren, die ein längeres Liegealter haben, arbeiten die Hunde nicht unbedingt spurtreuer, aber sie arbeiten sie ruhiger. Der Geruch scheint nicht mehr so in der Luft zu tänzeln und zu flimmern, sondern sich bereits irgendwo abgesetzt zu haben. Eine zwei Tage alte Spur arbeitet der Hund oft wie auf Schienen. Eine frische Spur kann wie ein Rodeoreiten sein.

An sich spielt das Spuralter, solange es in einem gewissen Rahmen bleibt, bei der Ausbildung keine große Rolle. Es muss auch nicht sukzessive gesteigert werden, indem man den Trail erst eine Stunde, dann zwei, dann drei usw. vor Übungsbeginn legt. Ein Sprung beim Liegealter von einer Stunde auf 12 oder 24 Stunden ist ohne Zwischenschritte möglich. Nochmal: Die Hunde können bereits trailen, wir brauchen es ihnen nicht beizubringen. Wenn die Hunde Fehler machen, dann solche, die sie auch bei frischen Trails machen würden.

5.2 Geruchstheorien: Wenn Blinde von Farbe reden

Wir wissen weder wo Geruch liegt, noch wie lange er wahrnehmbar ist. Es gibt lediglich Vermutungen darüber, wie sich dieser Geruchscocktail in unserer Umwelt verteilt und wie lange er braucht, um komplett zu verschwinden. Es wird spekuliert, welchen Einfluss Regen, Wind, Kälte und Hitze haben und Theorien entwickelt, bei welchen Temperaturen Trailen nicht mehr funktionieren kann, weil das Bakterienwachstum stoppt. Manche behaupten, dass starker Wind einen Geruch derart zerfetzt und so weit forttragt, dass keine Aussicht mehr bestünde, ihn bis zu seiner Quelle, also der gesuchten Person, zu verfolgen. Aber das sind alles nur Theorien, die auf Annahmen oder einzelnen Erfahrungswerten gründen. Zugegeben, für unseren Verstand klingen sie logisch. Tatsächlich wissen wir aber nicht, was die Hunde suchen, denn es gibt nur sehr wenig, was wir über Geruch gesichert wissen.

> *Ich misstraue nicht der Realität, von der ich ja so gut wie gar nichts weiß, sondern dem Bild von Realität, das uns unsere Sinne vermitteln, und das unvollkommen und beschränkt ist.*
>
> Gerhard Richter, deutscher Maler, Bildhauer und Fotograf

Ich erinnere mich an einen Einsatz im Winter, es war Februar oder März. Der Deutsche Wetterdienst hatte für diesen Tag eine Unwetterwarnung herausgegeben. Ein Schneesturm mit Orkanböen tobte. Kurz gesagt, es herrschten Bedingungen, wo man aus dem Bauch heraus sagen würde, Trailen ist unmöglich. Der Geruch wird weggeblasen, zerrissen oder was auch immer. Wir haben es trotzdem probiert und siehe da, auch bei diesem Einsatz die vermisste Person gefunden. Die Bäume bogen sich unter den Windböen schier bis zum Boden, aber der Hund hat gearbeitet wie immer. Der Sturm schien ihn nicht weiter zu stören. Manchmal funktioniert Trailen eben entgegen jeder Theorie. Dieselbe Erfahrung habe ich auch schon bei großer Hitze gemacht. Zum Beispiel bei einem Trail, an dessen Ende jemand mit dem Auto abgeholt wurde. Es herrschten über 35° Celsius Lufttemperatur und gemessene 60° Celsius direkt über dem Asphalt. Zwar stellen wir uns nicht die Frage, ob es unter anderen Bedingungen noch besser klappen würde, aber meine Erfahrung ist, dass Trailen trotz Hitze, Kälte, Sturm und starkem Regen machbar ist.

Mantrailing ist zwar keine Wissenschaft ...

... aber ich kann mit wissenschaftlicher Gründlichkeit trainieren. Das bedeutet, sorgsam und genau zu sein und jederzeit bereit, eine aufgestellte These in Frage zu stellen, wenn sie sich unter einem anderen Blickwinkel nicht mehr halten lässt.

Im Grunde gibt es nur ganz wenig, dessen wir uns wirklich sicher sein können. Wir wissen, der Hund sucht Individualgeruch. Schon die Frage, was überhaupt Individualgeruch ist, können wir nicht beantworten. Wir kennen vielleicht einige Elemente daraus, aber längst nicht alle. Düfte bestehen aus vielen unterschiedlichen Komponenten. Sie sind komplizierte Gemische. Was als unverwechselbarer Duft wahrgenommen wird, ist in der Regel ein Gemenge aus hunderten oder tausenden andersartigen Molekülen. Nun gibt es verschiedene Theorien über menschlichen Geruch und darüber, wie Hunde es schaffen, ihn zu verfolgen. Eine dieser Theorien teilt die Bestandteile des Individualgeruchs in zwei Gruppen ein: Die erste Kategorie besteht demnach aus »klebenden« oder »schwereren« Bestandteilen, die zweite aus »leichten« oder »schwebenden« Komponenten. Die »schweren« Bestandteile liegen angeblich nahe an der tatsächlich gelaufenen Spur, während die »schwebenden« Teilchen weiter weggeblasen werden. Angesichts der Tatsache, dass wir noch nicht einmal wissen, aus wie vielen Komponenten menschlicher Geruch überhaupt besteht, eine sehr gewagte Theorie. Und selbst wenn sie zutreffend wäre, wissen wir immer noch nicht, wo diese »schweren« bzw. »leichten« Komponenten überhaupt liegen. Und wir wissen nicht, welche dieser Bestandteile unser Hund überhaupt sucht.

Wie ungeheuer rätselhaft Mantrailing selbst nach vielen Jahren Erfahrung noch immer ist, wurde mir durch ein Erlebnis auf einer Amerikareise klar:
New York City, besonders die Insel Manhattan ist berühmt für seine Hochhäuser. Mehr als 5.000 Wolkenkratzer tummeln sich auf diesem begrenzten Stück Land. Auch in dem berühmten Finanzviertel rund um die Wallstreet reiht sich ein Skyscraper an den nächsten. Im Jahre 2008 waren meine Frau Tanja und ich zu Besuch bei amerikanischen Freunden. An einem Tag haben wir für deren Hunde einen Trail durch Manhattan gelegt, der im Börsenviertel endete. Tanja, die der Läufer gewesen war, stand in

ihrer Daunenjacke an ein Gebäude gelehnt, und als der Hund sie fand und freudig ansprang, zerriss er dabei mit seinen Krallen eine Kammer der Jacke. In Sekundenschnelle schossen die Federn mehr als hundert Meter in die Höhe und verteilten sich über die Wolkenkratzer hinweg ein paar Blocks weit im Viertel. Als wir später zur U-Bahn Station liefen, sahen wir in den Straßen rund um die Börse vereinzelt Federn liegen.
Durch dieses Erlebnis wurden mir zwei Dinge klar: Erstens, wie unwahrscheinlich es ist, dass irgendwelche Geruchsmoleküle allein aufgrund ihres Gewichts nahe der gelaufenen Spur liegen.

Zweitens, wie außerordentlich schnell sich Geruch selbst unter normalen Windverhältnissen ausbreiten kann. Wenn schon »schwere« Federn in Sekundenschnelle weit fliegen, wie schnell und weit dann erst Geruch! Vergleichbar ist diese Geruchsverbreitung vielleicht mit einem Tropfen Blut, den man in ein Glas Wasser träufelt, und in null Komma nichts ist das ganze Wasser eingefärbt. So ähnlich verhält es sich wohl, wenn ein Mensch aus einem Gebäude auf die Straße tritt, und einen Augenblick später ist die Umgebung weiträumig mit seinem Geruch kontaminiert.
Eine andere Geruchstheorie besagt, dass der Hund unterschiedliche Komponenten aus dem menschlichen Duft benutzt, um spezielle Informationen zu erhalten. So sollen die einen Bestandteile ihm etwas über das Alter des Geruchs verraten, andere sollen Aufschluss geben über die Verfassung oder das Geschlecht der Person, deren Duft der Hund auf der Spur ist. Auch diese Theorie nützt in der Praxis wenig. Denn niemand weiß, wo diese Bestandteile liegen bzw. schweben. An unterschiedlichen Stellen oder beieinander? Aus all diesen Ungewissheiten lässt sich nur der Schluss ziehen, dass es kaum möglich ist, den Hund überhaupt auszubilden. Letztendlich sind all diese Theorien nur Modelle, anhand derer wir Menschen zu verstehen versuchen, warum unsere Hunde zu diesen enormen Leistungen fähig sind. Zu meinen, sie am Geruch auszubilden, ist reine Einbildung. Wir wissen ja noch nicht einmal, was genau die Hunde überhaupt suchen. Allein ihre Bereitschaft, mit uns zusammen zu arbeiten, können wir fördern. Ist der Hund willens, unser Ziel zu seinem eigenen zu machen, können wir nichts anderes tun, als ihn arbeiten zu lassen. Mantrailing kann man daher nur empirisch angehen und schauen, wie der Hund zum Erfolg kommt.
Und dabei lässt sich feststellen: Es gibt Hunde, die bewegen sich überwiegend relativ nahe an der tatsächlich gelaufenen Spur und es gibt Hunde, die bewegen sich meistens an der »Grenze« des gesuchten Geruchs. Zumindest stellen wir es uns als Geruchsgrenze vor, wenn wir einen Hund beobachten, der in größerer Entfernung zu dem tatsächlich gelaufenen Trail arbeitet. Aber diese Einteilung in spurtreue Hunde und sogenannte »Grenzgänger« ist ebenfalls nur eine Theorie und basiert nicht auf wissenschaftlichen Erkenntnissen.

5. KOMPONENTE | Arbeit am Geruch

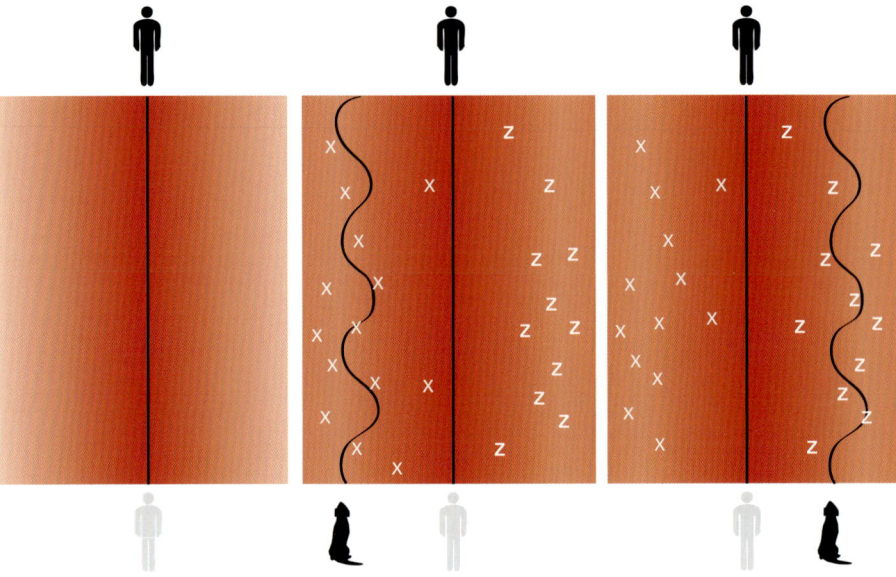

Bilder wie diese suggerieren durch die Farbverteilung, dass dort, wo der Spurleger gegangen ist, eine größere Dichte an Geruchspartikeln ist, als weiter weg von der gelaufenen Spur. Das ist eine Annahme. Sie kann stimmen oder auch nicht. Aus dieser Annahme heraus, ist der Begriff des »Grenzgängers« entstanden. Im Gegensatz zum spurnah arbeitenden Hund orientiert sich der »Grenzgänger« an der Kante oder an dem Kontrast zwischen »hier ist noch Geruch« und »hier ist kaum mehr Geruch«.

Ich habe einige Jahre nach dieser Theorie der »Grenzgänger« und spurnahen Hunde gedacht und bin im Training gut dabei gefahren. Doch längst nicht alle Phänomene lassen sich mit diesem Modell zufriedenstellend erklären. Daher halte ich mittlerweile eine andere Theorie für mindestens ebenso wahrscheinlich:

Es gibt Komponenten im Geruch, die nahe an der Spur liegen, andere liegen weiter weg. Soweit stimmen die meisten Theorien immerhin überein. Denkbar ist, und jetzt komme ich zu meiner neuen These, dass der sogenannte »Grenzgänger« zwar räumlich gesehen weiter weg von der gelaufenen Spur, aber keinesfalls an einer Geruchsgrenze, sondern im Zentrum des für ihn wichtigen Geruchs ist. Es ist möglich, und ich halte es mittlerweile sogar für wahrscheinlich, dass das, was dieser »Grenzgänger« sucht, am meisten dort vorhanden ist, wo dieser Hund arbeitet. Das bedeutet, der »Grenzgänger« arbeitet unter Umständen nicht dort, wo wir meinen, dass wenig Geruch ist, sondern dort, wo die Bestandteile, die dieser Hund sucht, am meisten vorhanden sind. Falls diese These stimmt, ist der Begriff »Grenzgänger« irreführend. Zumindest scheint es so zu sein, dass Hunde sich individuell unterschiedliche Komponenten aus dem komplexen Duftcocktail des menschlichen Geruchs heraussuchen. Hund A verfolgt einen anderen Bestandteil desselben Duftes, als Hund B oder C. Ähnlich wie eine Spaghettisauce aus verschiedenen Zutaten besteht, nimmt der eine Hund das Basilikum, der nächste den Oregano und der dritte den Rosmarin als Leitgeruch, aber alle Hunde folgen im Endeffekt derselben Duftkomposition, nämlich der »Spaghettisauce«. Ich vertrete also die Ansicht, dass diese Geruchsansammlung nahe an der Spur, wie es die Farbdichte in der Zeichnung auf Seite 212 suggeriert, eventuell so gar nicht existiert. Möglicherweise gibt es anstatt dichtem und weniger dichtem Geruch einfach einen breiten Korridor, in dem verschiedene Komponenten des Geruchs liegen. Und so wie diese Komponenten in dem Korridor liegen, laufen die entsprechenden Typen von Hunden. Das würde bedeuten, dass es nicht darauf ankommt, ob irgendwo viel (spurnaher Hund) oder wenig (Grenzgänger) Geruch ist, sondern darauf, welche Bestandteile aus der Duftkomposition sich der jeweilige Hund als Leitgeruch sucht. Ich stelle mir Geruch in diesem Fall wie die Musik eines großen Orchesters vor.

Zwar gibt es einen gemeinsamen Klang, der aus dem Zusammenspiel aller Instrumente entsteht, aber vielleicht folgt ein Zuhörer mehr den Bläsern, der andere mehr den Streichinstrumenten und für den nächsten ist das Klavier das vorherrschende Instrument. Übertragen auf den Mantrailer würde das bedeuten, Hund A, der sich für die Komponente x interessiert, läuft da, wo x am stärksten ist. Das kann entweder nahe an der tatsächlich gelaufenen Spur sein oder weiter weg, je nachdem, wo vorwiegend x liegt.

5.3 Das »Prinzip Postkutsche«

Es ist leichter, Hunde zu trainieren, die spurnah arbeiten. Denn wenn sich diese Hunde im Trailverlauf weiter als üblich von der gelaufenen Spur entfernen, ist das ein Hinweis darauf, dass sie möglicherweise etwas anderes als der gesuchte Geruch dorthin zieht. Das ist nicht jedes Mal so, aber erfahrungsgemäß ist die Wahrscheinlichkeit hoch. Beim sogenannten »Grenzgänger« hingegen gibt mir die Entfernung zur tatsächlich gelaufenen Spur als Ausbilder keinen Hinweis darauf, ob der Hund sich durch einen anderen Geruch ablenken lässt.

Es ist zwar angenehm, einen Hund zu haben, der von Haus aus nahe an der Spur arbeitet, aber ich kann einen Hund nicht spurnah ausbilden. Ich kann ihn zwar während des Trainings nahe an der Spur halten, aber sobald niemand mehr den Trailverlauf kennt, endet jede Theorie. Der Hund wird so arbeiten, wie er es für richtig hält bzw. wie es seiner Veranlagung entspricht. Ich kann also nur beobachten: Wie kommt dieser spezielle Hund zum Erfolg?

Aufgrund meiner bisherigen Erfahrung behaupte ich auch, dass das sogenannte »Anstückeln« nicht funktioniert. Beim »Anstückeln« wird, nach dem Prinzip der früheren Postkutschenstationen, auf einem langen Trailverlauf der nächste Hund da angesetzt, wo sein Vorgänger aufgehört hat zu suchen. Ist der erste Hund müde oder kommt aus irgendwelchen Gründen nicht mehr weiter, wird der zweite Hund an dieser Stelle gestartet. Aber wer weiß denn, ob dieser zweite Hund genau die Bestandteile sucht, die auch der erste gesucht hat? Oder dass diese Bestandteile, die der zweite Hund sucht, überhaupt dort liegen?

In den sechs Jahren Einsatzerfahrung, die ich mittlerweile habe, sind mein Bluthund JoJo und seine Schwester Joosy noch nie exakt denselben Trail gelaufen. Beide Hunde werden bei jedem Einsatz nacheinander gestartet. Der zeitliche Abstand ist so groß, dass weder mein Kollege Gerald Schaller noch ich mitbekommen, in welche Richtung der andere losgegangen ist. Beide Hunde sind noch niemals in entgegengesetzte Richtungen gelaufen, aber sie laufen die Trails auch nie komplett gleich, sondern meistens versetzt. Bisher sind sie immer zum selben Ergebnis gekommen, nur auf verschiedenen Wegen. Joosy hat die Tendenz, nahe an der Spur zu gehen, während JoJo eher der Typ Grenzgänger ist, also entweder da sucht, wo nur noch wenig Geruch ist oder solche Bestandteile, die nicht spurnah liegen, je nachdem, welche Theorie nun stimmt.

Beide Hunde gehören nicht nur zu derselben Rasse, sondern sind sogar Wurfgeschwister. Aber es ist uns aufgrund des unterschiedlichen Suchverhaltens bisher noch nicht gelungen, mitten im Trailverlauf den einen Hund da zu starten, wo der andere gestoppt wurde. Das gelingt nur an Stellen, an denen der Spurleger sich definitiv aufgehalten hat. Warum? Das gehört zu den vielen noch offenen Fragen über Mantrailing und Geruch.

Angesichts dieser Erfahrung habe ich große Zweifel, ob das Prinzip »Postkutsche« irgendeinen Sinn hat. Meines Erachtens ist es nicht ohne weiteres möglich, mitten im Trailverlauf die Hunde zu wechseln. Es kann nur dann funktionieren, wenn ich die gelaufene Spur kenne und den zweiten Hund an einer Stelle ansetzen kann, an der der Spurleger tatsächlich war. Denn dort, wo die gelaufene Spur ist, scheint jeder Hund, egal, wie er danach weiterarbeitet, etwas zu finden, mit dem er starten kann. Setze ich den zweiten Hund jedoch an einer Stelle an, zu der der erste Hund zwar aufgrund seiner Komponentensuche hingearbeitet hat, wo der Spurleger aber tatsächlich nie war, gleicht das Ganze einer Lotterie.

5.4 Rückwärtstrailen, geht das?

Eine Spur entgegen ihrer Laufrichtung zu verfolgen, macht biologisch betrachtet wenig Sinn. Denn ein Beutegreifer, der einem Geruch rückwärts folgt, wird natürlich nichts fangen. Trotzdem kann man hin und wieder beobachten, dass Hunde einem Trail über kurze Abschnitte entgegen der Laufrichtung nachgehen. Wie kann das sein? Ich habe dazu folgende Theorie:

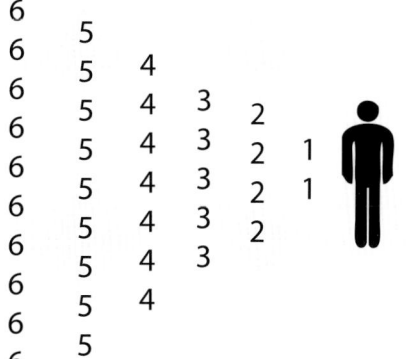 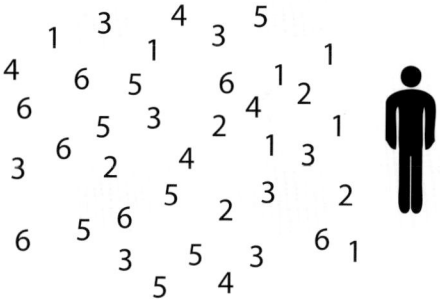

Wenn ein Lebewesen Geruch verliert, kann man das zwar schematisch so darstellen, dass die frischeren Partikel schön aufgereiht vor den älteren liegen, und so eine Spur aus ordentlich nach dem Alter sortierten Geruchskomponenten entsteht. Das wird aber in der Realität kaum möglich sein, denn sobald die Partikel den Körper verlassen, werden sie durch den Luftstrom durcheinandergewirbelt. Daher stelle ich mir vor, dass ein Hund, der einer Spur rückwärts folgt, sich erst in den durcheinandergewirbelten Informationen über das Geruchsalter zurechtfinden muss, ähnlich wie in einem Gewirr aus Puzzlesteinen, die noch unsortiert herumliegen. Einen Hund so auszubilden, dass er einen Trail sowohl vorwärts als auch rückwärts laufen kann, halte ich für unmöglich, weil es gegen seine genetische Veranlagung geht.

5. KOMPONENTE | Arbeit am Geruch

1. Für das »Augentier« Mensch total offensichtlich: Die gesuchte Person sitzt am roten Pfeiler.

2. Bluthündin Hippie »riecht« das anders. Sie verlässt sich auf ihre Nase und findet zunächst den herumliegenden Geruch der Zielperson, die sich seit ca. 15 Minuten im Schalterraum aufhält.

3. Polizeihauptmeister Jörg Kempe folgt seinem geprüften Einsatzhund ...

4. ... mit Geduld ...

5.5 Das Ziel – so nah und doch so fern

Vielleicht haben Sie folgende Situation selbst schon erlebt oder beobachtet: Im Zielgebiet, also in der Nähe der gesuchten Person, haben Trailer oft Schwierigkeiten, diese genau zu lokalisieren. Die Hunde kreisen mehr oder weniger weiträumig um den Spurleger, könnten ihn mitunter sogar ohne weiteres sehen, brauchen aber auf den letzten Metern erstaunlich viel Zeit. Prinzipiell kommen die Mantrailer auch bis zur Quelle, also zur Zielperson, wenn der Hundeführer sich die Zeit nimmt, die der Hund zum Ausarbeiten braucht. Im Einsatz haben wir die notwendige Zeit dazu nicht und setzen daher zusätzliche Kräfte ein, wenn wir merken, dass der Hund in einem Meer aus Geruch »ins Schwimmen kommt«. In den Trainings hingegen nehmen wir uns diese Zeit schon. Doch wie entsteht dieses Phänomen überhaupt?

5. ... auch mehrmals direkt an der Zielperson vorbei ...

6. ... und verlässt sich auf die Nase seines Hundes.

7. Eine Situation, die für Laien schwer verständlich ist.

8. Für Experten ist sie aber umso glaubwürdiger, weil der Hund nicht auf einen anderen Sinn – die Augen – umschaltet.

Wichtig

Der Hund darf nicht über Ohren oder Augen zum Erfolg kommen. Das passiert vor allem dann, wenn die Spurleger sich bemerkbar machen, um dem Vierbeiner zu helfen. Was der Hund dabei lernt, ist, im Zielgebiet auf einen anderen Sinn zu wechseln, also auf Augen oder Ohren. Als Folge des Umschaltens auf die optische oder akkustische Wahrnehmung zeigt er irgendeine Person an, die sich im Zielgebiet aufhält.

Ursache für die lange Ausarbeitungszeit im Zielgebiet sind sogenannte Geruchspools. Sie entstehen, wenn ein Mensch sich über längere Zeit an derselben Stelle aufhält. In Einsatzfällen können das viele Stunden oder sogar mehrere Tage sein.

5. KOMPONENTE | Arbeit am Geruch

 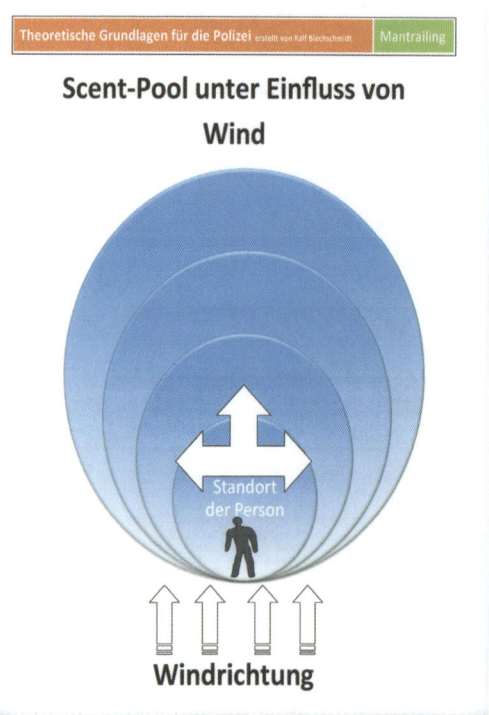

Scent Pool: Entstehung und Ausdehnung.

Was ist das Schwierige am Geruchspool? Da wir Menschen hauptsächlich visuell veranlagt sind, erkläre ich das gerne an folgendem Vergleichsmodell:

Stellen Sie sich vor, ich halte verschiedene Kärtchen in meiner Hand, jedes hat eine andere Farbe. Ich präsentiere Ihnen das gelbe Kärtchen und bitte Sie dann, mir in einem Haus mit verschieden farbigen Räumen das gelb gestrichene Zimmer zu zeigen. Diese Aufgabe werden Sie sehr schnell lösen können. Sie gehen in jedes Zimmer, sehen, das eine ist blau, das andere grün, das nächste rot, und irgendwann stehen Sie im gelben Zimmer. Mit Hilfe Ihres Sehsinns haben Sie die Aufgabe ruck, zuck gelöst. Jetzt wird es schwerer: Als Nächstes bitte ich Sie, mir in diesem gelben Zimmer den frischesten gelben Fleck, den ich eben an die Wand getupft habe, zu suchen. Nun haben Sie höchstwahrscheinlich ein Problem. Denn allein mit den Augen können Sie die frischere von der älteren Farbe nur schwer oder gar nicht unterscheiden. Deshalb nehmen Sie andere Sinne zur Hilfe: Sie tasten nach einer feuchten Stelle, Sie versuchen herauszufinden, ob es irgendwo nach frischer Farbe riecht. Der Hund im Geruchspool steht vor dem gleichen Problem. Er kann kaum die frischeste Stelle finden, da es im Zielgebiet überall frisch nach diesem Menschen riecht. Er »sieht« also überall nur gelbe Farbe. Da wir unseren Hunden nicht beibringen, den Sinn zu wechseln, also anstatt nur mit der Nase zu arbeiten, auf Ohren oder Augen umzuschalten, kann der Hund keinen anderen Sinn zur Hilfe nehmen. Er muss bei der Nase bleiben, denn alles andere wäre fatal. Das heißt, auf unser Beispiel übertragen, der Mensch im gelben Zimmer muss allein anhand des optischen Unterschieds herausfinden, wo der frischeste gelbe Fleck ist. Es bleibt ihm nichts anderes übrig, als den ganzen Raum durchzugehen, Millimeter für Millimeter, und ganz genau hinzuschauen, ob irgendwo etwas feucht glänzt. Vielleicht guckt er erst dreimal über den frischen Fleck hinweg, bis er irgendwann merkt: Moment mal, da ist frische Farbe. Das heißt, wenn ich Ihnen die Zeit gebe, können Sie die Aufgabe bewältigen. Aber die Zeit haben wir in einem Einsatz nicht. Daher findet oft nicht der Mantrailer die gesuchte Person, sondern diejenigen Einsatzkräfte, die hinzugezogen werden, wenn der Hund in einem Geruchspool kreist.

Wenn die Hunde uns diesen Geruchspool deutlich zeigen, dann sagen sie: »Es geht nicht weg von hier.« Es ist ohne weiteres möglich, dass ein Team dreißig, vierzig- ja hundertmal im Zielgebiet hin und her läuft, bis der Hund den frischesten gelben Fleck, also das Opfer, findet. Und hier tritt auch einer der Unterschiede zwischen einem Bluthund und den Vertretern anderer Rassen zutage: Mit einem Bluthund könnte man einen ganzen Tag durch so einen Geruchspool laufen, der würde nicht aufgeben. Ein anderer Hund macht vielleicht zehn Versuche und hört dann auf, weil er merkt, er kommt nicht weiter. Mit Aufhören meine ich aber nicht, dass er zum Stillstand kommt, im Gegenteil. Viele Vertreter anderer Rassen habe ich aus dem Zielgebiet davonrennen sehen, weil sie die Frustration, trotz des vielen frischen Geruchs nicht zu finden, nicht aushalten. Wenn wir in einem Einsatz in so einen Geruchspool geraten, brechen wir an dieser Stelle die Suche mit dem Bluthund ab und setzen wenn möglich Flächenhunde ein. Den Flächenhund interessiert die ganze »gelbe Farbe«, also der Geruchspool, nicht. Sondern den interessiert nur die Düse, die die gelbe Farbe versprüht, nämlich die Quelle. Deswegen nennt man Flächenhunde auch Quellensucher. Für diese Hunde ist es überhaupt kein Problem, in diesem Geruchspool sogleich die Quelle zu finden, weil sie nicht nach Individualgeruch suchen, also nach einem bestimmten Menschen, sondern nach der Quelle von frischem menschlichem Geruch im Allgemeinen. Entsprechend unseres Farbbeispiels könnte man sagen, dem Flächenhund ist egal, welche Farbe aus der Düse kommt, blau, rot oder gelb, er sucht einfach den Geruch frischer Farbe und kommt deswegen im gelben Zimmer sofort ans Ziel.

5. KOMPONENTE | Arbeit am Geruch

Elke und Linus kommen ins Zielgebiet. Noch haben beide keine Ahnung, dass rechts auf dem Container die versteckte Person liegt.

1. Linus zeigt an, wo Geruch liegt. Am Rand des Containers …

2. … und auf der gegenüberliegenden Seite ebenfalls.

3. Sogar oben in der Luft scheint frischer Geruch zu sein. Spätestens jetzt erhält Elke den Hinweis, dass die versteckte Person erhöht liegen könnte.

4. Die Suche geht weiter, bis schließlich irgendwann ...

5. ... die Geruchsquelle ausgemacht werden kann.

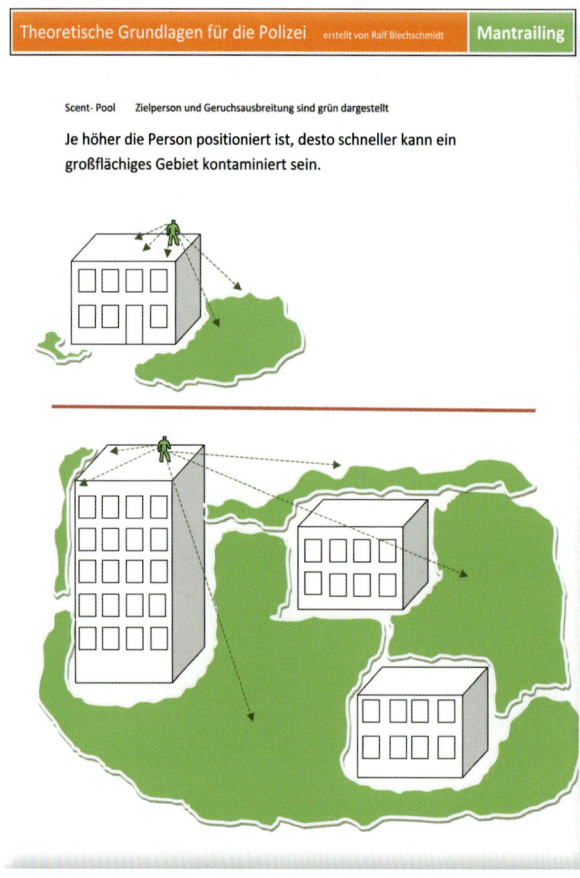

Je höher die Person positioniert ist, desto schneller kann sich der Geruch großflächig verteilen. Es kann ohne weiteres sein, dass der Hund erst einmal an der Person vorbeiläuft oder diese nicht findet. So wie wir im gelben Zimmer den frischesten gelben Fleck vielleicht zuerst übersehen oder auch nie finden. Aber wir verlassen während der Suche das gelbe Zimmer nicht. Das heißt, der Hund sollte diesen Geruchspool nicht verlassen.

Der Geruch, den ein Mensch verströmt, ist keine Linie und auch keine zweidimensionale Fläche, kein Teppich. Geruch ist ein dreidimensionales Gebilde. Je schneller und eindeutiger sich die Zielperson in eine Richtung bewegt, desto einfacher ist der Trail. Aber auch in der Bewegung können kleine Geruchspools entstehen.

Bei so einem kleinen Geruchspool, verursacht durch die spezifische Beschaffenheit der Umgebung und Luftverwirbelungen, ist in Nischen plötzlich mehr Geruch der gesuchten Person als auf der eigentlichen Wegstrecke. Für einen geübten Hund kein Problem.

Praxistipp

Training unter Einsatzbedingungen: Für einsatzrelevante Trainings wird gerne Folgendes vergessen: Wir legen eine Spur, die drei Tage später abgearbeitet werden soll. Der Spurleger wird kurz vor dem Start wieder an das Spurende gebracht. Das sind aber längst nicht dieselben Bedingungen wie im Realeinsatz. Wenn ein Mensch tatsächlich vermisst wird, liegt der unter Umständen drei Tage lang an einer Stelle oder – noch schlimmer – er bewegt sich die ganze Zeit über. Das heißt, die Geruchsverteilung ist völlig anders als im Training. Ideal für Einsatzteams ist, wenn sich im Sommer jemand findet, der bereit ist, mindestens eine Nacht draußen zu verbringen, um sich dann finden zu lassen. Eine andere Möglichkeit ist, Leute, die in einem Zeltlager sind, anzusprechen, ob sie sich als Helfer zur Verfügung stellen würden.

5.6 Das Tetralemma

Ich erinnere mich an einen nächtlichen Einsatz vor vielen Jahren, als wir noch keine GPS-Geräte hatten. Um den Weg, den wir in der Suche gegangen waren, zu markieren, haben wir Trassierband und hin und wieder auch Klopapier benutzt. In diesem speziellen Einsatz suchten wir einen Selbstmörder, kamen in der Nacht aber zu keinem Ergebnis, außer dass unsere Bluthunde aus einem bestimmten Waldstück nicht mehr rausgingen. Wir leuchteten den Wald mithilfe der Feuerwehr daraufhin sogar aus, konnten aber niemanden entdecken. Am nächsten Morgen ging die Polizei noch mal in den Wald hinein und dem Klopapier nach. Keine zwei Meter neben einem der Klopapierschnipsel hing die Leiche an einem Baum. Wie kann so etwas passieren?

Die Sinne sind die Brücke vom Unfassbaren zum Fassbaren.
August Macke, deutscher Maler

Für Leute, die sich noch nicht viel mit Mantrailing auseinandergesetzt haben, ist es schwer zu verstehen: Die Hunde können einen Trail mehrere Kilometer richtig verfolgen, haben aber im Zielgebiet Probleme, die Person, die in unmittelbarer Nähe ist, zu finden. Wie schon weiter oben erklärt, ist eine Ursache dafür der Geruchspool, also das »gelbe Zimmer«. Die Hunde suchen nicht die Person an sich, sondern etwas für uns nicht Wahrnehmbares, nämlich den hinterlassenen Geruch dieses Menschen. Ein kleiner, aber feiner Unterschied. Dieser hinterlassene Geruch, ich nenne ihn auch »aktivierten« Geruch, scheint ein anderer zu sein, als der Geruch der Person selbst. Das heißt, wenn ein Hund unmittelbar an einem Menschen riecht, scheint dieser Quellgeruch ein etwas anderes Aroma zu haben als jener Duft, der schon eine Zeitlang in der Luft oder am Boden liegt. Im Zielgebiet läuft der Hund permanent in einer Wolke aus diesem »aktivierten« oder hinterlassenen Geruch (gelbes Zimmer) und muss darin den etwas anderen Quellgeruch (frischester gelber Fleck) finden. Und zwar nicht Quellgeruch an sich, wie der Flächensuchhund, sondern Quellgeruch einer bestimmten Person. Die besondere Schwierigkeit für den Mantrailer scheint darin zu bestehen, im Zielgebiet vom schon liegenden, »aktivierten« Geruch auf Quellgeruch »umzuschalten«.

Gründe, warum Hunde im Zielgebiet nicht finden, obwohl die gesuchte Person sich dort aufhält

1. **Der Hundeführer verliert die Geduld und gibt dem Hund dadurch nicht genügend Zeit zum Ausarbeiten der Situation.**

2. **Der Hund ermüdet oder bricht ab, weil er mit seiner Strategie nicht zum Erfolg kommt.**

3. **Der Hund wechselt den Sinn und zeigt irgendeine Person an.**

4. **Der Hund schaltet nicht vom »aktivierten« Geruch auf Quellgeruch um.**

Im Falle des oben beschriebenen Einsatzes kommt erschwerend hinzu, dass der Gesuchte bereits tot war und somit keinen frischen Quellgeruch mehr verströmte. Der frischeste gelbe Fleck im gelben Zimmer war sozusagen schon trocken geworden.

Es gibt also mehrere gute Gründe, warum Hunde nicht direkt ankommen, obwohl die gesuchte Person in der Nähe ist. Im Einsatz oder anderen Situationen, bei denen ich den Trailverlauf nicht kenne, kann ich nicht wissen, ob ich überhaupt in der Nähe des Zielgebietes bin, nur weil mein Hund von dieser Stelle nicht mehr wegkommt, ohne die Person zu finden. Es ist daher wichtig, alle Möglichkeiten vollständig im Protokoll zu nennen und sich nicht auf eine Deutung festzulegen, wenn man die Arbeit beendet. Vor allem, wenn der Trail in der Nähe eines Bahnhofes oder einer Bushaltestelle endet, liegt die Versuchung nahe anzunehmen, dass der vermisste Mensch mit dem Verkehrsmittel weggefahren sei. Das ist aber nur eine von insgesamt vier Möglichkeiten, die in dieser Situation in Frage kommen.

Daher gebe ich Folgendes zu Protokoll:

1. Das Team hat womöglich Fehler gemacht. Der Hund ist »auch nur ein Mensch« und kann einen schlechten Tag haben, das kann passieren. Ebenso kann es sein, dass der Geruchsträger nicht eindeutig war. Arbeiten wir mit mindestens zwei Hunden unabhängig voneinander, so wie wir es mit JoJo und Joosy machen, und kommen zum ungefähr gleichen Ergebnis, scheidet Möglichkeit Nr. 1 aus. Denn zwei Hunde mit unterschiedlichen Geruchsträgern machen nicht plötzlich am selben Tag Blödsinn. Wenn ich aber nur einen Hund habe, muss ich das in Betracht ziehen.

2. Die zweite mögliche Antwort: Die Person ist noch in unmittelbarer Nähe, z.B. in einem Gebäude, an einer erhöhten Stelle oder aber im »Untergrund«, zum Beispiel in einem Kellerschacht. In unmittelbarer Nähe kann aber auch heißen, der Hundeführer ist in einem Tal und die Person liegt noch mehrere hundert Meter entfernt am Hang.

3. Die dritte Möglichkeit ist, die Person ist nicht mehr da. Sie ist weggefahren, mitgenommen worden. Die Wahrscheinlichkeit, dass sie vom Ende des Trails weggefahren oder noch in unmittelbarer Nähe ist, ist 50 : 50, denn das jeweilige Verhalten des Hundes ist dasselbe. Wer seriös Mantrailing betreibt, kann nichts anderes sagen. Ein und dasselbe Verhalten des Hundes kann bedeuten: Der Mensch ist in unmittelbarer Nähe, er liegt zum Beispiel auf einem Dach, ist in einem Gully, ist in ein Gebäude gegangen oder von hier aus in ein Auto gestiegen. Fakt ist, es gibt nicht d e n P u n k t, an dem Geruch endet. Der Hund wird daher nicht genau an der Stelle anzeigen, an der jemand den Fuß von der Straße genommen und in die Straßenbahn eingestiegen ist, hier endet Geruch.

4. Die vierte Möglichkeit ist, und auch das geben wir zu Protokoll, der Hund hat sich in einem Geruchspool festgebissen. Womöglich geht die Spur noch weiter, nur wir kommen derzeit hier nicht mehr weg. Obwohl wir vorher auf einem immer größer werdenden Außenkreis um den vermeintlichen Geruchspool herum, den Hund einen Ausgang haben suchen lassen.

Wer diese vier Antworten bei Nicht-Finden zu Protokoll gibt, zeigt Verantwortung und weiß, wovon er spricht. Wenn Sie also irgendwo nicht weiterkommen, dann denken Sie an das Tetralemma. *Tetra* kommt aus dem Griechischen und steht für die Zahl Vier. *Lemma* bedeutet Annahme. Somit gebe ich vier mögliche Annahmen zu Protokoll, die Ursachen für den Stillstand sein können.

Terry Davis
VBSAR Präsident und ICAST Gründer

Geruch wird beschrieben als eine magische, diffuse, nicht greifbare Substanz, die sich jedem Versuch entzieht, sie einzufangen, einzugrenzen oder genau zu bestimmen. Falls dem so ist, ist der Geruchspool eine Steigerung all dessen. Der Geruchspool ist ein geheimnisvolles Gebilde, denn Menschen können darin verschwinden oder auftauchen. Eine einfache Definition des Geruchspools wäre: Eine stärkere Ansammlung von Geruch als die, die der Hund auf einem einfachen Trail vorfindet. Der Geruchspool kann durch zwei Vorgänge entstehen: Der Läufer hat sich über einen längeren Zeitraum an einem bestimmten Ort aufgehalten und ist dann weitergegangen, oder der Läufer befindet sich in unmittelbarer Nähe und flutet das Gebiet ständig mit frischem Geruch. Im Gegensatz zu uns Menschen erkennt der Hund den Läufer nicht an dessen Gestalt, sondern am Duft. Das dürfen wir nicht vergessen, wenn der Hund im Geruchspool mehrmals direkt an der gesuchten Person vorbeiläuft. Aufgrund der äußeren Bedingungen, also Wind, Geländestruktur und baulicher Gegebenheiten, ist es nämlich gut möglich, dass die größte Menge an frischem Geruch nicht direkt an der Geruchsquelle ist, also an der gesuchten Person, sondern irgendwohin verblasen wird. Im Training ist es wichtig, sich die Zeit zu nehmen, den Hund die Situation in Ruhe ausarbeiten zu lassen und nicht zu versuchen, ihn zum Opfer hin zu dirigieren. Es ist einfacher, einen Geruchspool nachts abzuarbeiten, denn der Hundeführer bekommt nicht so leicht mit, dass er womöglich schon mehrmals an der gesuchten Person vorbeigelaufen ist und ist dadurch weniger verkrampft und frustriert. Für den Hund ist ein Geruchspool eine verwirrende Situation, vergleichbar mit einem Stück Fensterglas, das man in ein Aquarium wirft. Du wirst das Glas vielleicht nicht sehen, aber Du weißt, es ist da. In einem Einsatz ist es sinnvoll, zusätzliche Leute zu alarmieren, die dabei helfen, das Gebiet abzusuchen und Flächenhunde einzusetzen. Gerätst Du in einen Geruchspool, wenn Du einen Kriminellen suchst, dann denke daran: Er könnte Dich in diesem Moment beobachten.

Die Erfahrung zeigt, auch wenn alle Voraussetzungen stimmen, also KONZENTRATIONSFÄHIGKEIT, ALLTAGSNEUTRALITÄT, OPFERBINDUNG und HANDWERKSKOFFER kann uns immer noch der Geruch ein Bein stellen. Es kann zum Beispiel sein, dass ein Hund sich ausgerechnet am Tag des Einsatzes nicht für den frischesten Geruch entscheidet, sondern dorthin geht, wo der meiste Geruch der gesuchten Person liegt. Oder er läuft an eine Stelle, wo der frischeste Geruch der Person durch den Wind hingeblasen wird, und kommt dann von dort nicht mehr weg hin zum tatsächlichen Aufenthaltsort des Gesuchten. Deshalb kommen wir, und das haben internationale Erfahrungen bestätigt, in Einsätzen durchschnittlich bloß in einem Drittel aller Fälle tatsächlich an. Nur wenn der frischeste Geruch auch dort liegt, wo die Person tatsächlich ist, hat der Hund die Chance, sie direkt zu finden. In einem weiteren Drittel, liegen die Hunde nicht falsch, aber wir kommen nicht direkt an die Person heran, weil der frischeste Geruch sich an einer anderen Stelle sammelt oder der Mensch inzwischen schon nicht mehr da ist. In einem weiteren Drittel wissen wir nicht, was los ist. Vielleicht sind wir völlig falsch gelaufen, haben etwas übersehen, oder der Geruch wurde unterbrochen zum Beispiel durch eine Weiterfahrt im Bus oder Auto.

Das aktive Beenden der Arbeit gestatte ich dem Hund – zwangsläufig – nur im Einsatz. Im Übungsbetrieb hingegen erlaube ich ihm nicht, dass er von sich aus an irgendeiner Stelle aufhört zu arbeiten. Wir kommen in den Trainings an, weil ich dem Hund nicht zugestehe, die Suche zu beenden. Ich gebe ihm nicht die Chance zu sagen, hier ist jetzt Schluss, sondern er muss so lange an der Situation arbeiten, bis er zu einem Ergebnis kommt. Warum? Weil ich nicht möchte, dass der Hund lernt, sich an irgendeinem Punkt zufriedenzugeben, ohne tatsächlich angekommen zu sein. Also konkret: Ist der Hund geruchlich in eine Sackgasse geraten, aus der er nicht mehr hinausfindet, wird er umgehängt, an eine Stelle zurückgebracht, von der aus er sich erneut durch die Problematik durcharbeiten muss. Der Hundeführer erfährt aber zu keinem Zeitpunkt, wo der tatsächlich gelaufene Trail liegt, damit er dem Hund keine unbewussten Hilfen geben kann.

5.7 Negativ versus Pick up

Steigt die gesuchte Person am Ende des Trails in ein Auto und fährt weg, ist das geruchlich eine völlig andere Situation, als wenn der Hund am Start den Geruchsträger einer Person bekommt, die dort nie gewesen ist. Letzteres ist ein eindeutiges Negativ und kann vom Hund angezeigt werden, indem er zum Beispiel den Hundeführer anspringt. An sich ist es ausreichend, wenn der Hund im Startbereich kreist und nicht wegkommt.

Wenn die gesuchte Person aber am Ende des Trails abgeholt wurde oder in ein Wohnhaus gegangen ist, ist Geruch der Person da, er geht bloß nicht weiter. In dieser Situation vom Hund dieselbe Anzeige zu verlangen wie bei einem Negativ, wo ja überhaupt kein Geruch dieses bestimmten Menschen vorhanden ist, ist geradezu widersinnig. Das eine ist eindeutig ein Negativ, aber im anderen Fall ist ja Geruch da. Verlange ich in dieser Situation vom Hund eine Anzeige, bringe ich ihm bei, mir zu melden, wenn er nicht weiterkommt. Und das kann Probleme schaffen. Denn dadurch eröffnet sich dem Hund die Option zu sagen: »Oh, hier ist es schwierig, ich komme nicht weiter. Ich springe meinen Hundeführer an und dann komme ich raus aus der Nummer.« Das heißt, bei einem Spurabriss lasse ich den Hund so lange arbeiten, bis ich als Hundeführer das Ganze beende. Es könnte sich ja außerdem um einen Geruchspool handeln, aus dem der Hund irgendwann herausfindet.

Sollte die vermisste Person am Ende des Trails in ein Gebäude gegangen sein, kann man nicht erwarten, dass der Hund die entsprechende Haustüre anzeigt und hineingehen will. Denn wie schon gesagt, Geruch ist ein dreidimensionales Gebilde und ist nicht nur punktuell an der Klinke der entsprechenden Haustür, sondern überall in diesem Gebiet.

5.8 Stöbern und Trailen, zwei Seiten derselben Medaille

Hunde haben unterschiedliche Findestrategien. Wie schon ganz zu Anfang des Buches erwähnt (vgl. Seite 18), gibt es Hunde, die nach Geruch stöbern, und solche, die vorhandene Geruchsspuren benutzen. Diese individuelle Findestrategie ist dem Hund angeboren, so wie uns Menschen eine Rechts- oder Linkshändigkeit.

15 verschiedene Muskeln ermöglichen dem Hund, das Ohr aufzustellen, hängen zu lassen oder seitwärts zu drehen. Da sich beide Ohren unabhängig voneinander bewegen lassen, können Geräusche aus unterschiedlichen Richtungen lokalisiert werden.

Das Auge ist – noch vor dem Ohr – das zweitwichtigste Sinnesorgan des Hundes. Zwar hat ein Hund deutlich weniger Sehnerven als der Mensch, aber in zwei Bereichen ist das Hundeauge dem menschlichen sogar überlegen: Im Wahrnehmen von Bewegungen und im Sehen bei Dämmerung.

Im Zuge der Evolution hat sich die Hundenase zu einem optimalen Instrument der Dufterkennung entwickelt, die allen Arten von elektronischen Instrumenten überlegen ist. Anders als wir Menschen warten Hunde nicht ab, bis sie zufällig einen Duft in die Nase bekommen, sondern nehmen ihn aktiv riechend auf. Während eines Spaziergangs stöbern sie nach Fressbarem, indem sie Botschaften aus den Luftströmen sammeln und verfolgen Spuren, wobei ihnen sowohl die niedergetretene Grasnarbe als auch Haare und Hautschuppen der potentiellen Beute wichtige Informationen liefern.*

* Informationen aus: »Die Geheimnisse der Hundesprache« von Stanley Coren, Franckh-Kosmos Verlag 2002, »Wie Hunde denken und fühlen« von Stanley Coren, Franckh-Kosmos Verlag 2005, »Hundesprache« von Matthew Hoffmann, Tandem Verlag, 2005 , »Schwanzwedeln« von Sophie Collins, Franckh-Kosmos Verlag 2009

Nun wird immer wieder gesagt, Mantrailing sei eine Kombination aus verschiedenen Sucharten, nämlich Fährten, Stöbern und Trailen. Diese Aussage ist teilweise richtig, führt aber leicht zu Missverständnissen und muss daher näher erklärt werden.

Richtig ist: Der Mantrailer darf Fährten benutzen. Er darf Informationen aus Bodenverletzungen mit hinzuziehen, wenn es welche gibt. Die Bodenverletzungen geben aber nur zusätzliche Hinweise. Denn die wichtigste Informationsquelle für den Mantrailer ist immer der hinterlassene individuelle Geruch.

Falsch ist: Wenn der Hund ohne diese Bodenverletzung nicht mehr ans Ziel kommt. In diesem Fall kann man nicht von einem Mantrailer sprechen, sondern von einem Fährtenhund.

Richtig ist: Der Hund darf über Hochwind zum Erfolg kommen. Wenn er wittert, dass der gesuchte Geruch in einiger Entfernung frischer ist als an der Stelle, wo er sich gerade aufhält, darf der Trailer dieser Witterung nachgehen und abkürzen.

Falsch ist: Wenn der Hund die Luft mit hoher Nase nach dem gesuchten Geruch durchforstet, anstatt permanent am Geruch zu arbeiten. Dann spricht man nämlich von Stöbern.

Den Unterschied zwischen einem Stöberhund und einem Trailer kann man auch folgendermaßen erklären: Der Stöberhund arbeitet sozusagen im Frust. Das heißt, er startet ohne Geruch und sucht so lange, bis er menschlichen Geruch findet. Der Mantrailer dagegen sollte gar nicht in Frust geraten bzw. keinerlei Frust aushalten und deutlich zeigen, wenn er den Geruch verliert. Stöbern und Trailen sind also vom Ansatz her entgegengesetzte Suchmethoden. Wer einen Hund am Startpunkt ansetzt, ohne dass der gesuchte Geruch da ist, bildet maximal einen Individualgeruchstöberer aus. Der Mantrailer, sofern er richtig ausgebildet ist, startet erst gar nicht, ohne den gesuchten Geruch in der Nase zu haben. Er arbeitet permanent *a m* Geruch. Der Stöberhund läuft los auf der Suche *n a c h* Geruch – und sucht so lange, bis er ihn findet. Daher sind beide Sucharten in ein und demselben Hund schlecht vereinbar. Unabhängig von der Veranlagung des Hundes ist es auch ein Kommunikationsproblem: Mal soll der Hund suchen, ohne den gesuchten Geruch bereits in der Nase zu haben, mal soll er zeigen: Hier stimmt was nicht, ich habe den gesuchten Geruch verloren. Natürlich kann ein Hund, wie schon gesagt, auch übers Stöberverfahren nach Individualgeruch suchen. Aber dann handelt es sich nicht um einen Mantrailer, sondern um einen Individualgeruchstöberer. Dieser Individualgeruchstöberer arbeitet über Hochwind und gleicht ständig ab, ob der frische menschliche Geruch, der ihm in die Nase weht, zu seinem Suchbild passt – oder nicht. Ähnlich wie der Fährtenhund, der ohne Bodenverletzung nicht arbeiten kann, hat der Individualgeruchstöberer keine Möglichkeit, die gesuchte Person zu finden, wenn der Spurleger zum Beispiel in einem geschlossenen Gebäude ist. Denn der Individualgeruchstöberer arbeitet nicht mit dem hinterlassenen Geruch einer Person, sondern mit dem frischen Quellgeruch, der ihm über die Witterung zugetragen wird.

BEISPIEL

Elke Grießmayer, Rettungshundestaffel KV Landkreis Konstanz, Deutsches Rotes Kreuz
Linus, Bluthund, 3 Jahre

Mantraileinsätze sind psychisch sehr belastend. Das sage ich jedem, der sich für diese Sparte interessiert. Die Belastung ist eine andere als in Flächen- und Trümmereinsätzen. Ich habe einen guten Flächenhund, der scannt das Suchgebiet ab, und wenn ich mir nicht sicher bin, gehe ich eben ein zweites Mal durch das Gebiet. Wenn ich niemanden finde, ist die Sache für mich abgeschlossen. Bei Mantraileinsätzen ist das anders. Entweder Du findest direkt, dann löst sich das Rätsel gleich auf. Das ist natürlich das Beste und man ist entspannt. Oder es löst sich später auf, dann hat man nur zwei oder drei Tage Belastung. Oder es löst sich nie auf. Und dann fragt man sich immer: War ich richtig? Habe ich ein anderes Einsatzmittel verhindert? Habe ich Fehler gemacht? Deswegen sage ich jedem: Das einsatzmäßig Trailen ist kein Funsport, dessen muss man sich bewusst sein.

5.9 Der Bluthund und seine Verwandtschaft

Der erfahrene US-Diensthundeführer und ICAST-Instruktor Mike Belanger gibt an, dass seiner Erfahrung nach die Leistungsgrenze eines Schäferhundes bei im Durchschnitt 12–24 Stunden alten Trails in schwach kontaminierter Umgebung liegt. Schwach kontaminiert bedeutet, dass wenig fremde bzw. alte Spuren des Gesuchten in diesem Gebiet liegen. Ändern sich diese Bedingungen, seien nur in Ausnahmefällen Hunde anderer Rassen als dem Bluthund in der Lage, einen Trail zuverlässig zu verfolgen. Ein durchschnittlich begabter Bluthund hingegen könne bereits nach kurzer Ausbildungszeit einen Trail, der 24 Stunden und älter ist, auch unter schwierigsten Bedingungen aufnehmen und verfolgen. Mike bildet seit über 25 Jahren sowohl Schäferhunde als auch Bluthunde für den Polizeidienst aus. Hier in Deutschland fehlen bislang Leute, mit einer vergleichbaren Erfahrung. Es wird also noch einige Jahre dauern, bis wir so weit sind, diese Erfahrungen entweder zu bestätigen oder in Zweifel zu ziehen.

Ein Blick in die Geschichte des Bluthundes scheint die Ansichten des US Profis allerdings zu untermauern. Denn bereits in vergangenen Jahrhunderten bestand die Aufgabe dieser Rasse darin, als Jagdhund unter anderem älteren menschlichen Duftspuren zu folgen. So wurde er in England im 16. und 17. Jahrhundert als Patrouillenhund eingesetzt, der Viehdiebe und Wegelagerer aufspüren sollte.[*] Außerdem galten im England des 18. Jahrhunderts Verdächtige eines Verbrechens überführt, wenn sie einem polizeilich eingesetzten Bluthund keinen Zutritt zu Haus und Hof gewährten.[**]

---

[*] vgl.: Jagdhunde Lexikon, unter: http://www.jagdhunde.de/lexikon_text/84.php4 (abgerufen am 14.12.2011)
[**] vgl.: Mantrailing - Der Spezialist, unter: http://www.mantrailing-bloodhound.de/site/index.php?mod=showsites&s_id=50&u_id=85 (abgerufen am 14.12..2011)

Die »Southdown-Bloodhound-Meute« lebt und jagt in Hampshire, GB.

Der Bluthund ist eine der ältesten Laufhunderassen überhaupt. Bereits im 7. Jahrhundert wurde er von belgischen Mönchen in den Ardennen gezüchtet und für die Jagd eingesetzt. Der Name geht auf die vornehme Abstammung zurück. »Blooded Hound« bedeutete so viel wie »aus reinem Blute«, also reinrassig.[*] Rückblickend steht fest, dass der Bluthund seit 1400 Jahren beinahe ausschließlich auf Nasenleistung, hohe Konzentrationsfähigkeit und seine außergewöhnliche Ausdauer hin gezüchtet wurde. Genau die drei Fähigkeiten, die wir auch heute zum Mantrailing brauchen. Bluthunde sind in der Lage, sechs oder sieben Stunden durchgehend einem Trail zu folgen, ohne erkennbar zu ermüden. Das hängt vielleicht nicht nur mit ihrer körperlichen Ausdauer zusammen, sondern auch mit der Fähigkeit, sich vollkommen auf diesen einen Geruch zu konzentrieren und alles andere auszublenden. Außerdem habe ich im Laufe der Jahre festgestellt, dass Bluthunde in schwierigen Geruchssituationen die besseren Nerven haben und beharrlicher bei der Sache bleiben, als andere Rassen. Insbesondere die Schweißhunde haben die Tendenz, Konflikte durch Geschwindigkeit lösen zu wollen. Sie werden leicht hektisch und bauen Stress gerne durch Bewegung ab. Leider hilft Schnelligkeit beim Trailen nicht weiter. Hier ist eher Genauigkeit gefragt.

[*] vgl.: Bloodhound - Namensentstehung, unter: http://www.mantrailing-bloodhound.de/site/index.php?mod=showsites&s_id=49&u_id=61 (abge-rufen am 14.12.2011)

Dieselben Strategien,

die die Hunde im Alltag bei Konflikten anwenden, werden auch in schwirigen Situationen auf dem Trail sichtbar: Es gibt die »Steher« und es gibt die »Renner«. Die »Steher« sind Hunde, die auch im Alltag leicht erstarren, wenn sie nicht weiter wissen, die »Renner« sind die, die leicht flüchten.

Gegenmaßnahmen auf dem Trail: Bei den »Stehern« kurz abwarten, dann über die Leine in eine Kreisbewegung bringen. Bei den »Rennern« unbedingt die eigene Grundgeschwindigkeit beim Trailen beibehalten. Schießt der Hund trotzdem übers Ziel hinaus, umhängen, zurückbringen und so lange weiterarbeiten, bis er das Problem gelöst hat.

Und noch einen Vorteil haben Bluthunde und dieser gilt für Meutehunde allgemein, also für den Bluthund ebenso wie für Beagle oder Foxhound: Sie brauchen, nicht möchten, sondern brauchen, den engen Kontakt sowohl zu Artgenossen, als auch zu ihren Menschen. Meutehunde sind im Vergleich zu anderen Hunderassen sehr verträglich mit anderen Hunden und aufgeschlossen gegenüber Menschen. Meistens lieben sie kleine Kinder ebenso wie Erwachsene. Alles in allem ideale Voraussetzungen für einen Mantrailer. Insbesondere das Bedürfnis nach engem Körperkontakt ist ein unschätzbarer Vorteil bei der Opferbindung. Ganz anders als Hunde, die auf eine große Individualdistanz bestehen, und die es wenig schätzen, von Fremden angefasst zu werden, genießen Meutehunde körpernahes Spiel und Streicheleinheiten. Das macht es dem Helfer wesentlichen leichter, Kontakt aufzubauen und den Hund zu bestätigen, ohne ständig Futter zu benutzen.

Die »Ashland Bassets« vor einer Meutejagd in Aldie, Virginia. Die Meute besteht größtenteils aus Basset Bleu de Gascogne.

Die »Loudoun Hunt West-Meute« wird bei einer Veranstaltung in Purcellville, Virginia losgelassen. Die Meute besteht hauptsächlich aus Old English Foxhounds.

Die »Ashland Bassets« bei einer Jagd in Casanova, Virginia.

5. KOMPONENTE | Arbeit am Geruch

Die »Nantucket-Treweryn-Beagle-Meute« bei einer Jagd in Berryville, Virginia.

In früheren Zeiten, als die Jagdwaffen noch nicht die heutige Effizienz aufwiesen, wurde das Wild durch die Hundemeute so lange gejagt, bis es sich stellte, um dann entweder abgefangen oder durch die Hunde niedergezogen zu werden.[*] Je nach Anlage und Neigung entwickelte sich der einzelne Hund innerhalb einer Meute zum Spezialisten. Da gab es, und es gibt sie noch, die Leithunde, die Finder und Wiederfinder,

[*] Informationen aus: Wendelin Fuchs, Hansruedi Nater: Schweizer Laufhunde. Eigenverlag Wendelin Fuchs 1996

die jungen Hetzer und die erfahrenen Packer, die Könner, die sicher auf asphaltierten Straßen oder gefrorenem Boden die Spur halten. In einer Meute kann noch heute diese Arbeitsteilung beobachtet werden. Ein Meutehund ist noch lange kein gut veranlagter Mantrailer, aber er ist zumindest mal Spezialist für die warme (= junge) und kalte (= alte) Spur.

Ausnahmen bestätigen die Regel. Auch Hunde anderer Rassen oder Mixe können gute Trailer werden, wenn sie die entsprechende Veranlagung mitbringen.

Dr. Brigitte Fiedler, BRK KV Hassberge, Bayern
über ihren Hund Urgel, Labrador-Mix 3 Jahre:

BEISPIEL

Ihre Stärken:

1. Gute Nasenleistung gepaart mit einer gehörigen Portion Jagdtrieb: Vom ersten Tag an hat man erkennen können, dass Urgels Verhalten sehr beeinflusst war vom Verfolgen irgendwelcher Spuren. Vor allem meine Spur beim Spazierengehen zurück zum Auto hat sie haarfein ausgearbeitet, bis sie vor dem Auto stand. Auch wenn jemand vor ihr herlief, ging sie genau in diesen Fußspuren schnüffelnd weiter. Das hatte noch keiner meiner anderen Hunde gemacht.

2. Gute Sozialisierung von Anfang an: Sie ist immer und überall dabei und bekommt viel Kontakt zu anderen Menschen und Tieren. Ich habe beim Trailen überhaupt keine Probleme mit anderen Hunden oder Katzen, die können vor ihr wegrennen oder sie anfauchen, das ist Urgel egal.

3. Starkes Nervenkostüm: Weder Lärm, noch Wetter, noch unangenehmer Untergrund machen ihr etwas aus. Man könnte meinen, Angst kennt dieser Hund nicht.

4. Extremer Findewille: Durch den enormen Vorwärtsdrang und oft auch Spurlaut auf dem Trail entsteht der Eindruck, dass es für diesen Hund nichts Wichtigeres auf der Welt gibt, als die gesuchte Person zu finden.

5. Gute Bindung zu mir.

6. Opferbindung wurde von Anfang an gefördert, was durch das Interesse an anderen Menschen, den hohen Beutetrieb und die Fressgier auch sehr leicht zu erreichen war.

7. Veranlagung, nahe an der Spur zu arbeiten, war schon immer da.

Ihre Schwächen:
Der oben genannte Findewille, man kann es auch Übereifer nennen, steht Urgel gelegentlich im Weg. Vor lauter Vorwärtsdrängen kam es im Laufe der Ausbildung immer wieder vor, dass sie bei Abbiegungen zu weit weglief und sich dann wieder zurückarbeiten musste, statt langsam und konzentriert schwierige Situationen auszuarbeiten.

So gab es auch immer wieder Situationen, wo sie eine falsche Person im Zielbereich des »Opfers« ansprang hat vor lauter Ungeduld bzw. Umschalten von Nase auf Auge. Auch frische Spuren von Leuten unterwegs waren manchmal kurz interessanter als der Trailverlauf. Es kam vor, dass sie erst ein paar Meter einer frischen Spur hinterher ist, bis sie sich wieder auf die Arbeit konzentrierte. Durch das intensive Training wurden diese »Fehltritte« aber kontinuierlich weniger. Eine Schwierigkeit scheint auch das Auffinden einer Person zu sein, die sich schon längere Zeit am Zielort aufhält und einen frischen Geruchspool bildet. Da gab es Trainingssituationen, wo der Trail sauber und nah an der Spur abgearbeitet wurde und die letzten 50 Meter im Geruchspool bis zur Person länger dauerten, als die 500 Meter Trailverlauf!

Urgel beim Spiel nach erfolgreicher Suche.

5.10 Mach's richtig!

10 Tipps für sinnvolle Gewohnheiten beim Mantrailen.
Frei nach Terry Davis

1. Der Hund kann nicht genug davon bekommen: Gewöhnung
Die Gewöhnung an den Arbeitsplatz endet nicht mit dem Eintritt in das Erwachsenenalter. Es gibt immer wieder Neues im Alltag zu erkunden, damit der Hund auf dem Trail nicht scheut oder total blockiert. Wie wär's heute mal mit Flughafen? Oder entspannte Straßenbahntour? Nachtspaziergang gefällig?

2. Der Schalter für An und Aus – das Ritual mit dem Geschirr
Das Geschirr an- und ausziehen ist wie einen Schalter umlegen:
- AN: Geschirr anziehen und Geruchsartikel geben bedeutet: »Arbeit geht los«
- AUS: Geschirr ausziehen bedeutet: »Arbeit ist zu Ende.«
Hier ist zeitliche Genauigkeit gefragt. Diese wichtige Information verwäscht sich, wenn der Hund das Geschirr schon 10 Minuten vor der Suche umgeschnallt bekommt und nach der Suche noch damit Gassi läuft.

3. Mit Kreativität gegen Unterforderung und Eintönigkeit – der Spurenleger
Ein Trail wird dann interessant, wenn das Team nicht weiß, wen es von den Personen sucht, die sich auf dem Trail und im Zielgebiet aufhalten. Interessant wird es, wenn sich Läufer in Gullys und Streukisten verstecken. Spannend wird es, wenn der Spurenleger dem Hund als Spaziergänger entgegenkommt oder er sich im Startgebiet bei den Zuschauern aufhält. Wie sagt mein Ziehvater Terry Davis immer so schön: Our imagination is our limitation! Unsere Vorstellungskraft ist unsere Begrenztheit!

4. Erst riechen, dann rennen – die Start-/Ansatzrichtung
Um zu verhindern, dass der Hund nach der Geruchseingabe kopflos losrennen kann, weil er schon in Suchrichtung angesetzt wird, variieren wir die Ansatzrichtung sobald als möglich.

5. Schritt für Schritt – Vorsicht vor Überforderung
Das Credo ist: »Nur an einer Schraube drehen.« Frischen Hunden wird zu schnell zu viel zugemutet. Doch wenn's zu schwer ist, verlieren sie leicht die Lust. Wer kleine Schritte macht, kommt schneller voran.

6. Die Vielfalt macht's aus: Geruchsträger
Variantenreiches Üben bringt Sicherheit im Tun. Um im Einsatzfall flexibel zu sein ist es notwendig, im Training alle möglichen Geruchsträger zu benutzen. Ein angebissener Apfel, eine Zigarettenkippe, Blut, Fingernägel wie auch Fenstersimse oder Türgriffe erhöhen das Repertoire des Hundes und unsere Selbstsicherheit.

7. Nichtfinden bedeutet Erfolg in mehrfacher Hinsicht: Negative, Pick up's
Um sich sicher sein zu können, dass der Hund verstanden hat, um was es uns geht, benutzen wir »Negativ Trails« und »Pick up´s«, natürlich angepasst an den jeweiligen Ausbildungsstand. Denn Hunde, vor allem Bluthunde, laufen gerne. Zeigen sie aber an, dass Geruch nicht da ist oder endet, haben wir alles richtig gemacht. Dabei lernen wir ihre Körpersprache zu interpretieren. Also, keine Angst davor.

8. Auch wenn sie uns das Leben schwer machen, sie gehören dazu: Geruchspools
Einmal drin, kommt man schwer wieder raus. Geruchsansammlungen werden uns immer wieder begegnen. Aus diesem Grunde müssen wir sie trainieren.

9. Anhalten auf dem Trail
Fünf oder zehn Minuten Pause machen und dann einfach weiter arbeiten. Das wird leider viel zu selten geübt. Dabei sollte jeder Hundeführer regelmäßig die Erfahrung machen dürfen, dass sein Hund am richtigen Geruch weiter arbeitet, auch wenn in der Zwischenzeit jede Menge Leute vorbeigegangen sind und frischen Geruch hinterlassen haben.

10. Die Planung macht's: Trainingsbuch und -plan
Immer wieder drauflos zu trainieren, birgt die Gefahr, wichtige Dinge zu vergessen, die man tun könnte oder sollte. Für Einsatztrailer kann ein Trainingsbuch auch Gold wert sein, um die dokumentierten Leistungen als Referenz zu benutzen.

5.11 Interview mit Ralf Blechschmidt

INTERVIEW

39 Jahre, Diensthundeführer, Spezialhundeführer, führt seit 1997 Fährtenhunde in der Polizei seit 2009 in Ausbildung bei Armin Schweda

Was ist für Dich als ehemaliger Fährtenhundeführer im Mantrailing-Training bei Armin um 180° anders?

RALF BLECHSCHMIDT: Nun, der Begriff des »Fährtenhundes« ist vielleicht etwas irreführend und bei der sächsischen Polizei eher als »traditionell« zu verstehen.* Tatsächlich haben unsere Fährtenhunde kaum etwas mit den Fährtenhunden im Hundesport gemeinsam. Unsere Diensthunde werden zweigleisig ausgebildet, können sowohl die klassische Bodenverletzung als auch den Individualgeruch des Gesuchten verfolgen. Es gibt viele belegbare erfolgreiche Einsätze mit Fährtenhunden der sächsischen Polizei. Ich selbst habe mit meinem ersten Fährtenhund »Alex« im Laufe seiner Dienstjahre vierzig Straftäter durch Fährtenarbeit gestellt und noch mehr Beweismittel gefunden. Allerdings sind die Möglichkeiten im »Befestigten«, also auf Asphalt, gegenüber dem Mantrailing doch eingeschränkt. Ich würde sagen, es ist vielleicht vieles ähnlich, zum Beispiel was das Leinenhandling und das »Lesen« des Hundes anbelangt. Mindestens genauso vieles ist aber auch anders, wenn auch nicht gerade gegenläufig, also um 180° verschieden. Besonders in der Fachtheorie musste ich mich für andere Sichtweisen öffnen, was mir aber gut getan und dazu beigetragen hat, so manches frühere und damals unerklärliche Einsatzergebnis aus heutiger Sicht besser zu verstehen. Anders als früher ist auch das Trainingsgebiet mitten in der belebten Innenstadt, das Leistungsvermögen der Hunde, die Arbeit ausschließlich mit Geruchsträgern und der völlige Wegfall der »Bodenverletzung« in der Ausbildung.

Wie war das früher mit der Fährte und dem Individualgeruch bei Euch in der Suche? Wen habt Ihr gesucht, was habt Ihr gesucht, wo lagen die Grenzen? Was waren die Vorteile?

RALF BLECHSCHMIDT: Der Fährtenhund ist der Hund für die Ad-hoc-Strafverfolgung. Aufgrund seiner Ausbildung kann er auch ohne Geruchsträger von einem Tatort gestartet werden** und die von dort abgehenden Spuren verfolgen. Gesucht werden in erster Linie Straftäter und Beweismittel, also im Spurenverlauf entsorgte oder verlorene Gegenstände.

---

* Damit ist gemeint, dass die Hunde für diese Art von Personensuche traditionell »Fährtenhunde« genannt werden. Die damalige DDR war mit ihrer Diensthundeschule in Pretsch weltweit hoch angesehen und verfügte über Kynologen von internationalem Ruf. Individualgeruchssuche wurde dort schon praktiziert als in der damaligen BRD die Fährtenhunde noch ausschließlich auf dem Acker suchten. Die DDR-Fährtenhunde waren nicht in den Diensthundestaffeln sondern direkt bei der Kripo angegliedert und vergleichbar – oder aufgrund ihrer ausschließlichen Spezialverwendung sogar besser – als unsere heutigen bifunktionalen (bifunktional = Schutzhund + Fährtenhund) Fährtenhunde.

** Die Hunde werden unter Ausnutzung bestimmter Triebanlagen, z.B. des Beutetriebes ausgebildet und finden in der Ausbildung am »Ende der Spur« je nach Vorliebe des Hundes etwas besonders Tolles. Das kann zum Beispiel Spielzeug oder auch der Schutzdiensthelfer sein. Da also die Geruchsspur und das vom Hund angestrebte Ergebnis geruchlich nicht unbedingt was miteinander zu tun haben müssen, folgt der Hund jeder Spur auf die er angesetzt wird, um stets z.B. sein Dummy zu finden.

Ebenso gut können aber auch Vermisste gesucht werden. Allerdings können an einem Einsatzort unter Umständen mehrere Spuren auch Unbeteiligter weg- oder unmittelbar vorbeiführen, besonders dann, wenn der Tatzeitraum bereits länger zurückliegt. Dort gibt es dann ohne Geruchsträger immer einen Unsicherheitsfaktor hinsichtlich der Frage, Täterspur – oder nicht? Um dem Rechnung zu tragen, gibt es für Fährtenhunde in Sachsen neben den regulären Diensten ein Bereitschaftssystem, so dass in der Regel zu jeder Tages- und Nachtzeit innerhalb eines engen Zeitfensters ein Fährtenhund am Einsatzort ist, oft noch bevor der nächste Berufsverkehr einsetzt. Der Tatort wird von den Beamten vor Ort bis zum Eintreffen des Hundeführers gegen ein Betreten durch Unbeteiligte weiträumig gesichert. Gerade bei nächtlichen Einsätzen in dann schwach frequentierten Bereichen, kann der Fährtenhund als schnell verfügbares Einsatzmittel gute Erfolge bringen.

Ich kann hierfür einige Beispiele aus realen Einsätzen nennen. Fährtenhunde meiner Dienststelle haben in der jüngeren Vergangenheit in zwei Fällen nach Vergewaltigungen die Ermittler direkt vom Tatort bis zur Wohnung der Täter geführt. In einem anderen Fall wurde nachts ein als vermisst gemeldeter, verwirrter Bewohner eines Pflegeheimes bei sehr kühlen Außentemperaturen nur leicht bekleidet im Gebüsch eines Flussufers gefunden und konnte vor dem Erfrieren gerettet werden. Ich selbst habe mit meinem »Alex« eine dreiköpfige Bande nach ca. 3 km Fluchtweg gestellt, die kurz zuvor und bereits in der Vergangenheit eine ganze Serie bis dahin unaufgeklärter, besonders schwerer Diebstähle begangen hatte. Meine »Jessie«, die Nachfolgerin von Alex, hat nach einem Einbruch in eine Spielothek nach ca. 400 m in einem Gebüsch die Tasche des Täters mit 2.500 Euro Bargeld aufgespürt, und darüber hinaus nach weiteren 300 m dessen verlorenes Basecap gefunden, wodurch seine DNA gesichert werden konnte. Auf dem Überwachungsvideo konnte man das Basecap später deutlich erkennen.

In der Natur einer Vergewaltigung liegt es, dass diese in der Regel nicht in der Öffentlichkeit stattfindet. Das heißt, man hat meist einen relativ abgelegenen Tatort, von dem nur wenige frische Spuren wegführen. In diesen und allen anderen geschilderten Fällen handelte es sich um zum Ausarbeitungszeitpunkt wenig bis mäßig begangenes Gelände, mit wenig anderen Spuren. Hier konnte der zeitnah eingesetzte Fährtenhund »punkten«.

Grenzen: Aufgrund seiner »zweigleisigen« Ausbildung hat der FH am Ansatz und

Ralf Blechschmidt mit seinen Diensthunden Hermine und Jessie.

auch während der Suche stets die Freiheit zu entscheiden, ob er den Individualgeruch oder die Bodenverletzung sucht. Was der Hund also gerade für die Ausarbeitung der Fährte heranzieht, kann vom Hundeführer nicht gesteuert werden. Inzwischen sind wir ja zur Erkenntnis gelangt, dass auch befestigte Fußwege und Straßen nicht keimfrei sind, sich auch dort, wenn auch in wesentlich kleinerer Menge, Biomasse jedweder Art findet und dass auch dort Mikroorganismen leben, die beim Darüberlaufen zerquetscht werden und einen biochemischen Abbauprozess in Gang setzen, der nichts anderes ist als eine herkömmliche Bodenverletzung. Da sich diese Bodenverletzung über einen bestimmten Zeitraum in einer Kurve von

nichts – wenig – **viel** – wenig – nichts

wie eine Sinuskurve auf und wieder abbaut, kann der Hund SEINE Fährte von anderen Fährten ziemlich gut an dem gerade aktuellen Ausprägungsgrad der Geruchsintensität erkennen und differenzieren. Kommt dieser Hund aber im Verlauf des Trails in ein stark begangenes Gebiet, so findet er unter Umständen plötzlich eine Vielzahl von Spuren gleichen Ausprägungsgrades vor. Der Hund kann nun beispielsweise nicht mehr SEINE zwei Stunden alte Spur von zehn weiteren zwei Stunden alten Spuren unterscheiden. Er kann dann oft auch nicht mehr auf den Individualgeruch zurückwechseln. Zwar ist beides, Bodenverletzung und Individualgeruch, ein Gas, aber während sich das Gas »Individualgeruch« schnell durch Luftverwirbelung örtlich verändern kann, bleibt die »Bodenverletzung« immer dort, wo sie entsteht und dünstet aus. Es ist also nicht ungewöhnlich, dass sich Bodenverletzung und Individualgeruch räumlich voneinander entfernen. Deshalb kommen Fährtenhunde in stark begangenen Bereichen und auf alten Spuren häufig an ihre Grenzen. Diese Lücke wollen wir nun mit den Mantrailern schließen. Wir betrachten die Mantrailer also keineswegs als Ersatz für unsere Fährtenhunde, sondern als sinnvolle und konsequente Ergänzung. Jede Ausbildungsrichtung kann etwas, was die jeweils andere nicht kann.

Vom Suchbild her kann man Folgendes sagen: Du wirst unter den Fährtenhunden keine wirklichen »Grenzgänger« finden. Die werden quasi schon in der Ausbildung »ausgesiebt«. Die fertigen Hunde arbeiten nahe an der Spur, es wird in der Regel ein Suchkorridor mit etwa 10 bis 15 m seitlicher Abweichung toleriert. Die spurnahe Suche versetzt Hunde und Beamte in die Lage, verlorene Gegenstände und Beweismittel zu finden oder Zeugen zu ermitteln, was ja durch den Einsatz beabsichtigt wird. Diese spurnahe Suche kann aber bekanntermaßen auch zu Problemen in Geruchspools führen. Hieraus kann ausbildungs- und einsatzstrategisch ein Konflikt »Täter« oder »Beweismittel« resultieren. Alles hat eben sein Für und Wider – oder wie Armin zu sagen pflegt: Einen Tod muss man sterben.

Was erwartest Du Dir, wenn Du die Ausbildung fertig hast? Was glaubst Du, wie kommst Du dann zurecht?
RALF BLECHSCHMIDT: Nachdem ich bereits seit vierzehn Jahren meinen Hunden

»hinterherlaufe« weiß ich, was alles zwischen einem selbst und einem erfolgreichen Einsatz stehen kann. Es gibt so viele Faktoren, von denen ein Erfolg abhängt, und die man nicht beeinflussen kann, dass ich da keine übersteigerten Erwartungen habe. Ich freue mich, wenn mein Hund und ich als Team gut funktionieren, und wir beide unser Bestes geben. Wenn das dann auch noch zum Erfolg führt, dann haben wir alles richtig gemacht!

Was sagen die Hundeführerkollegen übers Mantrailing?
RALF BLECHSCHMIDT: Die Meinungen sind unterschiedlich. Die Fährtenhundeführer in meiner Dienststelle sind sehr aufgeschlossen und haben erkannt, dass wir seriös trainieren. Natürlich wird es auch immer Kritiker geben. Ich gebe zu, dass ich anfangs selbst der Sache nicht völlig unkritisch gegenüber gestanden habe. Aber ich habe die oft erstaunlichen Leistungen der Hunde nicht nur erzählt, sondern auch praktisch gezeigt bekommen. Ebenso wichtig und zugleich ein Ausdruck der Seriosität war für mich die Feststellung, dass es auch beim Mantrailing Grenzen des Machbaren gibt, und wir uns nicht im Reich der Märchen und Sagen bewegen. Vor dem Hintergrund der stets ernsten Anlässe bin ich der Meinung, dass reale Mantrailing-Einsätze nur in die Hand von staatlichen Behörden und anerkannten ehrenamtlichen Hilfsorganisationen und nicht in die von Privatleuten gehören. Deren Leistungsvermögen und das ihrer Hunde kann nicht überprüft werden. Behörden und staatlich anerkannte Rettungsorganisationen beraten fachlich kompetent und seriös und verkaufen keine Strohhalme!

Wo liegt der Unterschied zwischen dem »normalen« Diensthund und dem Bloodhound im Dienstalltag?
RALF BLECHSCHMIDT: Als ich zum Mantrailing kam, war für mich von Anfang an klar, es muss ein Bloodhound sein! Diese Hunde sind einerseits sanftmütig wie Lämmer und zugleich zügellos wie Vollblutfohlen. Sie zeigen Dir ihre innige Zuneigung und machen Dich dabei gleichzeitig von oben bis unten dreckig. Sie sind manchmal extrem sensibel und manchmal extrem stur. Sie haben etwas Edles, manchmal was geradezu Aristokratisches im Wesen und sind zugleich die größten Dreckspatzen. Eigentlich sind sie zu nichts anderem zu gebrauchen als zum Trailen. Darin sind sie aber unschlagbar!

Die normalen Diensthunde sind in der Regel bifunktional ausgebildet, sind einerseits Schutzhunde und haben daneben eine Spezialausbildung. Unsere Bloodhounds sind reine Spezialhunde ohne eine weitere Verwendung. Das Leistungsvermögen in ihrem Spezialbereich ist dafür aber nach meiner Einschätzung weit höher, als das der bifunktionalen Hunde. Ein chinesisches Sprichwort sagt: »Es ist leichter, tausend Dinge halb zu tun, als in Einem Meister zu sein!«

Vielen Dank Ralf, für das interessante Gespräch!

5.12 Frage & Antwort

Wie testest Du die Trailveranlagung eines Hundes?
ARMIN SCHWEDA: Ich lege einen Trail, der eigentlich viel zu schwer ist für ein Einsteigerniveau. Die Spur sollte lang sein und verwinkelt, so dass es keinen Zusammenhang zwischen Start und Ende gibt. Nun kommt es nicht darauf an, dass der Hund den ganzen Trail abarbeitet. Aber ist der Trail zu kurz, kann der Hund auch über Hochwind zum Erfolg kommen Gibt es nur einmal eine Entscheidung zu treffen, also rechts oder links, ist die Chance 50 : 50, dass der Hund richtig liegt. Daher muss der Trail eine gewisse Länge haben und dem Hund mehrmals eine Entscheidung abverlangen.

Gibt es noch etwas zu beachten?
ARMIN SCHWEDA: Ja. Angenommen, es befinden sich mehrere Spuren am Abgangsort, aber der Hund hat noch nicht verknüpft, dass er den Geruch aus der Tüte suchen soll. Dann kann es sein, dass er sich eigenständig für einen der vorhandenen Gerüche am Startpunkt entscheidet und diesen sauber verfolgt. Wenn das der Ausbilder aber nicht merkt, und meint, der Hund treibt Blödsinn, beurteilt er ihn womöglich falsch.

Wenn die Trails beim Üben zuhause angeblich gut klappen, in der Ausbildung aber nicht, kann es daran liegen, dass der Hundeführer beim Üben zuhause die Trails kennt?
ARMIN SCHWEDA: Ja, das ist gut möglich. Denn die Gelassenheit, die jeder Hundeführer empfindet wenn er weiß, es ist richtig, das kann man nicht abstellen. Deshalb ist meine Trainingsbasis meistens die, dass nur ich als Ausbilder den Trail kenne. Dann hat der Hund immer das gleiche »Fragezeichen« hinter sich, und ich kann meine Schüler an ihren Hund ran modellieren.

Warum finden die Teams das Opfer in den Übungen fast immer, aber im Einsatz kommen sie oft nicht an?
ARMIN SCHWEDA Der Übungsbetrieb ist wie die Matheklausur mit Musterlösung. Im Training ist es möglich, den Hund nie zum Stillstand kommen zu lassen. Wenn er nicht mehr weiter kommt, hängen wir die Leine beispielsweise um, also vom Geschirr ins Halsband, führen den Hund ein Stück zurück und lassen ihn so lange weiter arbeiten, bis er das Problem gelöst hat. Im Training können wir das machen, weil ich als Ausbilder weiß, wo die gelaufene Spur ist und beurteilen kann, warum der Hund an einer bestimmten Stelle Probleme hat. Im Einsatz weiß ich nicht, warum das Tier nicht weiter kommt und höre irgendwann auf. Im Einsatz kommen wir von neun Mal nur drei Mal an. Sechs Mal kommen wir zu keinem Ergebnis. Drei Mal von diesen sechs Mal stellen wir im Nachhinein fest, dass wir nah an die Vermisstperson herangekommen sind aber aus irgendwelchen Gründen nicht direkt zu ihr hinkamen.

Was ist Dein erster Schritt, wenn das Telefon klingelt und ein Einsatz rein kommt?
ARMIN SCHWEDA: Als erstes stelle ich genau drei Fragen:
- Seit wann weg,
- von wo weg,
- gibt es einen eindeutigen Geruchsträger?

Am besten einen, der noch nicht fremdkontaminiert ist und falls doch, muss ich die Möglichkeit haben, die Kontaminierungsperson(en) auszuschließen.

Wie werdet Ihr alarmiert?
ARMIN SCHWEDA: Die Alarmierung unserer Staffel erfolgt über die Integrierte Leitstelle auf Anforderung durch die Polizei. Danach sind wir ca. innerhalb einer Stunde am Einsatzort, 365 Tage im Jahr, 24 Stunden am Tag. Ehrenamtlich! Wir bekommen dafür keinen Cent. Und das machen wir seit 1992. Es ist halt ein Ehrenamt. Aber wenn niemand mehr etwas freiwillig und unentgeldlich tut für diese Gesellschaft, dann ist irgendwann Schluss. Daran glaube ist fest.

Und was ist mit den Kosten, zum Beispiel für Einsatzfahrten?
ARMIN SCHWEDA: Die muss ich selber tragen, auch wenn ich von der Polizei alarmiert werde. Wir finanzieren uns nur über Spenden und eigenes Arbeiten. Davon kann ich den Hundeführern in meiner Staffel hin und wieder mal eine Tankfüllung zahlen.

Wie oft werdet Ihr alarmiert?
ARMIN SCHWEDA: Wir haben zurzeit, also 2011, etwa 80–90 Alarmierungen im Jahr. Das sind nur Vermisste und schon ausgewählte Fälle.

Du bist Diplomingenieur, arbeitest als Assistent der Geschäftsführung und kümmerst Dich um das Personalwesen. Wie lässt sich das mit einem so aufwändigen Ehrenamt vereinbaren?
ARMIN SCHWEDA: Ich habe einen verständnisvollen Chef. Ich darf weg, muss aber jede Stunde nacharbeiten. Ich kann nur jeden Vorgesetzten ermutigen, das Ehrenamt zu unterstützen. Unsere Gesellschaft braucht das Ehrenamt. Wenn niemand mehr bereit ist, etwas für den anderen zu tun, auch ohne Bezahlung, dann ist eine Gesellschaft am Ende! Denn die Systeme, die vermeintlich noch existieren, werden nicht mehr lange so sein können. Wir müssen da mittel- und langfristig vorausschauend denken. Und das ist nicht übertrieben, sondern erlebtes Drama bei den ganzen Vermisstensuchen, die ich regelmäßig mitmache.

Kann eigentlich jeder mit einem mehr oder weniger ausgebildeten Hund in den Einsatz gehen?
ARMIN SCHWEDA: Mehr oder weniger, ja. Es gibt offiziell niemanden, der den Qualitätsunterschied zwischen den verschiedenen privaten Rettungshundestaffeln feststellen kann. Wir haben in Deutschland noch keine einheitliche und verbindliche Prüfungsordnung. Wenn heute jemand mit seinem Bluthund zur Polizei geht und behauptet, er könne das, dann wird der unter Umständen alarmiert. Entweder geht gar kein Privater mehr in den Einsatz oder beide können es versuchen, der gute und der weniger gute. Wer will das steuern? Der Staat fährt sich runter.

Wie wichtig ist es, möglichst schnell alarmiert zu werden, wenn ein Mensch verschwunden ist?
ARMIN SCHWEDA: Gerade wegen der Geruchsträger ist es wichtig, dass wir rechtzeitig alarmiert werden, insbesondere wenn ein Mensch aus einem Altersheim vermisst wird. Du kannst Dir vielleicht vorstellen, nach vier Tagen ist zwar das Spuralter für den Bluthund kein Problem, aber was passiert in der Zwischenzeit? Da wurde geputzt, da wurde gewaschen, das Geschirr gespült, die Taschentücher oder Windeln sind entsorgt, der Mülleimer ist leer. Und wenn ich nichts habe, kann ich den Hund nicht starten. Ich brauche definitiv einen Geruchsträger, und ich brauche einen Abgangsort, einen Parkplatz, das Altersheim, ein Einkaufszentrum.
Außerdem, und das wissen wir aus den Trümmersuchen, gibt es nur noch wenig Überlebenschancen, wenn ein Mensch drei oder vier Tage keine Flüssigkeit zu sich nimmt.

Und was ist mit dem Spuralter? Spielt das nicht auch eine Rolle?
ARMIN SCHWEDA: Wir selber haben in Einsätzen nachgewiesen und wissen auch von unseren amerikanischen Kollegen: Bis zu 14 Tagen sind kein Problem, auch in der Stadt und egal welches Wetter in der Zwischenzeit war. Das liegt wahrscheinlich an der großen Menge an Geruchsbestandteilen, die wir verlieren. Selbst wenn die Hälfte davon in der Zwischenzeit durch Wettereinflüsse oder Zersetzung zerstört ist, sind immer noch genug da. Es kommt auch darauf an, um was für eine Art Körperzellen es sich handelt. Hautzellen haben eine andere Lebensdauer als Blutzellen. Wir haben einen Einsatz gehabt, da hatte sich jemand aufgehängt, nachdem er von zu Hause weggefahren war, aber weil man das Auto nicht gleich gefunden hatte, sind wir erst nach einer guten Woche alarmiert worden. Ohne die Position des abgestellten Autos machte ja die Suche keinen Sinn, weil kein Abgangsort vorhanden war. Hätte ich den Hund an der Garage des Wohnhauses gestartet, hätte der lediglich gezeigt: Ich komme hier nicht weg. Es sei denn, der Gesuchte wäre mit offenem Fenster oder Cabriolet gefahren. Als das Auto schließlich auf einem Wanderparkplatz gefunden wurde, haben wir von dort den Hund gestartet. Dann ging's so etwa einen Kilometer in den Wald und dann war Schluss, so, als ob man den Stecker aus dem Hund gezogen hätte. Wir haben uns umgeguckt und tatsächlich hing der Mann dort an einem

Baum. Die anschließende Obduktion ergab, dass er sich wahrscheinlich gleich am Verschwindetag aufgehängt hat, die Spur war also ca. eine Woche alt. Es gibt, wie ich finde leider, unter Trailern extreme Behauptungen wie zum Beispiel die, man könne nach vier oder fünf Jahren noch Spuren rekonstruieren. Ich gebe zu, ich habe es nie probiert, weil ich es für hoffnungslos halte. Ich halte mich lieber an die Erfahrungen der amerikanischen Polizei, die schon seit vielen Jahrzehnten trailt. Einige Diensthundeführer haben mal eine Experimentiergruppe gegründet und Tests mit verschiedenen Spuraltern gemacht. Bei drei Monaten war Schluss, und das ging auch nur auf natürlichem Untergrund wo kaum weitere Spuren waren. Der Hund muss schließlich etwas wahrnehmen können, und irgendwann ist Geruch eben aufgebraucht. Wenn aber jemand behauptet, er könne nach mehreren Jahren noch Spuren verfolgen, dann schließe ich mich der Meinung der amerikanischen Fachleute an: Ein Hundeführer muss vor unabhängigen Mantrailing-Experten unter Beweis stellen, dass er das, was er behauptet, wirklich kann, ansonsten gilt die Behauptung nicht!

Und welche Rolle spielen das Wetter und die Temperaturen?

ARMIN SCHWEDA: Schnee und Eis sind kein Problem, selbst wenn jemand ins Wasser fällt und untergeht, ist noch genügend Geruch da. Wenn eine Spur am Wasser endet, wie man es in manchen Filmen sieht, dann handelt es sich um Fährtenhunde. Da endet am Ufer die Spur aus Bodenverletzungen, weil es keine zertretenen Mikroorganismen mehr gibt. Für den Trailer bedeutet der Fluss keinen Spurabriss. Weil der Geruch ja trotzdem überall in der Umgebung ist, auch wenn der Mensch durch den Fluss geht. Wir reden hier schließlich nicht vom Amazonas oder vom Mississippi. Unsere Flüsse sind vielleicht 10 oder 20 Meter breit, da riecht der Hund problemlos, was am anderen Ufer ist.

Im Winter haben wir auch mal Temperaturen um die minus 25° Celsius. Selbst an solchen Tagen haben wir noch nie festgestellt, dass Trailen nicht mehr geht. Und umgekehrt dasselbe. Wenn es sehr heiß ist, ermüdet der Hund zwar schnell. Aber 40° oder 45° Celsius haben wir in Virginia des Öfteren live erlebt, weil wir uns mit den Amerikanern der VBSAR regelmäßig austauschen. Das sind Temperaturen, da geht keiner freiwillig vor die Tür, und nach einer halben Stunde hat der Hund eine blaue Zunge, weil er konditionell fertig ist. Aber den Geruch kann er wahrnehmen.

Gibt es besondere Einsätze, an die Du Dich erinnerst?

ARMIN SCHWEDA: Ja, zum Beispiel haben wir das Kind einer Familie gesucht, die auf Urlaub war. Am letzten Abend der Ferien ging die Familie abends in eine Pizzeria essen. Es war Winter, überall lag Schnee und alles war voller Eiszapfen. Nach dem Essen ging der Junge schon mal nach draußen, weil er noch ein bisschen im Schnee spielen wollte, bis die Eltern bezahlt hatten. Als die Eltern bald darauf aus dem Restaurant kamen, merkte die Mutter, dass sie ihren Schal liegen gelassen hatte. Die beiden drehten noch mal um, und als sie wieder rauskamen, hörten sie eine Tür schlagen, Autoreifen quietschen und ein Fahrzeug brauste mit hoher Geschwindigkeit weg. Sie dachten sich noch nicht viel dabei, guckten sich um und merkten, ihr Kind ist nicht mehr da. Da war natürlich Panik. Wir wurden angefordert und das erste Problem für mich war, einen passenden Geruchsträger zu finden. Wir haben uns dann für die Schuhe des Jungen entschieden, die im Hotel in der Dusche standen. Wichtig bei Kinderschuhen: Unbedingt die Mutter ausschließen. Denn was machen fast alle Mütter um zu prüfen, ob die Schuhe innen trocken sind: Sie fassen mit der Hand hinein.

Ohne vorher einen der beiden auszuschließen hat der Hund in diesem Fall sowohl den Geruch der Mutter als auch den des Kindes und trifft zwangsläufig eine Entscheidung. Ich habe also die Mutter ausgeschlossen, den Hund an der Pizzeria angesetzt und dann ging's los, siebeneinhalb Kilometer durch die Stadt. Wir kamen schließlich auf einem Parkplatz in der Nähe des Hotels, in dem die Familie abgestiegen war, zum Stillstand. Und da sagte noch einer der Polizisten: »Och, das ist aber ein Zufall, da steht ja das Auto der Familie.« Wir beendeten den Einsatz, fuhren zum Revier und wollten die Auswertung machen. Auf der Fahrt bekamen wir die Nachricht, dass das Kind schlafend im Auto gelegen sei. Was war passiert? Der Junge hatte draußen vor der Pizzeria gespielt. Als die Eltern nochmal rein gegangen sind um den Schal zu holen, ist er um die nächste Ecke gelaufen, weil da ein Spielplatz war. Und weil die Eltern panisch waren und umhergelaufen sind, konnte der Bub seine Eltern irgendwann auch nicht mehr finden. Er ist losgelaufen, kreuz und quer durch die Stadt, bis er wohl irgendwann das Auto entdeckt hat, das auch noch zufällig offen war. Skurril, aber tatsächlich passiert. Und durch das viele Hin und Her des Kindes war der Trail insgesamt so lang, obwohl die Strecke Luftlinie vielleicht 1,5 km lang war.

Ansonsten suchen wir hauptsächlich Demenzkranke, Alzheimerpatienten und Suizidgefährdete. Es gibt leider in der heutigen Zeit viele Menschen, die so große Probleme haben, dass sie einen Abschiedsbrief schreiben und dann gehen. Das ist immer ein Wettlauf gegen die Zeit.

Manchmal suchen wir auch Phantome. Ein bizarrer Fall war folgender: Mit ungefähr 100 Einsatzkräften haben wir nach einer alten Frau gesucht, die schon seit drei Jahren tot war. Was keiner bemerkt hatte: Die Tochter, die ihre Mutter als vermisst gemeldet hatte, war psychisch krank. Sie hatte einfach vergessen, dass ihre Mutter nicht mehr lebte. Sie hatte der Polizei glaubhaft gemeldet, ihre Mutter wäre dem entlaufenen

Hund in den Wald gefolgt. Wir sind als erste stutzig geworden, weil wir keinen Geruchsträger fanden. Zu dem Zeitpunkt war der gesamte Einsatz aber schon zwei oder drei Stunden in Gang. Die Tochter hatte uns zwar einiges angeboten, vom String Tanga bis zur Leggins, alles hochmodern. Und das sollte angeblich einer 80jährigen Frau gehören? Erst als wir dadurch misstrauisch geworden waren, hat die Polizei über die Personalausweisnummer nachgeforscht und herausgefunden, dass die Frau schon längst tot war.

Was bedeutet dieses Buch für Dich?
ARMIN SCHWEDA: Meine Rettungshundekarriere begann 1992 mit dem Buch: Wettlauf mit dem Tod von Herbert Schuhmacher, Mitglied beim Schweizer Verein für Katastrophenhunde. Auch dieses Buch ist zufälligerweise damals im Verlag Müller Rüschlikon erschienen. Es hat mir sehr viel Respekt und Ehrfurcht vor dem persönlchen Einsatz der Rettungshundeführer vermittelt. Die Schweizer waren damals schon mein Vorbild, was Rettungshundearbeit angeht. Sie waren weithin bekannt für ihre sorgfältige Ausbildung, und ihre Leistung war und ist international höchst anerkannt. Sie hatten und haben bis heute im Vergleich zu anderen Nationen immens viel Erfahrung mit Auslandseinsätzen. Ihr Ausbildungsniveau kam mir damals unerreichbar vor. Schon allein mit diesen Leuten in Kontakt zu kommen, erschien mir unmöglich. Heute, 20 Jahre später, bin ich selbst MT Instruktor für diese Organisation, die jetzt REDOG heißt. 1999 war ich zum ersten Mal dort bei einer internationalen Trainingswoche als Schüler. Und vom Schüler bin ich inzwischen zum Lehrer geworden.

Außerdem unterstütze ich mittlerweile schon seit Jahren regelmäßig monatlich bzw. wöchentlich zahlreiche Länderpolizeien bei der Ausbildung von Mantrailern. Zu mir kommt der Welpe und ich begleite ihn bis zur Einsatzfähigkeit. Mehr kann man als Ausbilder nicht erreichen. Und so kann ich sagen, angefangen hat es mit einem Buch im Verlag Müller Rüschlikon und meine aktive Karriere als Rettungshundeführer endet mit einem Buch beim Verlag Müller Rüschlikon. So schließt sich der große Kreis.

Die AUTOREN | Vita

TANJA SCHWEDA

- absolvierte die Ausbildung als »Kauffrau in der Grundstücks- und Wohnungswirtschaft« und arbeitete jahrelang im Karlsruher Immobilienmarkt
- bildet ihre Hunde seit 1992 für den Sucheinsatz nach Vermissten aus
- trainierte als Ausbilderin jahrelang Rettungshundeteams in der BRK Rettungshundestaffel Hof und im BRK Landesverband
- schult ihr Auge seit 13 Jahren durch unermüdliches Beobachten im Mantrailing
- beschäftigt sich als Trainerin für Erlebnispädagogik & Outdoortrainings mit Dingen hinter den Dingen
- begleitet Menschen als wertschätzender Coach hin zu persönlichen Zielen
- betreibt mit Edith Blechschmidt seit 2001 die Hund mit Mensch Schule bei Hof/Saale für den ambitionierten Familienhundehalter
- bildet in ihrer Hund mit Mensch Schule PRO Arbeitshundeführer im Hunde-Handwerk aus

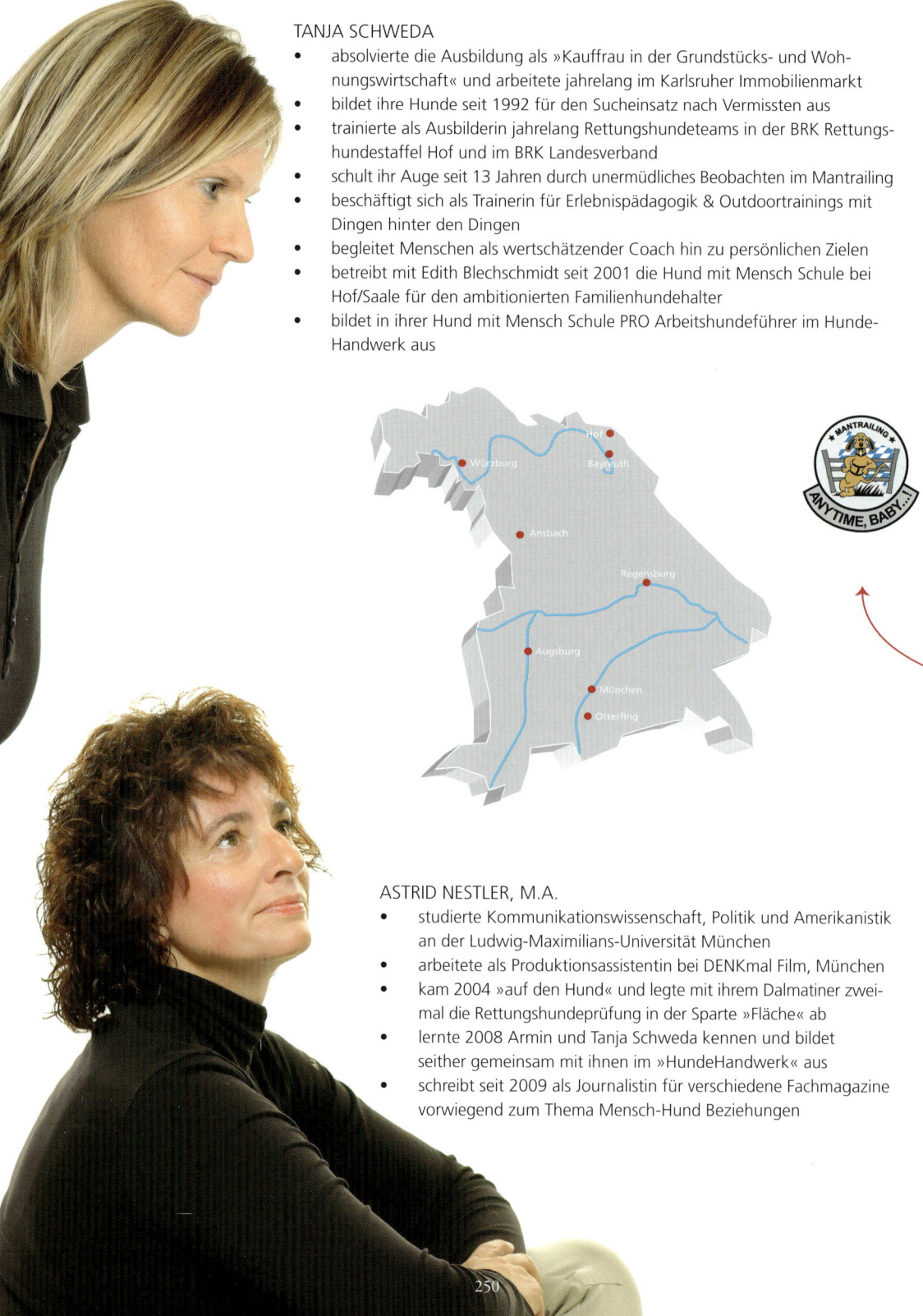

ASTRID NESTLER, M.A.

- studierte Kommunikationswissenschaft, Politik und Amerikanistik an der Ludwig-Maximilians-Universität München
- arbeitete als Produktionsassistentin bei DENKmal Film, München
- kam 2004 »auf den Hund« und legte mit ihrem Dalmatiner zweimal die Rettungshundeprüfung in der Sparte »Fläche« ab
- lernte 2008 Armin und Tanja Schweda kennen und bildet seither gemeinsam mit ihnen im »HundeHandwerk« aus
- schreibt seit 2009 als Journalistin für verschiedene Fachmagazine vorwiegend zum Thema Mensch-Hund Beziehungen

ARMIN SCHWEDA, DIPL.-ING.
- studierte Bauingenieurwesen in Karlsruhe
- arbeitet hauptberuflich als Assistent der Geschäftsführung und als Personalverantwortlicher in der Firma Rabe Lasertechnik GmbH
- fungierte als Baufachberater bei zahlreichen Trümmereinsätzen im In- und Ausland
- betreibt seit 1992 Rettungshundearbeit als Hundeführer und Ausbilder
- war als Trümmerhundeführer nach den Erdbeben 1999 in der Türkei, 2003 in Algerien und im Iran im Einsatz
- war jahrelang Ausbildungsbeauftragter für das Rettungshundewesen im BRK
- ist Staffelleiter, Einsatzleiter und Ausbilder der Rettungshundestaffel des BRK, Kreisverband Hof/Saale
- beschäftigt sich seit 1999 intensiv mit dem Thema Mantrailing
- bildete zwischen 2004 und 2007 seinen Bloodhound JoJo im Zuge des offiziellen BRK Pilotprojektes »Mantrailing mit dem Bloodhound« mit Hilfe der Schweizerischen NBAS und amerikanischer Polizeidiensthundeausbilder zur Einsatzfähigkeit aus
- ist Ausbilder und Prüfer für das DRK und für die Polizei im Bereich Mantrailing
- ist ICAST Instruktor

Akklimatisieren
Der Hund bekommt Gelegenheit, sich mit seiner Arbeitsumgebung vertraut zu machen. Dies geschieht ohne Geschirr am Start, vor dem Anriechen.

Aktivierter Geruch
Der hinterlassene Geruch eines Lebewesens in der Umwelt wird vom Hund anscheinend anders wahrgenommen, als der Geruch am Lebewesen selbst. Den hinterlassenen Geruch nenne ich auch aktivierten Geruch im Gegensatz zum Quellgeruch.

Anriechen
Der Hund nimmt den Geruch der Person, die er suchen soll, über einen Geruchsträger auf. Das kann jeglicher Gegenstand sein, an dem dieser Geruch haftet.

Anstückeln
Ermüdet der Hund auf dem Trail oder beendet das Team aus anderen Gründen die Arbeit, ohne die gesuchte Person gefunden zu haben, startet ein zweiter Hundeführer seinen Hund an der Stelle, an der der erste aufgehört hat, um dessen Arbeit fortzuführen. Diese Praxis ist fragwürdig, da beide Hunde unter Umständen unterschiedliche Geruchskomponenten suchen.

Anzeige
Der Hund identifiziert am Trailende die gesuchte Person, indem er sie z.B. anspringt, vorsitzt oder verbellt.

Auge führt
Der Hund wechselt beim Suchen den Sinn von Geruch zu Optik. Damit gerät die Informationsaufnahme mit der Nase in den Hintergrund.

Ausschließen, Ausschluss
Nicht immer haftet ausschließlich der Geruch der zu suchenden Person an einem Geruchsträger, sondern auch der Individualgeruch einer oder sogar mehrerer weiterer Personen. Vor dem Start muss der Hundeführer Gelegenheit haben, diese Gerüche für tabu zu erklären, damit der Hund weiß, welchem Geruch er nachgehen soll. Dieses Prozedere wird idealerweise direkt an den anwesenden »Tabu-Personen« vorgenommen.

Backtrack
Der Spurleger geht im Trailverlauf ein Stück weit auf der eigenen Spur zurück, so dass eine »Sackgasse« entsteht.

Bluthund, Bloodhound, Blooded Hound, Chien de St. Hubert, St. Hubertus Hund
In seiner Heimat Belgien und im Frankophonen wird der Bluthund offiziell Chien de St. Hubert genannt. Er gehört zu den ältesten Vertretern aus der Gruppe der Laufhunde. Der Adel hielt sich häufig Jagdmeuten, die durch selektive Zucht sehr früh unverwechselbare Linien hervorbrachten. Eine der berühmtesten war die der Sankt Hubertus Hunde, der Chien de St. Hubert, welche im 7. Jahrhundert in den belgischen Ardennen beheimatet war und nach dem jagdbegeisterten Heiligen Hubertus benannt wurde. Als die Hunde im 11. Jahrhundert nach England kamen, entstand dort der Name »Bloodhound«. Zum einen durch die hervorragende Veranlagung, einer Schweißspur noch nach Tagen folgen zu können, zum anderen durch die strenge Linienzucht, die ein Privileg des Klerus und des Adels war. »Blooded Hound« bedeutet »von reinem Blute«, sozusagen Vollbluthunde. Sie wurden für die Hochwildjagd eingesetzt. Als diese an Wichtigkeit verlor und schnellere, leichtere Hunde für die Fuchsjagd gezüchtet wurden, begann man, sich den unübertrefflichen Spürsinn des Bloodhounds bei der Personensuche zunutze zu machen.
In den USA sah die Spezialisierung des Bloodhounds auf Menschensuche etwas anders aus. Sicher auch als Jagdhund auf Hochwild eingesetzt, wurde er schon zur Zeit der britischen Kolonien für die Suche nach vermissten oder gesuchten Personen verwendet. Häufig wurde der Bluthund aber auch mit aggressiveren Rassen gekreuzt und diese Mixe dann auf der Jagd nach entlaufenen Sklaven gebraucht.

Bodenverletzung
Dieser Begriff aus der Fährtenarbeit bezeichnet die mechanische Veränderung des Bodens in Form beschädigter Erdoberfläche und zertretener Pflanzenteile, Mikroorganismen und Kleinstlebewesen.

Diensthund, bifunktional
Schutz- und Spezialhundausbildung (z.B. Droge, Sprengstoff) in einem Hund vereint.

Extrinsische Motivation
Hier steht der Wunsch im Vordergrund, bestimmte Leistungen zu erbringen, weil man sich davon einen Vorteil (Belohnung) verspricht oder Nachteile (Bestrafung) vermeiden möchte.

Fährte
Als Fährte bezeichnet man die auf dem Erdboden oder im Schnee hinterlassenen Fußabdrücke eines Lebewesens inklusive der Geruchsmoleküle, die durch die mechanische Bodenverletzung entstehen.

Fährtenhund
Es gibt zwei Arten: Während sich der Hund bei der sportlichen Variante ausschließlich an den Bodenverletzungen orientieren soll und nicht am Eigengeruch des Fährtenlegers, arbeiten gewisse Diensthunde auf der Basis eines Gesamtgeruchsbilds. Der Hund orientiert sich sowohl am Individualgeruch des »Fährtenlegers« (also des Vermissten oder des Täters) als auch am Geruch der mechanischen Bodenverletzung.

Flächensuchhund, Flächenhund
Ein Rettungshund, der ein vorgegebenes Gelände nach jeglicher menschlicher Witterung durchstöbert. Er arbeitet dabei ohne Leine und soll die gefundene Person z.B. durch Verbellen anzeigen, solange bis sein Hundeführer bei ihm ist.

Fremdkontaminierter Geruchsartikel
Geruchsartikel, an dem zusätzlich der Geruch einer oder mehrerer Personen haftet, die nicht gesucht werden sollen.

Führarm
Der Arm, der beim Leinenhandling die Leinenspannung reguliert und konstant hält.

Geruchsartikel (GA), Geruchsträger, Geruchsgegenstand
Ein Gegenstand, dem der Geruch oder eine Substanz der der Geruch der gesuchten Person anhaftet.

Geruchskopie
Ein Duplikat der Gerüche, die einem Geruchsträger anhaften. Kopien werden mit Gaze, Tempotaschentüchern oder anderen reinen, geruchsaufnahmefähigen Materialien erstellt.

Grenzgänger
Ein Hund, der gemäß einer bestimmten Geruchstheorie nicht dort sucht, wo viel Geruch des Gesuchten liegt, sondern dort, wo gerade eben noch Geruch wahrnehmbar ist.

Hochwind
Die Möglichkeit, Geruch von weiter entfernten Orten über Luftströme zu empfangen.

Individualgeruch
Der einzigartige, unverwechselbare Duft, der jedem Menschen eigen ist und der so individuell ist, wie ein Fingerabdruck.

Individualgeruchs-Stöberer
Ein Hund, der den frischen Quellgeruch eines bestimmten Menschen sucht, in dem er die Luftströme nach diesem vorgegebenen Geruch abscannt.

Intrinsische Motivation
Das Bestreben, etwas um seiner selbst willen zu tun, zum Beispiel weil es Spaß macht, Interessen befriedigt oder eine Herausforderung darstellt.

GLOSSAR | Begriffe

Konditionierung
Verknüpfungen beim Lernen durch Belohnung oder Bestrafung, um damit eine Verhaltensänderung zu bewirken. Der Grundsatz: Verhalten wird durch seine Konsequenzen bestimmt.

Kontamination
Verunreinigung oder Verschmutzung. Im Zusammenhang mit Mantrailing meint der Begriff eine unbestimmte Menge anderer menschlicher Gerüche auf dem Geruchsträger oder im Suchgebiet.

Läufer, Runner, Spurleger, Opfer, Versteckperson
Die Person, deren Geruch der Hund suchen soll.

Leinenspannung
Die Kraft die oder der Druck der von Mensch und Hund aufgewendet wird, damit die Leine straff ist.

Leitgeruch
Die Substanz innerhalb eines Mischgeruchs, an der sich der Hund orientiert.

Line up
Gegenüberstellung, bei der der Hund die gesuchte Person in einer Reihe aufgestellter anderer Menschen identifizieren soll.

Mantrailen, Mantrailing, Trailen
Der Begriff stammt aus dem Englischen und bedeutet »Menschenspur verfolgen«. Ein Hund kann den einzigartigen Geruch eines Menschen unter Tausenden herausfiltern und verfolgen. Was genau der Hund eigentlich sucht und wie es funktioniert, weiß man nicht sicher. Klar ist nur, dass jeder Körper aus einer riesigen Menge einzelner Zellen besteht, die permanent absterben und durch neue ersetzt werden. Dieser »Zellmüll« aus Atemluft, Hautschuppen, Haaren und Schweiß reicht aus, um eine Duftspur zu hinterlassen, ebenso eindeutig wie ein Fingerabdruck. Denn der individuelle Geruch lässt sich weder überdecken noch abwaschen. Wie sich unser Geruch in der Umwelt verteilt, ist abhängig von Wind, Wetter und Geländeform. Unter Umständen liegt der Duft einer Person hundert Meter und mehr vom gelaufenen Weg entfernt. Beim Trailen fungiert der Hund wie ein Übersetzer. Er macht Geruch durch sein Verhalten sichtbar.

Mantrailer, Trailer
Ein Hund, der gelernt hat, der individuellen Geruchsspur eines Menschen zu folgen, selbst noch nach Tagen und egal, in welchem Umfeld.

Negativ
Der Hund gibt durch sein Verhalten zu erkennen, dass der gesuchte Geruch am Startpunkt nicht vorhanden ist. Das Negativ kann direkt in Form einer eindeutigen Anzeige wie das Anspringen des Hundeführers deutlich gemacht werden oder indirekt dadurch, dass der Hund am Startpunkt kreist, keine weggehende Spur findet und seine Ratlosigkeit mit natürlichen Signalen zeigt, z.B. Gähnen, Blickkontakt suchen, Strecken, Schütteln, Körperspannung verändern, usw.

Opfer
Die zu suchende Person. Im Übungsbetrieb spricht man eher von Spurleger, Versteckperson, Runner oder Läufer, im Einsatz vom Opfer oder der vermissten Person.

Opferbindung
Opferbindung ist ein Regelwerk und beschreibt das Verhältnis des Hundes zum Menschen an sich. Eine gute Opferbindung intensiviert den Findewillen.

Pick up
Der Spurleger wird auf dem Trail von einem Auto abgeholt oder steigt in einen Bus bzw. in irgendein Verkehrsmittel, das keinen freien Luftaustausch mehr ermöglicht.

Quellensucher
Ein Hund, der nicht den hinterlassenen, schon mit der Umwelt vermischten Geruch sucht, sondern den unmittelbaren, frischen Geruch, den ein Körper versprüht.

Quellgeruch
Ist identisch mit dem Geruch, den der Hund direkt am lebenden Menschen riecht.

Rettungshund z.B. Trümmersuchhund, Lawinensuchhund, Flächensuchhund
Sucht nach lebenden, in Not geratenen Personen. Die Spezialisierung erfolgt je nachdem, in welchem Umfeld er eingesetzt wird, zum Beispiel Trümmerkegel, Lawine oder Gewässer.

Scenthound
Jagdhunde, die ihre Beute mit Hilfe des Geruchssinns verfolgen, zum Beispiel Bloodhound, Foxhound, Otterhound.

Schweißarbeit
Nachsuche hinter angefahrenem oder angeschossenem Wild, um das Tier möglichst schnell zu finden und von seinem Leiden zu erlösen. »Schweiß« ist in der Jägersprache ein Synonym für Blut.

Sighthound
Hunde, die ihre Beute auf Sicht jagen, zum Beispiel Greyhound, Deerhound, Irish Wolfhound.

Split, Splittrail
Zwei oder mehrere gleich alte Spuren, die sich kreuzen.

Spurabriss
Die klassische Fährte, also Bodenverletzung endet. Zum Beispiel geht die Person durch Wasser oder wird von einem Fahrzeug aufgenommen.

Spurnaher Trailer
Ein Hund, der den gesuchten Geruch bzw. die Geruchsbestandteile nahe an der tatsächlich gelaufenen Spur verfolgt.

Stöbern
Der Hund durchforstet mit hoher Nase in den Luftströmungen nach dem gesuchten Geruch.

Suchbild
Die bildliche Darstellung des abgearbeiteten Trails im Vergleich zur tatsächlich gelaufenen Spur.

Umhängen
Die Leine vom Halsband ins Geschirr wechseln und umgekehrt.

Unterordnung
Präsentation einer antrainierten Abfolge von Übungen, bei denen der Hund eine exakte Ausführung liefern soll.

Verleitung
Gerüche, die für den arbeitenden Hund sehr verführerisch sind, zum Beispiel eine Wildfährte, eine Katzenspur oder frischer menschlicher Geruch.

Witterung
Der vom Tier in den Luftströmen wahrgenommene Geruch.

WISSENSWERTES | Adressen

Anytime Baby©
Persönliches Mantrailer Logo von Armin Schweda

GARMIN®
Garmin Deutschland GmbH
ist globaler Marktführer auf dem Gebiet der mobilen Navigation sowie der GPS-Satellitenkommunikation
www.garmin.de

HundeHandwerk®
… ist Arbeit mit der Hand, dem Gefühl und Verstand
www.hundehandwerk.de

Hund mit Mensch Schule
Schule für Familienhunde
www.hund-mit-mensch-schule.de

Hund mit Mensch Schule PRO
Schule für Arbeitshunde
www.hund-mit-mensch-schule-pro.de

ICAST
International Canine Academy for Search Training

NBAS
National Bloodhound Association of Switzerland
www.nbas.ch

REDOG
Schweizer Verein für Such- und Rettungshunde
www.redog.ch

RHS Hof
Rettungshundestaffel des BRK Kreisverband Hof/Saale
www.rhs-hof.de

VBSAR
Virginia Bloodhound Search and Rescue Association
www.vbsar.org